板带轧机稳定运行动力学模型体系及其工业应用

彭 艳 孙建亮 张 阳 张 明 著

机械工业出版社
China Machine Press

本书是燕山大学国家冷轧板带装备及工艺工程技术研究中心彭艳教授课题组根据多年丰富的科学研究和工业应用成果编写而成。

全书共8章，详细介绍了板带轧机稳定运行动力学模型搭建技术，包括轧制变形区动力学，板带轧机刚性动力学，板带轧机辊系弯曲动力学，轧制过程中运动带钢动力学，面向板形板厚控制的轧机系统动力学，板带轧机系统刚柔耦合动力学，板带轧机传动系统动力学；并介绍了轧机动力学模型的现场应用效果。本书力图从理论和实践结合的角度来阐明提高轧机稳定运行的技术对策。本书介绍的理论方法新颖，具有非常高的学术价值和应用价值。

本书可供轧钢机械设计、制造及操作等工程技术人员使用，也可供高等院校有关专业的教师、研究生参考。

图书在版编目（CIP）数据

板带轧机稳定运行动力学模型体系及其工业应用／彭艳等著 . —北京：机械工业出版社，2018.6
ISBN 978-7-111-59577-9

Ⅰ.①板… Ⅱ.①彭… Ⅲ.①板材轧机 – 稳定运行 – 动力学模型 ②带材轧机 – 稳定运行 – 动力学模型 Ⅳ.①TG333.7

中国版本图书馆 CIP 数据核字（2018）第 062181 号

机械工业出版社（北京市百万庄大街 22 号 邮政编码 100037）
责任编辑：王洒娟
封面设计：姚奋强 责任印制：恽海艳
北京宝昌彩色印刷有限公司印刷
2018 年 6 月第 1 版第 1 次印刷
184mm×260mm・13.75 印张・312 千字
标准书号：ISBN 978-7-111-59577-9
定价：58.00 元

凡购本书，如有缺页、倒页、脱页，由本社发行部调换

电话服务　　　　　　　　　网络服务
服务咨询热线：010-88361066　机工官网：www.cmpbook.com
读者购书热线：010-68326294　机工官博：weibo.com/cmp1952
　　　　　　　010-88379203　金书网：www.golden-book.com
封面无防伪标均为盗版　　教育服务网：www.cmpedu.com

前　　言

目前，板带轧机朝着高速化和智能化方向发展，轧制稳定性控制技术是保证生产过程和产品质量稳定的关键技术。轧制稳定性控制水平是钢铁工业追求的目标，反映了钢铁工业轧机故障诊断和智能化技术水平。

近年来，随着国内装备技术水平的提高，轧机长期高速高负荷运行，从国外引进的和自主设计的板带轧机都曾频繁出现轧机振动及导致的产品质量问题，一般采用调整工艺参数、更换关键零部件、负荷重新分配等手段解决，但都不能从根本上解决问题。究其原因，在于近几十年国内轧机设计主要是消化吸收国外先进装备技术，忽视了设计过程中系统动力学对轧机性能的影响。为了揭示高速板带轧机稳定性和动力学机理，满足科研和工程技术人员研究需求，提高轧机稳定性和振动控制技术水平，作者结合近十年的科学研究和工业应用成果，撰写了本书。

本书力求较全面地给出板带轧机系统动力学模型体系的建立原理、技术开发和工程应用。全书共8章，第1章介绍了不同轧制工况下轧制变形区动力学模型；第2章介绍了板带轧机刚性动力学模型，包括传统一维轧机刚性动力学模型、多维耦合动力学模型和刚性摆动动力学模型；第3章介绍了轧机辊系弯曲动力学模型和动特性分析；第4章介绍了轧制过程中运动带钢动力学模型和动特性分析。结合第1～4章建立的基础动力学模型，针对不同的研究重点，分别建立了不同属性的动力学耦合模型体系；第5章介绍了面向板形板厚控制的轧机系统动力学模型体系；第6章介绍了板带轧机系统刚柔耦合动力学模型体系；第7章介绍了板带轧机传动系统动力学模型体系；第8章介绍了轧机系统动力学模型应用于工业生产轧机振动控制的情况。全书由彭艳教授统稿，孙建亮、张阳、张明负责编写。本书引用了牛山博士、王瑞鹏硕士、马华硕士、邵博硕士、刘宣亮硕士等研究生的毕业论文内容，在此表示衷心的感谢！

作者在研究过程中得到了宝钢、首钢迁钢、唐钢、津西钢铁等单位的领导和工程技术人员的热情支持和帮助，在此一并深表感谢。感谢国家重点研发计划课题（2017YFB0306402）、国家自然科学基金项目（51375424、50875231）、河北省杰出青年科学基金项目（E2011203002）对本书的支持！

由于作者水平有限，对于书中错误和不妥之处，恳请广大读者给予批评指正。

2018 年 1 月

目　　录

第1章　板带轧制变形区动力学

板带轧制过程中，轧制变形区汇集了轧制过程动态力学参数信息，是轧机系统垂直振动、水平振动和扭转振动耦合的关键枢纽。当轧制过程非稳态时，轧机振动会引起轧制变形区力学参数发生变化，力学参数的变化又将引起轧机运动状态发生动态变化。轧机动态运动和轧制变形区动态力学参数的相互耦合作用，决定了轧机系统的动态行为特性。本章将针对板带轧机系统不同的振动形式介绍三种轧制变形区动力学模型的建模方法。第一种针对冷轧板带生产过程，常见的振动为垂直振动，为此，考虑工作辊的垂直振动位移，建立冷轧过程轧制变形区动力学模型。第二种针对热轧板带生产过程，热轧除了垂直振动外，常见的振动形式还有水平振动和扭转振动。为此，考虑工作辊的垂直振动位移、水平振动位移和扭转振动位移，建立适用于热轧过程的轧制变形区动力学模型。第三种针对热轧生产过程的自激振动，适用于研究热轧自激振动产生机理。由于热轧常见的自激振动为扭转摩擦自激振动和水平摩擦自激振动，为此，考虑工作辊的扭转振动、水平振动以及轧制变形区混合摩擦状态，建立考虑混合摩擦状态的热轧轧制变形区动力学模型。

1.1　冷轧板带轧制变形区动力学模型[1]

稳态轧制时，不考虑轧辊上下振动的影响，通常假设轧件出口截面与上下轧辊中心线重合。而动态模型中，该假设不再成立。实际上，轧辊在垂直方向上振动，应考虑辊缝的变化速率。应在此前提下，根据轧制原理，确定辊缝形状、中性点位置、屈服准则、摩擦条件、单位轧制压力和转矩等参数的数学表达式。

1.1.1　辊缝几何形状

轧制过程如图 1-1 所示，板带宽度为 B，入口厚度为 h_0，以速度 v_0 进入工作辊辊缝，出口厚度为 h_1，出口速度为 v_1，工作辊半径为 R_w，圆周速度为 v_r。假设未变形的轧辊半径与板带厚度之比很大，板带宽厚比也很大，宽度不变，可将三维弹塑性变形问题转化成为平面问题。工作辊沿 z 向以速度 $\dot{h}_1/2$ 运动，$\dot{h}_1$ 是辊缝变化速率。假设辊系沿轧制线对称，下工作辊反方向运动，板带变形对称于轧制中心线，自由度数减少，简化了计算过程。假设接触弧呈抛物线分布，基于抛物线假设，任意截面板带厚度可表示为

$$h(x) = h_1 + \frac{x^2}{R_w} \tag{1-1}$$

式中　h_1——辊缝值；

R_w——工作辊半径。

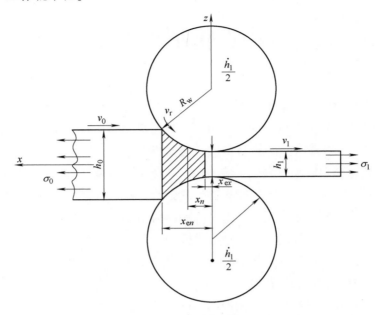

图 1-1 轧制过程中辊缝的几何形状

如图 1-1 所示，应用金属变形动态秒流量相等理论，可得沿 x 方向流过任意垂直截面的金属流量

$$vh = v_0 h_0 - (x_{en} - x)\dot{h}_1 \tag{1-2}$$

式中 h——任意截面处的厚度；

v——任意截面处的速度；

h_0——来料厚度；

v_0——入口截面速度；

$\dot{h}_1$——辊缝变化速率；

x_{en}——板带入口到工作辊辊心连线的距离。

式（1-2）右边的第二项表示轧辊运动时金属沿着边界的流量，可见辊缝变化速率 $\dot{h}_1$ 将影响轧制过程变形区内的金属流动。

1.1.2 屈服准则

如图 1-2 所示，基于平面坐标系的平面应变条件的 Von 米塞斯屈服准则可以写成

$$k^2 = \frac{1}{4}(\sigma_x - \sigma_z)^2 + \tau_{xz}^2 \tag{1-3}$$

式中 σ_x 和 σ_z——主应力；

k——屈服强度；

τ_{xz}——切应力。

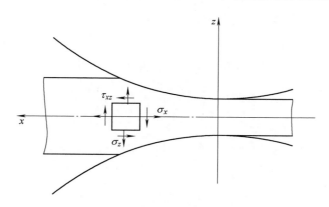

图 1-2　屈服准则坐标系

由于库仑摩擦定律不适合大载荷条件下的金属变形，摩擦模型采用 Wanheim 和 Bay 于 1978 年提出的摩擦因数模型[2]

$$\tau_s = \mu k, \quad 0 \leqslant \mu \leqslant 1 \tag{1-4}$$

式中　τ_s——轧件与轧辊接触表面单位摩擦力；

　　　μ——摩擦因数。

当考虑均匀变形时，可以忽略式（1-3）中的切应力，得到以下简化的屈服准则

$$\sigma_x - \sigma_z = 2k \tag{1-5}$$

1.1.3　入口和出口位置

根据式（1-1）可得板带入口截面到轧辊中心线之间的距离 x_{en} 为

$$x_{en} = \sqrt{R_w(h_0 - h_1)} \tag{1-6}$$

板带出口平面的位置 x_{ex}，和板带出口速度 v_1 有关，从图 1-1 中可得

$$\tan\phi_2 = \frac{\dot{h}_1}{2v_1} \approx \frac{x_{ex}}{R_w} = \sin\phi_2 \tag{1-7}$$

式中　ϕ_2——出口截面与轧辊中心线的夹角。

对于小角度 ϕ_2，将式（1-7）中的 v_1 代入式（1-2）中，并且忽略高阶项，可得

$$x_{ex} = \frac{R_w h_1 \dot{h}_1}{2(v_0 h_0 - x_1 \dot{h}_1)} \tag{1-8}$$

1.1.4　中性点位置和应力分布

如图 1-3 所示，在变形区沿轧制方向任意取金属微元体，厚度为 dx，假设角 ϕ 很小，则 x 方向的力平衡方程为

$$\frac{\mathrm{d}h}{\mathrm{d}x}(p + \sigma_x) + h\frac{\mathrm{d}\sigma_x}{\mathrm{d}x} \pm 2\tau_s = 0 \tag{1-9}$$

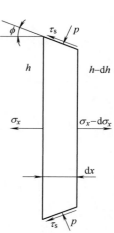

图 1-3　变形区微元体受力图

式（1-9）中的正负号由 x 的位置决定，当 $x < x_n$（x_n 为中性点位置），即位于后滑区时符号为正，反之为负。将式（1-4）和式（1-5）中的应力替换到式（1-9）中，并且假设 σ_x 和 p 为主应力，则在辊缝中任意位置的张应力为

$$\sigma_x = \sigma_0 + \int_{x_{en}}^{x} \frac{2k}{h}\left(\pm\mu - \frac{2x}{R_w}\right)\mathrm{d}x \tag{1-10}$$

式中 σ_0——板带入口张应力。

假设摩擦因数 μ 在接触过程中是常量，则出口张应力可表示为

$$\sigma_1 = \sigma_0 - 2k\left\{\ln\frac{h_1}{h_0} + \mu\sqrt{\frac{R_w}{h_1}}\left[\tan^{-1}\left(\frac{x_{en}}{\sqrt{R_w h_1}}\right) + \tan^{-1}\left(\frac{x_{ex}}{\sqrt{R_w h_1}}\right) - 2\tan^{-1}\left(\frac{x_n}{\sqrt{R_w h_1}}\right)\right]\right\} \tag{1-11}$$

从式（1-11）可得中性点的位置为

$$x_n = \sqrt{R_w h_1}\tan\left[\frac{1}{2}\tan^{-1}\left(\frac{x_{en}}{\sqrt{R_w h_1}}\right) + \frac{1}{2}\tan^{-1}\left(\frac{x_{ex}}{\sqrt{R_w h_1}}\right) + \frac{\sqrt{h_1}}{2\mu\sqrt{R_w}}\left(\ln\frac{h_1}{h_0} - \frac{\sigma_1 - \sigma_2}{2k}\right)\right] \tag{1-12}$$

1.1.5　轧制力和转矩

从式（1-5）可知，轧制压力可写成

$$p = 2k - \sigma_x \tag{1-13}$$

将式（1-10）中的 σ_x 替换到上式中，即

$$p(x) = 2k - \left[\sigma_0 - \int_{x_{en}}^{x} \frac{2k}{h}\left(\mp\mu - \frac{2x}{R_w}\right)\mathrm{d}x\right] \qquad x_{ex} \leqslant x \leqslant x_{en} \tag{1-14}$$

单位宽度上的轧制力是在 x 和 z 方向上对 p 和 τ_s 的简单积分，由于摩擦力改变了中性点的坐标，需要对两部分进行整合，那么 x 和 z 方向单位宽度上的轧制力为

$$f_x = -\int_{x_{ex}}^{x_{en}}\left\{2k - \left[\sigma_0 + \int_{x_{en}}^{x}\frac{2k}{h}\left(\pm\mu - \frac{2x}{R_w}\right)\mathrm{d}x\right]\right\}\tan\varphi\,\mathrm{d}x + \int_{x_{ex}}^{x_{en}}\pm\mu k\,\mathrm{d}x \tag{1-15}$$

$$f_z = \int_{x_{ex}}^{x_{en}}\left\{2k - \left[\sigma_0 + \int_{x_{en}}^{x}\frac{2k}{h}\left(\pm\mu - \frac{2x}{R_w}\right)\mathrm{d}x\right]\right\}\mathrm{d}x + \int_{x_{ex}}^{x_{en}}\pm\mu k\tan\varphi\,\mathrm{d}x \tag{1-16}$$

式中

$$\tan\varphi = \frac{x}{\sqrt{R_w^2 - x^2}} \tag{1-17}$$

将积分分为两部分，x_{ex} 到 x_n 和 x_n 到 x_{en}。

$$f_x = \mu k(x_{en} + x_{ex} - 2x_n)$$
$$- \int_{x_{ex}}^{x_n}\left\{2k - \left[\sigma_0 + \int_{x_{en}}^{x_n}\frac{2k}{h}\left(\mu - \frac{2x}{R_w}\right)\mathrm{d}x - \int_{x_n}^{x}\frac{2k}{h}\left(\mu + \frac{2x}{R_w}\right)\mathrm{d}x\right]\right\}\tan\varphi\,\mathrm{d}x$$
$$+ \int_{x_{en}}^{x_n}\left\{2k - \left[\sigma_0 + \int_{x_{en}}^{x}\frac{2k}{h}\left(\mu - \frac{2x}{R_w}\right)\mathrm{d}x\right]\right\}\tan\varphi\,\mathrm{d}x \tag{1-18}$$

$$f_z = \int_{x_{en}}^{x_n} \left\{ 2k - \sigma_0 - \int_{x_{en}}^{x_n} \frac{2k}{h} \left(\mu - \frac{2x}{R_w} \right) dx + \int_{x_n}^{x} \frac{2k}{h} \left(\mu + \frac{2x}{R_w} \right) dx \right\} dx$$

$$- \int_{x_{en}}^{x_n} \left\{ 2k - \left[\sigma_0 + \int_{x_{en}}^{x} \frac{2k}{h} \left(\mu - \frac{2x}{R_w} \right) dx \right] \right\} dx$$

$$+ \int_{x_n}^{x_{ex}} \mu k \tan\varphi \, dx + \int_{x_{en}}^{x_n} \mu k \tan\varphi \, dx \qquad (1\text{-}19)$$

将式（1-7）进行简化得到

$$\tan\varphi \approx \sin\varphi \qquad (1\text{-}20)$$

采用较小的 φ 值，那么可得 x 方向上的轧制力 f_x 为

$$f_x = \frac{\sigma_0}{2}(h_0 - h_1) - k h_1 \ln \frac{h_0}{h_1}$$

$$- \mu k h_1 \sqrt{\frac{R_w}{h_1}} \left[2 \tan^{-1} \left(\frac{x_n}{\sqrt{R_w h_1}} \right) - \tan^{-1} \left(\frac{x_{en}}{\sqrt{R_w h_1}} \right) - \tan^{-1} \left(\frac{x_{ex}}{\sqrt{R_w h_1}} \right) \right] \qquad (1\text{-}21)$$

在 φ 很小的情况下，可以忽略 z 方向上的切应力，因此 z 方向上的单位轧制力 f_z 为

$$f_z = (2k - \sigma_0)(x_{ex} - x_{en}) + 4k \sqrt{R_w h_1} \left[\tan^{-1} \left(\frac{x_{en}}{\sqrt{R_w h_1}} \right) - \tan^{-1} \left(\frac{x_{ex}}{\sqrt{R_w h_1}} \right) \right]$$

$$+ 2\mu k x_{ex} \sqrt{\frac{R_w}{h_1}} \left[2 \tan^{-1} \left(\frac{x_n}{\sqrt{R_w h_1}} \right) - \tan^{-1} \left(\frac{x_{en}}{\sqrt{R_w h_1}} \right) - \tan^{-1} \left(\frac{x_{ex}}{\sqrt{R_w h_1}} \right) \right]$$

$$+ \mu k R_w \left[\ln \left(\frac{h_0}{h_n} \right) + \ln \left(\frac{h_1}{h_n} \right) \right] + 2k x_{ex} \ln \left(\frac{h_0}{h_1} \right) \qquad (1\text{-}22)$$

工作辊转矩可以通过对作用在辊面上的摩擦力积分得到，考虑切应力的分布，可得工作辊转矩为

$$M_T = \int -R_w \tau_s ds = \int_{x_n}^{x_{en}} \frac{R_w^2 \mu k}{\sqrt{R_w^2 - x^2}} dx + \int_{x_n}^{x_{ex}} \frac{R_w^2 \mu k}{\sqrt{R_w^2 - x^2}} dx \qquad (1\text{-}23)$$

积分可得

$$M_T = \mu k R_w^2 \left[2 \tan^{-1} \left(\frac{-x_n}{\sqrt{R_w^2 - x_n^2}} \right) - \tan^{-1} \left(\frac{-x_{en}}{\sqrt{R_w^2 - x_{en}^2}} \right) - \tan^{-1} \left(\frac{-x_{ex}}{\sqrt{R_w^2 - x_{ex}^2}} \right) \right] \qquad (1\text{-}24)$$

式（1-22）和式（1-24）即为基于冷轧轧制过程特征建立的轧制变形区动态力学参数模型。通过该模型能够建立轧机结构与轧制过程之间的耦合关系，可应用于冷轧机垂直振动机理的研究和板带轧机板厚系统的动态仿真。

1.2　热轧板带轧制变形区动力学模型[3]

1.2.1　轧制力、轧制力矩与轧辊水平力计算公式

与冷轧过程一样，热轧过程忽略轧件的宽展，变形过程可简化为平面变形。如图 1-1 所示。

1.2.1.1 轧制力计算公式

轧制力作为轧制工艺的重要参数,其计算精度对成品板带的质量影响很大。研究学者根据实际工程测试数据,对轧制力公式进行简化和回归,提出了适用于不同情况的轧制力公式,如西姆斯(R. B. Sims)公式、斯通(M. D. Stone)公式、希尔(Hill)公式、奥洛万 – 帕斯科克(Orowan-Pascok)公式、亚历山大 – 福特(Alexander-Ford)公式、埃克伦德(Ekelund)公式等。本节研究针对热连轧生产,采用适用于热轧的亚历山大 – 福特(Alexander-Ford)公式[4]

$$P = 2kBl\left[\frac{\pi}{4} + \frac{l}{2(h_0 + h_1)}\right] \tag{1-25}$$

式中 P——轧制力;

B——轧件平均宽度;

l——变形区接触弧长;

h_1——轧件出口厚度。

带张力轧制时,对上式进行修正为

$$P = (2k - \sigma_\mathrm{m})Bl\left[\frac{\pi}{4} + \frac{l}{2(h_0 + h_1)}\right] \tag{1-26}$$

式中 σ_m——轧件前后张应力均值。

1.2.1.2 驱动力矩计算公式[5]

工作辊驱动的连轧机轧制时所需驱动力矩 M_Drive 为轧制力矩 M_T、工作辊轴承的摩擦阻力矩 M_{f_1} 与工作辊带动支承辊所需的摩擦力矩 M_{f_2} 之和,即

$$M_\mathrm{Drive} = M_\mathrm{T} + M_{f_1} + M_{f_2} \tag{1-27}$$

其中,轧制力矩计算公式为

$$M_\mathrm{T} = Pa \tag{1-28}$$

式中 a——轧制力力臂,其大小与轧制力作用点及前后张力大小有关。

由轧机工作辊带动支承辊所需的摩擦力矩 M_{f_2} 为

$$M_{f_2} = P_\mathrm{R}c \tag{1-29}$$

$$P_\mathrm{R} = \frac{P\cos\varphi}{\cos(\phi + \gamma)} \tag{1-30}$$

式中 φ——轧制力偏离垂直方向的角度;

ϕ——工作辊与支承辊中心线连线与垂直线的夹角,$\phi = \sin^{-1}\dfrac{2e}{D_\mathrm{w} + D_\mathrm{b}}$;

e——工作辊与支承辊中心线偏移距;

P_R——支承辊对工作辊的反力;

γ——轧辊连心线与反力 P_R 的夹角,$\gamma = \sin^{-1}\dfrac{2(\rho_2 + \mu)}{D_\mathrm{b}}$;

c——反力 P_R 对工作辊的力臂,$c = \mu\cos\gamma + \dfrac{D_\mathrm{w}}{2}\sin\gamma$;

ρ_2——支承辊轴承处摩擦圆半径。

工作辊轴承的摩擦阻力矩 M_{f_1} 计算公式为

$$M_{f_1} = F_R \rho_1 \tag{1-31}$$

式中　F_R——工作辊轴承处的反力；

$\qquad \rho_1$——工作辊轴承处的摩擦圆半径。

当前张力大于后张力时，$F_R = P_R \sin(\phi + \gamma) + P \sin\varphi$；

当前张力小于后张力时，$F_R = P_R \sin(\phi + \gamma) - P \sin\varphi$；

当前张力等于后张力时，$F_R = P_R \sin(\phi + \gamma)$。

1.2.1.3　轧辊水平力计算公式

轧机在正常运行过程中，工作辊系统（含轴承及轴承座）受到由板带、支承辊和机架带来的外力。简化板带对工作辊的外力，此外力的水平方向分力大小与板带的前后张力的合力相等，方向相反。因此，轧辊水平力计算方法为

$$F = \frac{(T_1 - T_0)}{2} - P \sin\phi$$

$$= \frac{(\sigma_1 A_1 - \sigma_0 A_0)}{2} - (2k - 0.5\sigma_0 - 0.5\sigma_1)Bl\left(\frac{\pi}{4} + \frac{l}{2(h_0 + h_1)}\right)\sin\phi \tag{1-32}$$

式中　T_0——后张力；

$\qquad T_1$——前张力；

$\qquad A_0$——入口截面面积；

$\qquad A_1$——出口截面面积。

稳态轧制时轧制力、驱动力矩和轧辊水平力处于稳定状态。当轧制过程出现振动时，轧机处于非稳态工作状态，将引起轧制力、驱动力矩和轧辊水平力发生波动。

1.2.2　轧制力增量计算公式

考虑轧机系统的垂直振动、水平振动和扭转振动（图 1-4），研究轧制变形区动态力学参数变化规律。

将热轧轧制力公式（1-26）化简为

$$P = (2k - 0.5\sigma_0 - 0.5\sigma_1)BQ_{\mathrm{p}}l \tag{1-33}$$

式中　Q_{p}——应力状态系数，$Q_{\mathrm{p}} = \dfrac{\pi}{4} + \dfrac{l}{2(h_0 + h_1)}$；

$\qquad l = \sqrt{\dfrac{D_{\mathrm{w}}}{2}h_0 \varepsilon}$，$D_{\mathrm{w}}$ 为工作辊直径；

$\qquad \varepsilon$——压下率，$\varepsilon = \dfrac{h_0 - h_1}{h_0}$；

$\qquad \sigma_0$——后张应力。

由式（1-33）可知，当轧机振动产生各方向位移时，前张应力 σ_1、后张应力 σ_0、压下率 ε 也是变化的，从而引起了轧制力的波动。

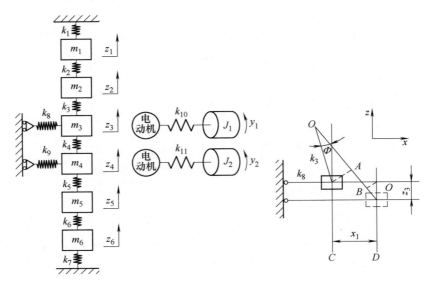

图 1-4　轧机结构耦合振动示意图

1.2.2.1　工作辊垂直方向振动位移对压下率的影响

式（1-33）中压下率 ε、接触弧长 l 与轧辊的振动位移直接相关，有

$$\varepsilon = \frac{h_0 - h_1}{h_0} = \frac{h_0 - (h_c + z_3 - z_4)}{h_0} \tag{1-34}$$

式中　h_c——初始设定辊缝。

$$\Delta\varepsilon = \frac{\partial \varepsilon}{\partial z_3}z_3 + \frac{\partial \varepsilon}{\partial z_4}z_4 = -\frac{z_3 - z_4}{h_0} \tag{1-35}$$

1.2.2.2　工作辊垂直方向振动位移对张应力的影响

假设轧制前滑率基本不变，可将出口速度 v_1 近似为常数。考虑到来料厚度 h_0 恒定，当工作辊发生振动时将引起带钢入口速度 v_0 发生波动，即

$$\Delta v_0 = \frac{v_1 \Delta h_1}{h_0} = \frac{v_1(z_3 - z_4)}{h_0} \tag{1-36}$$

带钢入口速度的波动将引起后张应力发生变化，即

$$\Delta\sigma_{0_z} = \frac{\Delta L_S}{L_S}E = \frac{\int \Delta v_0 \mathrm{d}t}{L_S}E = -\frac{Ev_1(\dot{z}_3 - \dot{z}_4)}{h_0 L_S \omega^2} \tag{1-37}$$

式中　L_S——机架间距；

　　　ω——系统角频率。

前张应力增量为

$$\Delta\sigma_{1z} = -\frac{T_1}{Bh_1^2}(z_3 - z_4) \tag{1-38}$$

1.2.2.3　工作辊水平方向振动位移对张应力的影响

轧辊的水平位移直接引起板带的前后张应力增量

$$\begin{cases} \Delta\sigma_{0x} = \dfrac{\Delta L_S}{L_S}E = \dfrac{x_1}{L_S}E \\[3mm] \Delta\sigma_{1x} = \dfrac{\Delta L_S}{L_S}E = -\dfrac{x_1}{L_S}E \end{cases} \tag{1-39}$$

1.2.2.4　工作辊扭转振动位移对张应力的影响

轧机工作辊受到扭转振动的影响时，工作辊的转速呈现周期性波动。假设工作辊与轧件间未产生打滑现象，由于工作辊转速的波动，将导致轧件入口速度与出口速度波动，同时引起轧件的拉延和压缩行为，可得

$$\begin{cases} \Delta L_{S0} = D_w y \varepsilon \\[2mm] \Delta L_{S1} = -D_w y \end{cases} \tag{1-40}$$

式中　y——工作辊动态扭转位移。

由于板带出口速度增量和入口速度增量的影响，前后张应力也将产生应力增量，即

$$\begin{cases} \Delta\sigma_{0y} = \dfrac{\Delta L_{S0}}{L_S}E = \dfrac{D_w y}{2L_S}\varepsilon E \\[3mm] \Delta\sigma_{1y} = \dfrac{\Delta L_{S1}}{L_S}E = -\dfrac{D_w y}{2L_S}E \end{cases} \tag{1-41}$$

整理以上各式，可得

$$\begin{cases} \Delta\sigma_0 = \Delta\sigma_{0z} + \Delta\sigma_{0x} = -\dfrac{Ev_1(\dot{z}_3 - \dot{z}_4)}{h_0 L_S \omega^2} + \dfrac{x_1}{L_S}E + \dfrac{D_w y}{2L_S}\varepsilon E \\[4mm] \Delta\sigma_1 = \Delta\sigma_{1z} + \Delta\sigma_{1z} = -\dfrac{T_1}{Bh_1^2}(z_3 - z_4) - \dfrac{x_1}{L_S}E - \dfrac{D_w y}{2L_S}E \end{cases} \tag{1-42}$$

1.2.2.5　前后张应力增量引起的轧制力变化量

根据式（1-33）的轧制力计算公式，对前后张应力求一阶偏导，可得轧制力增量

$$\Delta P_{\sigma_0} \approx \frac{\partial P}{\partial \sigma_0}\Delta\sigma_0 = -Q_p Bl\Delta\sigma_0 = -Q_p Bl\left[-\frac{Ev_1(\dot{z}_3 - \dot{z}_4)}{h_0 L_S \omega^2} + \frac{x_1}{L_S}E + \frac{D_w y}{2L_S}\varepsilon E\right] \tag{1-43}$$

$$\Delta P_{\sigma_1} \approx \frac{\partial P}{\partial \sigma_1}\Delta\sigma_1 = -Q_p Bl\Delta\sigma_1 = -Q_p Bl\left[-\frac{T_1}{Bh_1^2}(z_3 - z_4) - \frac{x_1}{L_S}E - \frac{D_w y}{2L_S}E\right] \tag{1-44}$$

由式（1-43）可知，由后张力的增量引起的轧制力变化 ΔP_{σ_0} 中，有一部分增量超前位移相位 90°，在轧机的动力学方程中表现为负阻尼。可见，后张力波动引起的轧制力增量不仅减弱了系统的刚度，同时减弱了系统的稳定性。

1.2.2.6　压下率 ε 变化引起的轧制力变化量

根据式（1-33）的轧制力计算公式，对压下率求偏导

$$\Delta P_\varepsilon = \frac{\partial P}{\partial \varepsilon}\Delta\varepsilon = (2k - 0.5\sigma_0 - 0.5\sigma_1)B\left[\frac{\pi l}{8\varepsilon} + \frac{D_w}{2(2-\varepsilon)^2}\right]\left(-\frac{z_3 - z_4}{h_0}\right) \tag{1-45}$$

综合式（1-43）、式（1-44）、式（1-45），可得：

$$\Delta P = \Delta K_{P_x}x + \Delta K_{P_y}y + \Delta K_{P_z}z \tag{1-46}$$

1.2.3 工作辊水平力增量计算公式

工作辊水平力

$$F = \frac{(T_1 - T_0)}{2} - P\sin\phi = \frac{(\sigma_1 A_1 - \sigma_0 A_0)}{2} - (2k - 0.5\sigma_0 - 0.5\sigma_1)BQ_{\mathrm{p}}l\sin\phi$$

$$(1\text{-}47)$$

1.2.3.1 前后张应力增量引起的水平力变化量

根据式（1-47）的水平力计算公式，对前后张应力求偏导

$$\Delta F_{\sigma_0} \approx \frac{\partial F}{\partial \sigma_0}\Delta\sigma_0 = -\frac{A_0\Delta\sigma_0}{2} + Q_{\mathrm{p}}Bl\Delta\sigma_0\sin\phi$$

$$= \left(-\frac{B_0 h_0}{2} + Q_{\mathrm{p}}Bl\sin\phi\right)\left[-\frac{Ev_1(\dot{z}_3 - \dot{z}_4)}{h_0 L_{\mathrm{S}}\omega^2} + \frac{x_1}{L_{\mathrm{S}}}E + \frac{D_{\mathrm{w}}y}{2L_{\mathrm{S}}}\varepsilon E\right] \quad (1\text{-}48)$$

$$\Delta F_{\sigma 1} \approx \frac{\partial F}{\partial \sigma_1}\Delta\sigma_1 = \frac{A_1\Delta\sigma_1}{2} - Q_{\mathrm{p}}Bl\Delta\sigma_1\sin\phi$$

$$= \left(\frac{B_1 h_1}{2} - Q_{\mathrm{p}}Bl\sin\phi\right)\left[-\frac{T_1}{Bh_1^2}(z_3 - z_4) - \frac{x_1}{L_{\mathrm{S}}}E - \frac{D_{\mathrm{w}}y}{2L_{\mathrm{S}}}E\right] \quad (1\text{-}49)$$

1.2.3.2 压下率 ε 变化引起的水平力变化量

根据式（1-47）的水平力计算公式，对压下率求偏导

$$\Delta F_{\varepsilon} \approx \frac{\partial F}{\partial \varepsilon}\Delta\varepsilon$$

$$= -(2k - 0.5\sigma_0 - 0.5\sigma_1)B\left[\frac{\pi l}{8\varepsilon} + \frac{D_{\mathrm{w}}}{2(2 - \varepsilon^2)}\right]\left(-\frac{z_3 - z_4}{h_0}\right)\sin\phi \quad (1\text{-}50)$$

综合式（1-48）、式（1-49）、式（1-50），可得

$$\Delta F = \Delta K_{F_x}x + \Delta K_{F_y}y + \Delta K_{F_z}z \quad (1\text{-}51)$$

1.2.4 驱动力矩增量计算公式

根据驱动力矩计算公式（1-27），将式（1-28）、式（1-29）、式（1-31）代入式（1-27），整理后可得

$$M_{\mathrm{Drive}} = Pa + \frac{P\cos\varphi}{\cos(\phi + \gamma)}\left(\mu\cos\gamma + \frac{D_{\mathrm{w}}}{2}\sin\gamma\right) + \left[\frac{P\cos\varphi}{\cos(\phi + \gamma)}\sin(\phi + \gamma) - P\sin\varphi\right]\rho_1$$

$$= \left\{a + \frac{\cos\varphi}{\cos(\phi + \gamma)}\left(\mu\cos\gamma + \frac{D_{\mathrm{w}}}{2}\sin\gamma\right) + \left[\frac{\cos\varphi}{\cos(\phi + \gamma)}\sin(\phi + \gamma) - \sin\varphi\right]\rho_1\right\}P$$

$$(1\text{-}52)$$

由式（1-52）可知，驱动力矩 M_{Drive} 可简化为轧制力 P 的线性函数，因此由驱动力引起的驱动力矩增量为

$$\Delta M_{\mathrm{Drive}} = \frac{\partial M_{\mathrm{T}}}{\partial P}\Delta P$$

$$= \left\{ a + \frac{\cos\varphi}{\cos(\phi + \gamma)} \left(\mu\cos\gamma + \frac{D_\mathrm{w}}{2}\sin\gamma \right) + \left[\frac{\cos\varphi}{\cos(\phi + \gamma)}\sin(\phi + \gamma) - \sin\varphi \right] \rho_1 \right\} \Delta P$$

$$(1\text{-}53)$$

由式（1-52）可知，驱动力矩增量是轧制力增量的函数，而根据式（1-46），可知轧制力增量是轧辊三个方向位移的函数，将式（1-46）代入式（1-53）整理可得

$$\Delta M_\mathrm{Drive} = \Delta K_{M_x}x + \Delta K_{M_y}y + \Delta K_{M_z}z \tag{1-54}$$

通过对轧制变形区的动态力学参数的分析，可得轧制力增量、驱动力矩增量和水平力增量与轧辊动态位移之间的关系，即式（1-46）、式（1-51）和式（1-54）。基于动态力学参数与轧辊动态位移之间的函数关系，能够建立轧机系统各方向振动的耦合关系。由于力学参数变化与轧辊动态位移相关，其物理意义则表现为刚度耦合关系。

1.3　热轧板带变形区混合摩擦动力学模型[6]

连续、高速、重载和稳定轧制是轧钢生产追求的终极目标，但目前不管是国内自行设计的轧机设备还是国外的大型轧机设备，在轧制生产过程中不可避免地都存在轧机稳定性和轧机振动问题。尤其是自激振动，其动态机理还没有完全弄清楚，轧机系统动力学理论有待完善，使得诸多问题尚未解决。

对热连轧机来说，其自激振动主要是低频振动（<100 Hz），发生在扭转和水平方向上，一般是前几个道次容易发生振动。由于轧辊在扭转方向和水平方向上的主要外力就是摩擦力和摩擦力矩，因此，其负阻尼项则是由于轧制变形区的摩擦状态引起的。其致振机理主要为轧制变形区摩擦状态的不稳定波动和结构的非线性[7-8]。本节将考虑动态轧制时变形区混合摩擦状态分布、前后滑区动态转换以及前后滑区摩擦动态变化规律，研究界面摩擦学行为、金属塑性流动以及工作辊运动间的耦合特性，建立轧制变形区的动态摩擦模型。

1.3.1　轧制变形区摩擦分布规律

热轧是高温、大压下量轧制，轧件流动性较大，轧制变形区存在着滑动区和黏着区。其中，滑动区的摩擦因数受轧件和轧辊的相对运动速度影响，随着轧辊的动态位移，引起轧制变形区的摩擦状态发生动态变化。

为了从理论上分析轧制变形区摩擦阻尼动态特性，弄清轧制变形区界面上准确的摩擦状态分布是十分重要的。实际热轧的轧制变形区是由滑动区、制动区和停滞区组成。在滑动区，轧辊和轧件表面产生相对滑动，接触表面的摩擦力与单位轧制压力成正比，摩擦力符合库仑摩擦定律。在制动区，由于轧辊和轧件接触表面上的外摩擦力较大，超过轧件内部的内摩擦力（剪切屈服强度 k），轧件内部产生了相对滑动，此时摩擦力等于常值 k。在停滞区，随着向中性面接近，轧件相对于轧辊滑动的趋势不断减弱，接触界面的摩擦力不断减小，在中性面处摩擦力为 0。不同的区域摩擦特性不同，其引起的

轧制变形区动态特性也不相同。另外，在三个区域中，由于在停滞区和制动区轧件和轧辊接触界面没有相对运动，可以将其视为黏着区。

轧制过程中轧制变形区的摩擦分布规律主要与接触弧长度 l 和板带的平均厚度 $\bar{h}$ 的比值 $l/\bar{h}$ 及摩擦因数 μ 相关。当摩擦因数一定时，根据 $l/\bar{h}$ 比值的不同，摩擦力分布规律可能存在三种类型，如图 1-5 所示。图中对于每一类型所给定的 $l/\bar{h}$ 范围仅仅是一大概的数值，实际中各类型间界限还需要根据轧制工艺（压下量、轧制速度、轧件变形抗力等）来确定。另外，图 1-5 中可以看出，随着 $l/\bar{h}$ 的降低，首先轧制变形区上的制动区长度不断减小，当制动区长度减小为 0 后，滑动区长度开始不断减小，最后轧制变形区只存在停滞区[4]。

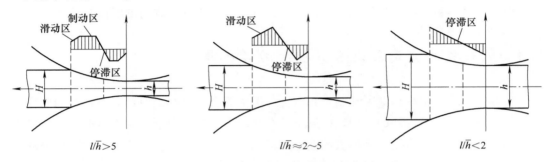

图 1-5　轧制时摩擦力沿接触弧的分布

1.3.2　轧件非稳态流动速度模型

轧机轧辊稳态时，轧件的变形过程服从金属秒流量相等原则。而当轧机轧辊处于动态波动状态时，轧件的变形过程不再服从金属秒流量相等原则，应该采用体积不变原理。由于热轧常见的自激振动为扭转自激振动和水平自激振动，因此，本章考虑轧辊的水平运动和扭转运动，根据轧制变形区的几何关系和运动学特征，建立轧件非稳态时的流动速度模型。

首先给出如下假设：

1）忽略轧件的宽展，轧制变形为平面变形；

2）轧件内各点在同一个垂直横截面上的水平（x 向）速度相同；

3）轧件没有弹性变形，为连续的刚塑性材料；

4）轧辊为刚性体，无弹性变形。

如图 1-6 所示为轧辊动态时轧制变形区示意图及微元体示意图。为便于建模，将 xoz 坐标系原点固结于轧件出口位置。v_{dr} 和 v_e 分别为轧辊扭转方向和水平方向的动态速度。BC 段是 t 时刻变形区内坐标 x 处的轧件厚度之半，在 x 垂直横截面上的水平速度为 v_x。AD 段是 t 时刻 $x + dx$ 处的轧件厚度之半，在 $x + dx$ 垂直横截面上水平速度为 $v_x + dx$。考虑轧辊的水平运动后，$t + \Delta t$ 时刻 x 和 $x + dx$ 位置对应的轧件厚度之半变为 $B'C$ 段和 $A'D$ 段。

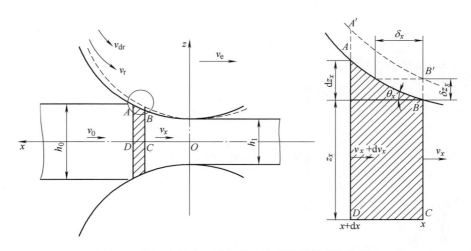

图 1-6　轧辊动态时轧制变形区示意图及微元体示意图

考虑轧辊水平运动后，根据轧件变形区的几何关系和运动学特性可得轧辊在 Δt 时的运动位移 δ_x：

$$\delta_x = v_e \Delta t \tag{1-55}$$

由于轧辊运动引起轧件在 x 位置的厚度发生变化，则厚度增量 BB' 为

$$\delta_{z_x} = \delta_x \tan \theta_x \tag{1-56}$$

式中　θ_x——坐标 x 位置处的轧件轮廓与 x 轴的夹角，$\tan \theta_x = \mathrm{d}z_x / \mathrm{d}x$。

由于轧件为不可压缩材料，其流动特性符合体积不变原理。在 Δt 时间内变形区上轧件从坐标为 $x + \mathrm{d}x$ 位置的横断面流入的体积包括两部分：一部分是从坐标为 x 位置的横截面流出的体积；一部分是图 1-6 中 $A'AB'B$ 围成的体积，即辊面水平运动前、后表面轮廓线与微元体侧面围成的体积。由于微元体的 $\mathrm{d}x$ 非常小，可以假设 $A'A = B'B$。根据体积不变条件可得

$$V_{x+\mathrm{d}x} = V_x + V_{A'B'BA} \tag{1-57}$$

令 Δt 很小，在 Δt 时间内轧辊的水平运动速度不变，则 Δt 时间内流过坐标为 $x + \mathrm{d}x$ 位置的横断面流入的体积为

$$V_{x+\mathrm{d}x} = (v_x + \mathrm{d}v_x) \int_0^{\Delta t} \left[(z_x + \mathrm{d}z_x) + v_e \tan \theta_x \cdot t \right] \mathrm{d}t \tag{1-58}$$

化简，得

$$V_{x+\mathrm{d}x} = (v_x + \mathrm{d}v_x)(z_x + \mathrm{d}z_x)\Delta t + \frac{1}{2}(v_x + \mathrm{d}v_x)(v_e \tan \theta_x)(\Delta t)^2 \tag{1-59}$$

Δt 时间内流过坐标为 x 位置的横断面流入的体积为

$$V_x = v_x \int_0^{\Delta t} (z_x + v_e \tan \theta_x \cdot t) \mathrm{d}t \tag{1-60}$$

化简，得

$$V_x = v_x z_x \Delta t + \frac{1}{2} v_x v_e \tan \theta_x (\Delta t)^2 \tag{1-61}$$

$A'AB'B$ 围成的体积为

$$V_{A'B'BA} = v_e \tan\theta_x \mathrm{d}x \tag{1-62}$$

联立式（1-57）～式（1-62），可得

$$v_x \mathrm{d}z_x \cdot \Delta t + \mathrm{d}v_x \cdot z_x \cdot \Delta t + \mathrm{d}v_x \mathrm{d}z_x \cdot \Delta t + \frac{1}{2}\mathrm{d}v_x \cdot v_e \tan\theta_x (\Delta t)^2$$

$$= v_e \tan\theta_x \mathrm{d}x \cdot \Delta t \tag{1-63}$$

忽略高次幂项 $\mathrm{d}v_x \mathrm{d}z_x \cdot \Delta t$、$\frac{1}{2}\mathrm{d}v_x \cdot v_e \tan\theta_x (\Delta t)^2$，可得

$$v_x \mathrm{d}z_x + \mathrm{d}v_x \cdot z_x = v_e \tan\theta_x \mathrm{d}x \tag{1-64}$$

式中　z_x——接触弧函数。假设接触弧函数为

$$z_x = \frac{h_1}{2} + \left(R - \sqrt{R^2 - x^2}\right) \tag{1-65}$$

令式（1-64）两边同除以 $\mathrm{d}x$，可得

$$z_x \frac{\mathrm{d}v_x}{\mathrm{d}x} + z_x' v_x = v_e \tan\theta_x \tag{1-66}$$

式中　$z_x' = \mathrm{d}z_x/\mathrm{d}x = \tan\theta_x$。

式（1-66）的通解为

$$v_x = \frac{C}{z_x} + v_e \tag{1-67}$$

当轧辊处于非稳态时，轧件的中性角位置随着轧辊动态变化而变化。设轧件动态中性角为 θ_{nd}，在中性点处轧件的厚度为 h_{nd}，轧件的动态速度为 v_{nd}。由于在中性点上轧件的水平速度等于工作辊线速度沿水平方向的投影，因此

$$v_{nd} = (v_r + v_{dr})\cos\theta_{nd} + v_e \tag{1-68}$$

当 $z_x = h_{nd}/2$ 时，$v_x = v_{nd}$。将该边界条件代入式（1-67），可得轧件沿接触弧长上各点的水平速度

$$v_x = \frac{v_e(2z_x - h_{nd}) + h_{nd}\left[(v_r + v_{dr})\cos\theta_{nd} + v_e\right]}{2z_x} \tag{1-69}$$

在式（1-68）中，当轧辊处于稳态时 $v_{dr} = 0$，$v_e = 0$，此时

$$v_x = \frac{v_r \cos\theta_n \cdot h_n}{2z_x} \tag{1-70}$$

式中　h_n——稳态轧制时轧件在中心点处的厚度；

　　　θ_n——稳态轧制时中性角角度。

可见，稳态时轧件的流动特性服从金属秒流量相等规律。

另外，轧辊各位置动态水平速度为

$$v_{rx} = (v_r + v_{dr})\cos\theta_x + v_e \tag{1-71}$$

1.3.3　动态中性角计算模型

中性角是轧制过程中最关键的参数之一，决定了变形区内轧件相对工作辊的运动速

度。轧制变形区在中性角处的截面为中性面，在中性面处的轧件速度与工作辊表面的圆周线速度水平投影相等。在中性面两侧轧件速度分别大于和小于轧辊的圆周线速度，对应为后滑区和前滑区。由于在后滑区和前滑区上轧件相对于轧辊的滑动速度不同，作用在轧件上的摩擦力方向不同，都指向中性面，因此，在中性面位置轧件的轧制压力最大，而且前滑区和后滑区轧制压力在中性面处相等。

非稳态轧制时，由于轧辊的运动，轧件的秒流量不断变化，变形区上轧辊和轧件速度也是不断地改变，中性角处于动态变化。首先，根据稳态时中性角计算模型，给出初始中性角位置。然后，考虑轧辊的动态速度，建立轧辊和轧件沿接触弧上各点的速度方程，并基于建立的轧辊和轧件速度方程求解接触弧上各位置的轧制压力，根据前滑区和后滑区轧制压力在中性角处相等的原则对中性角进行修正，最终确定出动态中性角。

其中，初始中性角的计算公式为

$$\theta_n = \frac{1}{2}\sqrt{\frac{\Delta h}{R}}\left(1 - \frac{1}{2\mu}\sqrt{\frac{\Delta h}{R}}\right) \tag{1-72}$$

1.3.4　热轧轧制变形区摩擦力和轧制压力计算模型

诸多实验和理论研究都表明轧制变形区的摩擦与润滑状态是引起轧机振动最为重要的因素之一，因此，建立有效的轧制变形区动态摩擦力模型是进行轧机动力学建模和振动机理分析的关键技术。本节根据热轧轧制变形区的特点，考虑轧制变形区的混合摩擦状态，建立轧制变形区分段摩擦力模型。

此外，轧制压力是轧机系统最重要的一个力学参数，轧制变形区的轧制压力对摩擦力有很大的影响，决定着轧制变形区的摩擦力分布规律，同时轧制变形区的摩擦力分布特征也影响着轧制压力。为此本章将采用分段的以弦代弧的方法，基于卡尔曼微分方程和塑性变形条件，考虑不同区域的摩擦力特征，通过分段积分法求解单位轧制压力。

图 1-7 所示为轧件变形区分段示意图。由于热轧为大压下量轧制，变形区的摩擦状态为混合摩擦。根据变形区的摩擦特性将变形区分成 5 个部分。其中 *AC* 段和 *DB* 段分别为后滑区和前滑区的滑动区，*CE* 段和 *FD* 段分别为后滑区和前滑区的制动区，*EF* 段为停滞区。

1.3.4.1　热轧变形区摩擦力计算模型

在滑动区（*AC* 段和 *DB* 段），由于轧辊和轧件存在相对滑动，轧制变形区为滑动摩擦。当轧制变形区的摩擦特征为滑动摩擦时，利用库仑摩擦定律来描述轧制变形区的摩擦润滑特性是有效的。则 x 位置处单位摩擦力 τ_x 的表达式为

$$\tau_x = \mu_x p_x \tag{1-73}$$

式中　μ_x ——坐标 x 位置处摩擦因数；

p_x ——坐标 x 位置处单位压力。

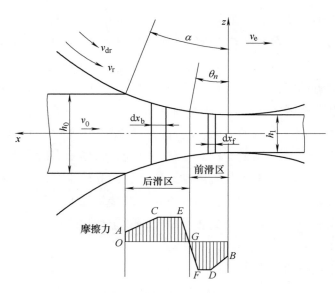

图 1-7 轧件变形区分段示意图

另外，在滑动区摩擦因数 μ_x 随着工作辊和轧件的相对速度增加而快速降低。一般采用简化的 Stribeck 曲线来表示

$$\mu = \mu_s + \beta v_{\text{ref}} \tag{1-74}$$

式中 μ_s 和 β——与轧制系统润滑状态、轧制温度、润滑油的黏度和浓度有关的常数，为负数；

v_{ref}——接触弧上轧件和工作辊的相对速度。

由于在滑动区随着向中性角越靠近，轧辊和轧件之间相对运动速度越小，摩擦因数越大，而且轧制压力在不断增加，因此单位摩擦力也在不断增加。当单位摩擦力增加到轧件的剪切屈服强度时，达到了最大摩擦力，此时进入到制动区。在制动区，单位摩擦力等于常值，即

$$\tau_x = k \tag{1-75}$$

在停滞区，随着向中性角接近，轧件和轧辊的相对滑动趋势不断减弱，在中性角上变为零。停滞区的单位摩擦力可近似地按线性规律变化，即

$$\tau_x = k\left(\frac{h_n - h_x}{h_n - h_E}\right) \tag{1-76}$$

式中 h_n 和 h_E——中性面处和 E 处的轧件厚度。

1.3.4.2 轧制压力计算模型

单位轧制压力计算采用分段积分法，以中性点为界，在后滑区和前滑区分别划分几段，每段长度分别为 $\mathrm{d}x_b$ 和 $\mathrm{d}x_f$，并根据卡尔曼平衡微分方程（式 1-77）、塑性条件和各段的摩擦力公式，推导各段的轧制压力计算公式为

$$\mathrm{d}\sigma_x = \left[(p_x - \sigma_x) \mp \frac{\tau_x}{\tan\theta_x}\right]\frac{\mathrm{d}h_x}{h_x} \tag{1-77}$$

1. 后滑区各部分轧制压力模型

在后滑区，以轧件入口处应力状态为边界条件，轧件入口作为分段的起始点（图 1-8）。

后滑区第 i 段坐标为

$$\begin{cases} x_i = l - i\mathrm{d}x_\mathrm{b} \\ z_i = \dfrac{h_1}{2} + R - \sqrt{R^2 - x_i^2} \quad (1\text{-}78) \\ h_i = 2z_i \end{cases}$$

第 i 段弦的斜率为

$$\tan\theta_i = -\frac{z_i - z_{i-1}}{\mathrm{d}x_\mathrm{b}} \quad (1\text{-}79)$$

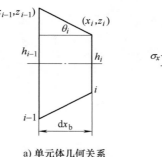

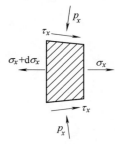

a) 单元体几何关系　　b) 微元体受力图

图 1-8　后滑区示意图

（1）滑动区　在滑动区 AC 段上，可以近似地将微元体垂直方向应力与水平方向应力当作主应力，其塑性条件为

$$p_x - \sigma_x = 2k \quad (1\text{-}80)$$

结合卡尔曼平衡微分方程和塑性条件，根据几何关系和摩擦力模型，对其进行积分，可得滑动区单位轧制压力表达式

$$p_x = c_0 h_x^{-\delta_{\mathrm{b}x}} + \frac{2k}{\delta_{\mathrm{b}x}} \quad (1\text{-}81)$$

式中　c_0——积分常数；

　　　$\delta_{\mathrm{b}x}$——与轧制变形区摩擦状态和几何关系相关的参数，$\delta_{\mathrm{b}x} = \mu_{\mathrm{b}x}/\tan\theta_x$，$\mu_{\mathrm{b}x}$ 为摩擦因数。

根据式（1-74），可得

$$\mu_{\mathrm{b}x} = \mu_\mathrm{s} + \beta(v_{\mathrm{r}x} - v_x) \quad (1\text{-}82)$$

由于在后滑区从入口段开始，往中性角方向进行逐段计算，因此，计算第 i 段时以第 $i-1$ 段的轧制参数为边界条件。根据边界条件求出各段的积分常数，代入式（1-81）中，可得第 i 段的轧制压力表达式

$$p_{\mathrm{b}i} = \left(p_{\mathrm{b}(i-1)} - \frac{2k}{\delta_{\mathrm{b}i}}\right)\left(\frac{h_{i-1}}{h_i}\right)^{\delta_{\mathrm{b}i}} + \frac{2k}{\delta_{\mathrm{b}i}} \quad (1\text{-}83)$$

（2）制动区　在制动区 CE 段上，由于轧件的内摩擦力达到了最大值，接触表面变为最大切应力平面，垂直方向（y 向）与微元体的主应力方向相差较大。此时，塑性条件为

$$\left(\frac{\sigma_x - p_x}{2}\right)^2 + \tau_x^2 = k^2 \quad (1\text{-}84)$$

将 $\tau_x = k$ 带入上式，可得

$$\sigma_x - p_x = 0 \quad (1\text{-}85)$$

结合式（1-77）和式（1-85），根据几何关系和摩擦力模型，通过积分可得制动区

轧制压力表达式

$$p_x = -\frac{k}{\tan\theta_x}\ln h_x + c_1 \tag{1-86}$$

式中　c_1——积分常数。

同样，计算第 i 段时以第 $i-1$ 段的轧制参数为边界条件，根据边界条件求出各段的积分常数。代入式（1-86）中，可得制动区第 i 段的轧制压力表达式

$$p_{bi} = p_{b(i-1)} + \frac{2k}{\tan\theta_i}\ln\left(\frac{h_{i-1}}{h_i}\right) \tag{1-87}$$

（3）停滞区　在停滞区 EG 段，根据式（1-88）和式（1-89）可得停滞区的平衡微分方程

$$\mathrm{d}p_x = k\left[2 - \frac{h_x - h_n}{(h_E - h_n)\tan\theta_i}\right]\frac{\mathrm{d}h_x}{h_x} \tag{1-88}$$

对式（1-88）积分，并以第 $i-1$ 段的轧制参数为边界条件，可得到停滞区的第 i 段单位轧制压力表达式

$$p_{bi} = p_{b(i-1)} + k\left\{\left(\frac{1}{(h_E - h_n)\tan\theta_i}\right)(h_{i-1} - h_i)\right.$$
$$\left. - \left[2 + \left(\frac{1}{(h_E - h_n)\tan\theta_i}\right)h_n\right]\ln\left(\frac{h_{i-1}}{h_i}\right)\right\} \tag{1-89}$$

2. 前滑区各部分轧制压力模型

在前滑区，以轧件出口处应力状态为边界条件，轧件出口作为分段的起始点（图1-9）。

前滑区上第 i 段坐标为

$$\begin{cases} x_i = i\mathrm{d}x_f \\ z_i = \dfrac{h_1}{2} + R - \sqrt{R^2 - x_i^2} \end{cases} \tag{1-90}$$

第 i 段弦的斜率为

$$\tan\theta_i = \frac{z_i - z_{i-1}}{\mathrm{d}x_f} \tag{1-91}$$

前滑区各部分的轧制压力推导方法与后滑区相同，因此，可得前滑区各部分的轧制压力表达式。

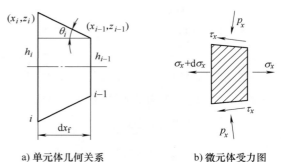

a) 单元体几何关系　　b) 微元体受力图

图1-9　前滑区示意图

（1）滑动区

$$p_{fi} = \left(p_{f(i-1)} + \frac{2k}{\delta_{fi}}\right)\left(\frac{h_i}{h_{i-1}}\right)^{\delta_{fi}} - \frac{2k}{\delta_{fi}} \tag{1-92}$$

式中　$\delta_{fi} = \mu_{fi}/\tan\theta_i$。

$$\mu_{fi} = \mu_s + \beta(v_{xi} - v_{rxi}) \tag{1-93}$$

（2）制动区

$$p_{\mathrm{f}i} = p_{\mathrm{f}(i-1)} + \frac{2k}{\tan\theta_i}\ln\left(\frac{h_i}{h_{i-1}}\right) \tag{1-94}$$

（3）停滞区

$$p_{\mathrm{f}i} = p_{\mathrm{f}(i-1)} + k\left\{ \frac{1}{(h_n - h_{\mathrm{F}})\tan\theta_i}(h_{i-1} - h_i) \right.$$
$$\left. - \left[2 + \frac{h_n}{(h_n - h_{\mathrm{F}})\tan\theta_i} \right]\ln\left(\frac{h_{i-1}}{h_i}\right) \right\} \tag{1-95}$$

3. 停滞区长度计算模型

停滞区长度根据经验式进行计算：

$$l_n = \frac{2\mu_{\mathrm{t}}p_{\mathrm{E}}/2k}{0.75 - (2\mu p_{\mathrm{E}}/2k)^2}h_n \tag{1-96}$$

式中　p_{E}——E 点的单位轧制压力；

　　　μ_{t}——考虑接触弧形状影响的条件摩擦因数，$\mu_{\mathrm{t}} = \mu_{\mathrm{s}} - \alpha/2$。

1.3.4.3　总轧制力矩和总摩擦力计算模型

根据求解出的各段摩擦力和轧制压力求解接触弧上的总摩擦力和总轧制力矩。

单辊轧制变形区的总摩擦力为

$$F_{\mathrm{f}} = \left(\sum\tau_{\mathrm{b}i}\mathrm{d}x_{\mathrm{b}} + \sum\tau_{\mathrm{f}i}\mathrm{d}x_{\mathrm{f}} \right)B \tag{1-97}$$

单辊轧制变形区的总轧制力矩为

$$M_{\mathrm{T}} = \left(\sum\tau_{\mathrm{b}i}\mathrm{d}x_{\mathrm{b}} + \sum\tau_{\mathrm{f}i}\mathrm{d}x_{\mathrm{f}} \right)BR = F_{\mathrm{f}}R \tag{1-98}$$

1.3.5　模型计算和验证

1.3.5.1　模型计算方法

本章采用分段计算模型，其计算方法为：首先，根据轧制工艺参数求解稳态时的工艺参数，给定初值。然后，以轧件的入口处和出口处的受力状态作为边界条件，在后滑区和前滑区上分别从入口处和出口处向中性面依次分段计算。由于轧制压力模型和停滞区长度模型是相互耦合的。因此，需要通过轧制压力和停滞区长度迭代计算进行求解。另外，由于初始中性面位置计算模型是基于轧制变形区处于全滑动摩擦状态和轧制压力恒定的假设推导的，与实际混合摩擦状态不一样。因此，需要对中性角位置进行修正。其修正准则根据轧制变形区上轧制压力的连续性规律，即前滑区和后滑区中性面位置处的轧制压力相等。最终求解出整个接触弧上的轧制压力和摩擦力分布结果。计算流程如图 1-10 所示。

1.3.5.2　模型验证

为验证模型的准确性，本章从实际生产中选取一块板坯，从现场 PDA 数据中提取该板坯 F2 道次的入口厚度、出口厚度、轧制速度、轧件宽度、变形抗力、轧制力和轧制力矩参数。由于热轧是微张力轧制，忽略张力的影响。根据入口厚度、出口厚度、轧制速度、轧件宽度、变形抗力等参数，采用本章建立的轧制力和轧制力矩分段计算模型（为保证模型的精度，分别将前滑区和后滑区分成 5000 个单元），求出轧制力和轧制力矩，并与提取的实测轧制力和轧制力矩数据进行对比。如图 1-11 所示。可知，根据本章建立的理论模型计算的轧制力与轧制力矩与实测数据变化趋势相一致，数值相近，误差基本上小于 5%。本章建立的模型能够准确地反映出工艺参数对轧制力和摩擦力矩的影响规律，精度较高，模型是有效可靠的。因此，可以基于该模型研究轧制工艺参数对轧制过程稳定性的影响规律。

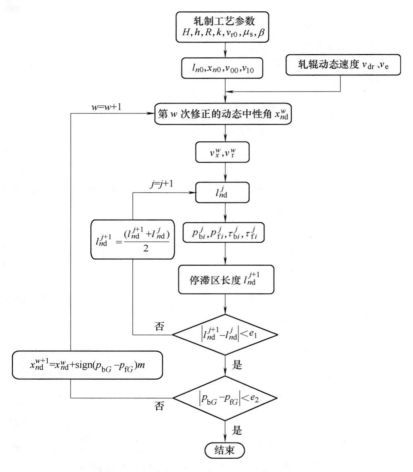

图 1-10　轧制压力和切应力计算流程图

图 1-12 为根据分段法求解的轧制压力和切应力分布图。轧制变形区的后滑区为滑动区、制动区和停滞区混合摩擦状态，前滑区为滑动区和停滞区的混合摩擦状态。前滑区的接触弧长度较小，没有达到制动区就已经进入到停滞区。由于考虑了停滞区，轧制压力在中性角附近的变化斜率比较缓和。考虑轧制变形区混合摩擦状态求解的热轧轧制力学参数分布规律更加符合实际情况。该模型可以用于研究热轧轧制变形区摩擦负阻尼产生机理以及轧制变形区的稳定性。

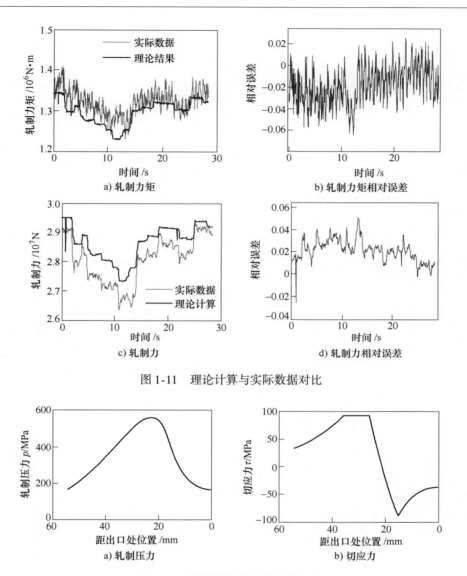

图 1-11　理论计算与实际数据对比

图 1-12　轧制参数沿接触弧的分布

第 2 章　板带轧机刚性动力学

板带轧机系统主要由主传动系统和机座系统组成，主传动系统包括电动机、联轴器、减速器、主轴、分速箱、接轴和辊系；机座系统包括机架、液压压下机构、支承辊及其轴承座、工作辊及其轴承座。轧机系统是由多个弹性体或刚体组成的多体系统，其常见的振动属性有机座的垂直振动、辊系的水平振动和传动系统的扭振，其动态特性是由多种不同属性运动及其耦合运动决定的。板带轧机刚性动力学模型是指基于常规的集中质量法建立的动力学模型。常见刚性动力学模型有，一维动力学模型：机座垂直振动模型、辊系水平振动模型和主传动系统振动模型；多维耦合动力学模型：垂直－水平耦合振动模型、垂直－扭转耦合振动模型、扭转－水平耦合振动模型以及垂直－水平－扭转耦合振动模型。本章将分别介绍轧机系统的一维动力学模型建模方法、多维耦合动力学模型建模方法以及考虑辊身转动的摆动动力学模型建模方法，并以某钢厂 1580 机组和 2160 机组的四辊轧机为研究对象，根据轧机的结构参数和工艺参数对建立的动力学模型进行分析。

2.1　轧机系统一维动力学模型

2.1.1　轧机水平振动模型

轧机的水平振动在板带轧制生产过程中比较普遍，在热连轧生产中尤为突出，经常会因为轧机水平振动过于剧烈，造成关键部件的损坏，甚至造成生产事故。现有的关于轧机水平振动模型一般将其简化为单自由度系统，如图 2-1 所示。主要参数为工作辊水平振动的等效质量 M_x 和等效刚度 K_x，P 为工作辊与支承辊辊间压力，f 为工作辊与板带间的摩擦力。

等效质量和等效刚度的大小决定了轧机水平方向的振动特性。等效刚度通过材料力学和结构力学中的静变形公式计算，等效质量通常采用能量法计算，复杂的刚度计算也可以根据势能法进行求解。

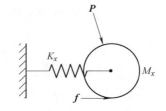

图 2-1　轧辊水平振动模型简化

根据能量守恒原理：系统总能量的改变取决于系统能量的输入与耗散，孤立系统（与其他物体既没有物质交换也没有能量交换的系统）在任意时刻的总能量保持不变。对于轧机系统，在轧机各部件振动时，系统的最大势能 U_{max} 等于系统的最大动能 T_{max}，即

$$U_{\max} = T_{\max} \tag{2-1}$$

轧机工作辊轴线的振型曲线为[9]

$$f_1(x) = PC_1(y^4 - 3L_1^2 y^2/2) + \delta_1 \tag{2-2}$$

式中　$C_1 = \dfrac{160C_{1p}}{(L^2 - B^2)(10L_1^2 - L^2 - B^2)}$，$C_{1p} = \dfrac{(L-B)^2}{24L}\left[\dfrac{3L(L+2B) - B^2}{80E_1 J_1} + \dfrac{1.1}{G_1 F_1}\right]$

　　E_1、G_1——工作辊弹性模量和剪切模量；

　　J_1、F_1——工作辊辊身惯性矩和截面积；

　　L、L_1——工作辊辊身长度和弯辊缸间距；

　　　B——轧件宽度；

　　　δ_1——工作辊中部位移量。

基于能量法推导出水平振动系统的等效质量 M_x 为

$$M_x = \frac{2}{\delta_1^2}\left[\frac{M_{b1}}{L}\int_0^{L/2} f_1^2(x)\,\mathrm{d}x + M_{c1}f_1^2\left(\frac{l_1}{2}\right) + M_{n1}f_1^2\left(\frac{L_1 + L}{4}\right)\right] \tag{2-3}$$

式中　M_{b1}——工作辊辊身质量；

　　M_{c1}——工作辊轴承、轴承座和相关配件的质量；

　　M_{n1}——工作辊辊颈质量。

水平振动系统的刚度 K_x 可认为是轧机牌坊抗弯刚度和轴承座、轧辊轴颈的弹性压扁刚度的串联，即

$$\frac{1}{K_x} = \frac{1}{K_F} + \frac{1}{K_0} \tag{2-4}$$

式中　K_F——轧机牌坊立柱的抗弯刚度；

　　K_0——轴承座和轧辊轴颈的弹性压扁刚度。

已知轧辊的等效质量与等效刚度，可得振动微分方程

$$M_x \ddot{x} + K_x x = 0 \tag{2-5}$$

2.1.2　轧机垂直振动模型

轧机的垂直振动系统可简化为只有轧辊的单自由度系统，但是单自由度系统模型粗糙、分析精度低，无法反映轧机垂直方向上多个频率的振动现象。四自由度系统模型，是将轧机简化为上支承辊、上工作辊、下工作辊和下支撑辊四个质量块组成的系统建模。四自由度系统较单自由度系统更加符合生产实际，模型精度更高。但随着轧制设备的发展和在线检测技术的提高，板带宽度越来越宽，出口厚度越来越薄，压下率越来越大，轧制力越来越大，人们发现四辊轧机的机架振动幅值已不可忽略，四自由度系统无法更好地对此进行有效分析，因此燕山大学的连家创提出了六自由度模型，即将轧机简化为上机架、上支承辊、上工作辊、下工作辊、下支承辊和下机架组成的六自由度振动系统。参照图 2-2 简化模型，建立四辊轧机系统的六自由度垂直振动模型。

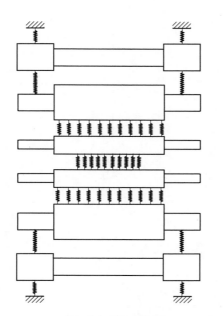 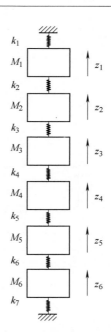

a) 轧机分布弹簧质量系统　　　　　b) 六自由度等效弹簧质量模型

图 2-2　四辊轧机六自由度垂直振动简化模型

图中：M_1——机架上立柱、上横梁、垫块、液压缸的等效质量；

　　　M_2——上支承辊、轴承、轴承座的等效质量；

　　　M_3——上工作辊的等效质量；

　　　M_4——下工作辊的等效质量；

　　　M_5——下支承辊、轴承、轴承座的等效质量；

　　　M_6——机架下立柱、下横梁、垫块、测压仪的等效质量；

　　　K_1——机架立柱及上横梁的等效刚度；

　　　K_2——上支撑辊中部至上横梁中部的等效刚度；

　　　K_3——支撑辊与工作辊之间的弹性接触刚度；

　　　K_4——工作辊与轧件之间的刚度；

　　　K_5——支撑辊与工作辊之间的弹性接触刚度；

　　　K_6——下支撑辊中部至下横梁中部的等效刚度；

　　　K_7——下横梁、下立柱、测压仪和垫块的等效刚度。

　　采用能量法和静力分析的方法计算轧机垂直振动系统各部件的等效质量与等效刚度。振动模型简化计算时，可将轧辊和轧机牌坊看作受外载荷变形的梁单元，则沿质量均布的梁单元进行积分可得系统的最大势能和最大动能，从而可求得各部件的等效质量和等效刚度。

　　轧辊和机架的等效计算简图如图 2-3 所示。等效质量与等效刚度的计算过程参考上节中的式（2-1）~式（2-4）。

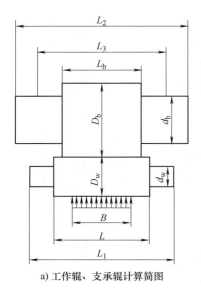
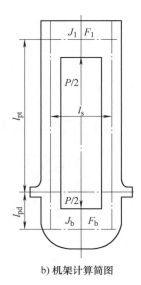

a) 工作辊、支承辊计算简图　　　　　b) 机架计算简图

图 2-3　轧机等效计算简图

　　根据振动理论，列出轧机垂直方向六自由度无阻尼系统的平衡微分方程：

$$\boldsymbol{M}\{\ddot{z}\} + \boldsymbol{K}\{z\} = 0 \tag{2-6}$$

其中

$$\boldsymbol{M} = \begin{pmatrix} M_1 & & & & & \\ & M_2 & & & & \\ & & M_3 & & & \\ & & & M_4 & & \\ & & & & M_5 & \\ & & & & & M_6 \end{pmatrix}_{(6\times6)} ;$$

$$\boldsymbol{K} = \begin{pmatrix} K_1 + K_2 & -K_2 & & & & \\ -K_2 & K_2 + K_3 & -K_3 & & & \\ & -K_3 & K_3 + K_4 & -K_4 & & \\ & & -K_4 & K_4 + K_5 & -K_5 & \\ & & & -K_5 & K_5 + K_6 & -K_6 \\ & & & & -K_6 & K_6 + K_7 \end{pmatrix}_{(6\times6)} \circ$$

式中　$\boldsymbol{M}$——系统质量矩阵；

　　　　$\boldsymbol{K}$——系统刚度矩阵；

　　$\{\ddot{z}\}$——系统加速度列矢量；

　　$\{z\}$——系统位移列矢量。

　　求解无阻尼多自由度系统的振动特性，包括振动固有频率与主振型。即求解下列方程组的特征值和特征矢量：

$$K\{A\} = \omega^2 M\{A\}\qquad(2\text{-}7)$$

式中　ω——系统角频率；

　　$\{A\}$——主振型。

式（2-7）为求解广义特征值问题，为方便计算，可使用编程计算的方法。这里采用 MATLAB 中集成的计算函数 eig()，该函数可以方便快速地求取所需的特征值及特征矢量。最后可求得各阶固有频率

$$f_j = \frac{\omega}{2\pi}\qquad(2\text{-}8)$$

2.1.3　轧机主传动系统扭转振动模型[10]

轧机主传动系统由多个运动部件组成，其中接轴部件相对于其他部件刚度明显较低，轧机主传动系统扭振往往在接轴上产生较大的变形，接轴两侧部件发生较大的相对扭转运动，扭转频率一般为 5 ~20 Hz，接近轧机主传动系统的一阶固有频率。因此对轧机主传动系统的研究可以简化为单自由度动力学模型，能够表征出轧机主传动系统的一阶固有特性即可。本章将轧机主传动系统简化为工作辊和传动端的质量 – 弹性系统，如图 2-4 所示。

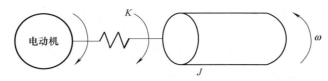

图 2-4　轧机主传动系统扭转振动模型简化

此质量 – 弹性系统的参数为轧机工作辊的等效转动惯量 J、传动端各部件的等效扭转刚度 K，质量单元的等效惯量与弹性单元的等效刚度分别按照能量法和静力分析法计算。

2.1.3.1　转动惯量的计算

转动惯量 J 描述的是刚体在进行旋转运动时的惯性大小。在旋转运动中，刚体的转动惯量 J 与其回转角速度 β 的乘积就是刚体所受的力矩 T，即

$$T = J\beta = J\frac{\mathrm{d}^2\theta}{\mathrm{d}t^2}\qquad(2\text{-}9)$$

式中　t——刚体回转运动时间；

　　θ——刚体回转角位移。

对于密度均匀分布的圆柱体，绕其中心线回转的转动惯量为

$$J = \frac{1}{32}\pi\rho l D^4\qquad(2\text{-}10)$$

对于密度均匀分布的空心圆轴，绕其中心线回转的转动惯量为

$$J = \frac{1}{32}\pi\rho l(D^4 - d^4) \tag{2-11}$$

式中　ρ——刚体材料密度；

l——刚体的长度；

D——刚体的外径；

d——刚体的内径。

对于规则对称的阶梯轴段，等效为由简单等径轴段的串联。计算各个简单轴段的转动惯量，其总和就等于复杂阶梯轴段的等效转动惯量。对于形状复杂的部件，可以运用三维绘图软件建立其实体模型并计算其转动惯量。

2.1.3.2　抗扭刚度的计算

轴段的抗扭刚度 K 表示受扭转载荷的轴两端产生单位角位移所需的力矩。参考理论力学和材料力学中的分析计算方法，轴段相对角位移 $\Delta\theta_S$ 为

$$\Delta\theta_S = \frac{T_S l}{GI_p} \tag{2-12}$$

式中　G——切变模量；

I_p——截面的极惯性矩；

T_S——轴段力矩。

由上述公式和抗扭刚度的定义可得，轴段的抗扭刚度计算公式

$$K = \frac{T_S}{\Delta\theta_S} = \frac{GI_p}{l} \tag{2-13}$$

对于实心圆轴 $I_p = \frac{\pi D^4}{32}$，可得 $K = \frac{\pi GD^4}{32l}$；

对于空心圆轴 $I_p = \frac{\pi(D^4 - d^4)}{32}$，可得 $K = \frac{\pi G(D^4 - d^4)}{32l}$。

轧机主传动系统并不是由一个弹性元件组成，而是由多个弹性元件组成，它们通过并联或者串联的方式组成整个系统，因此需要将各个元件的刚度计算后，再计算其等效刚度。

若元件间为并联关系，则等效刚度为各元件刚度之和，即

$$K = \sum_{i=1}^{n} K_i \tag{2-14}$$

若元件间为串联关系，则等效刚度为各元件刚度倒数之和的倒数，即

$$K = 1/\sum_{i=1}^{n} \frac{1}{K_i} \tag{2-15}$$

式中　K_i——各元件的刚度。

2.1.3.3　抗扭刚度的等效

轧机的主传动系统中存在减速器和分齿机构，因此需要对系统进行转换，并保证转换前后系统的弹性势能总和不变，如图 2-5、图 2-6 所示。

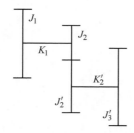

图 2-5　转换前的系统

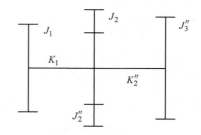

图 2-6　转换后的系统

齿轮啮合机构的传动比记为 i ，则分支系统的转换刚度为

$$K_2'' = i^2 K_2' \qquad (2\text{-}16)$$

将系统向工作辊等效转换，查询热连轧 F2 轧机的设计图纸得到主传动系统的参数，计算系统模型各轴段的抗扭刚度 K_i 。

按照串联刚度计算，系统的等效抗扭刚度为

$$K = 1 \Big/ \sum_{i=1}^{n} \frac{1}{K_i} = 0.052\,(\mathrm{MN/mm}) \qquad $$

2.1.3.4　扭振系统动力学模型的建立

通过对主传动系统的受力分析和等效简化，建立扭振系统的数学模型。此模型为单自由度系统模型，采用保守系统的拉格朗日方程，建立扭振运动微分方程

$$J\ddot{\theta}_S + C\dot{\theta}_S + K\theta_S = Q \qquad (2\text{-}17)$$

式中　J——工作辊转动惯量；

　　　K——主传动系统抗扭刚度；

　　　C——阻尼矩阵；

　　　Q——激励函数；

　　　θ_S——角位移响应；

　　　$\dot{\theta}_S$——角速度响应；

　　　$\ddot{\theta}_S$——角加速度响应。

阻尼在一个系统中体现了运动对能量的耗散，阻尼的存在会削弱外界冲击对系统的作用。因为系统达到转矩峰值的时间很短，能量来不及耗散，故阻尼对转矩峰值前的系统响应影响不大，一般情况下可不考虑。

完成对轧机系统的力学分析并建立等效的振动模型后，就可分析系统的振动特性。而振动特性一般通过固有频率和主振型来表示。通常规定系统的固有频率为无阻尼系统自由振动时的固有频率。主振型的定义为无阻尼系统在某阶固有频率下振动时，由振幅比所决定的振动形态。无阻尼自由扭转系统的平衡微分方程组为

$$J\ddot{\theta}_S + K\theta_S = 0 \qquad (2\text{-}18)$$

2.1.4　一维动力学模型固有频率计算[3]

1580 热连轧 F2 轧机为四辊轧机，其基本参数见表 2-1。

表 2-1   F2 轧机基本参数

工作辊直径/mm	辊身长度/mm	支承辊直径/mm	辊身长/mm	立柱横断面尺寸/mm	横梁断面尺寸/mm²	压下液压缸外径/mm	压下液压缸内径/mm
710～800	1880	1400～1500	1580	875×800	1700×800	1350	1050

轧机牌坊所用材料为 GS-45N，支承辊所用材料为 45Cr5NiMoV，工作辊材质为高铬钢，齿轮轴材质为 17Cr2Ni2Mo，轴承座材质为 ZG35CrMo。其他参数查阅厂方提供的轧机性能参数资料和工程图样。

将参数代入轧机垂直振动、水平振动和主传动系统扭转振动模型中，求解 1580 热连轧 F2 轧机的固有频率，见表 2-2～表 2-4。

表 2-2   F2 轧机水平振动固有频率

	上工作辊	下工作辊
频率/Hz	28.72	49.42

表 2-3   F2 轧机垂直振动固有频率和主振型

频率/Hz		f_1	f_2	f_3	f_4	f_5	f_6
		46.10	101.56	237.14	581.17	664.11	713.61
主振型	M_1	−3.56	0.12	238.10	0.66	0.00	0.00
	M_2	10.55	−0.30	−37.55	10.76	−0.00	0.00
	M_3	10.48	−0.26	−47.07	−34.13	0.02	−0.01
	M_4	2.29	2.10	1.10	−1.24	−0.47	0.51
	M_5	2.12	2.08	1.86	0.58	0.10	−0.21
	M_6	1.00	1.00	1.00	1.00	1.00	1.00

表 2-4   F2 轧机主传动系统扭转振动固有频率

	上工作辊	下工作辊
频率/Hz	23.14	23.14

2.2   轧机系统多维耦合动力学模型[3,11]

随着对轧机振动机理研究的深入和大量的现场振动测试，人们认识到轧机系统的振动并不是简单一维振动，而是两种或者多种运动相互共存、相互影响。为了掌握轧机系统真实的动态特性，本节将从轧机系统的辊系布置形式和各方向的力学、运动学关系建立轧机系统的多维耦合动力学模型。

2.2.1   轧辊偏移对轧辊动力学分析的影响

板带轧制过程中轧辊磨损严重，尤其是工作辊，一般工作 8 个小时左右就要进行换辊。为了满足轧机频繁换辊的需求，工作辊轴承座和支承辊轴承座与牌坊之间设计了装配工艺间隙。然而，随着设备长期运行和结构的偏载，轴承座和机架间的衬板不可避免的出现磨损，使装配间隙逐渐增大。较大间隙引起工作辊轴承座在轧制方向上没有作用力进行约束。尤其在咬钢过程中，工作辊将处于不稳定的受力状态，偏离了正常的工作位置。如果工作辊长期处于低约束受力状态，会使轧件出现较大的厚度波动，同时轧辊轴承座、机架等轧机结构受到剧烈的载荷冲击。

　　为使轧辊能始终固定在稳定的工作位置，轧机设计安装时，使上下工作辊的中心线连线与支承辊的中心线连线预留一定的偏移量 e，如图 2-7a 所示。这个偏移量的存在，使轧机稳定工作时，工作辊轴承存在一个恒大于零且作用方向不变的支撑反力 F。带张力单向热轧生产时，大多前张力大于后张力，工作辊向板带出口方向偏移，一般取 $e = 5 \sim 10$ mm。

　　通过对工作辊的力平衡分析，轧机牌坊作用于工作辊轴承的反力为

$$F = P\cos\varphi\left[\tan\varphi + \tan(\phi + \gamma)\right] \tag{2-19}$$

保持工作辊稳定的条件是 $F > 0$。要使此条件成立，则需

$$\tan\varphi + \tan(\phi + \gamma) > 0 \tag{2-20}$$

由上式便可得到偏移量 e 的表达式，从而得出临界偏移量 e_0。

　　轧辊偏移量的存在，导致工作辊与支承辊间作用力方向的偏转，不再是单一的垂直方向，作用力出现水平方向的分力，将轧辊压在牌坊的出口侧，约束工作辊的位置，使其能始终处于稳定的工作状态。

　　当前张力大于后张力时，工作辊一般偏向出口侧，此时由于偏移距的存在，工作辊和支承辊的中心线就与竖直方向出现偏角 ϕ，如图 2-7 所示。支承辊对工作辊的压力存在水平方向的分量，工作辊的水平方向和垂直方向运动存在着相互影响，两种属性的振动模型存在刚度耦合，因此在研究轧机系统振动时，应建立包含轧机水平振动和垂直振动的耦合振动模型。

　　现考虑偏移距对上工作辊进行运动分析。

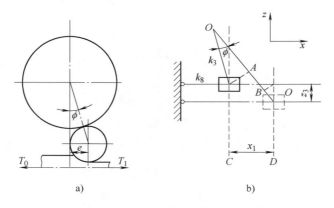

图 2-7　轧辊垂直 – 水平耦合运动分析

　　在图 2-7b 中，当上工作辊由于垂直振动和水平振动从实线位置运动到虚线位置时，连接质量块的两个弹性体 K_3、K_8 的伸长量分别为 AO' 和 x_1。

当工作辊产生水平位移 x_1 时，会增大支承辊产生的作用力，将 x_1 向 K_3 方向上投影，大小为 $x_1\sin\phi$。因此，由水平位移 x_1 产生的支承辊对工作辊作用力增量为 $P^X = K_3\sin\phi x_1$，其在水平方向和垂直方向上的投影就是水平位移 x_1 引起的工作辊外力的增量

$$\begin{cases} P_z^X = K_3 x_1 \cos\phi\sin\phi \\ P_x^X = -K_3 x_1 \sin\phi\sin\phi \end{cases} \tag{2-21}$$

当工作辊产生垂直位移 z_3 时，也会增大支承辊产生的作用力，将 z_3 向 P 方向上投影，大小为 $z_3\cos\phi$。因此，由垂直位移 z_3 产生的支承辊对工作辊作用力增量为 $P^Z = K_3 z_3\cos\phi$，其在水平方向和垂直方向上的投影就是垂直位移 z_3 引起的工作辊外力的增量

$$\begin{cases} P_z^Z = -K_3 z_3 \cos\phi\cos\phi \\ P_x^Z = K_3 z_3 \cos\phi\sin\phi \end{cases} \tag{2-22}$$

2.2.2　轧机系统多维耦合动力学模型的建立

由于轧辊偏移的存在，轧辊的水平运动和垂直运动将同时影响到工作辊在这两个方向的外力变化。另外，由于本节以热连轧 1580 机组四辊轧机为研究对象，采用 1.2 节建立的热轧时变形区动力学模型，从变形区动力学模型中可知，当轧机发生垂直振动、水平振动和主传动系统扭转振动时，轧制力、轧制转矩和轧辊水平力均会产生增量。可见，通过动态轧制变形区力学参数模型和轧机辊系运动将轧机系统各维的振动耦合到一起，其耦合形式主要表现为刚度耦合。

2.2.2.1　轧制变形区动态力学参数对轧机振动模型的影响

考虑轧机结构垂直振动、水平振动、扭振以及轧制变形区动态力学参数，建立三种运动的耦合动力学模型

$$M\{\ddot{x}\} + K\{x\} = Q \tag{2-23}$$

其中，

$$Q = \Delta K\{x\} \tag{2-24}$$

则

$$M\{\ddot{x}\} + K\{x\} = \Delta K\{x\} \tag{2-25}$$

$$M\{\ddot{x}\} + K - \Delta K\{x\} = 0 \tag{2-26}$$

综合式（1-46）、式（1-51）和式（1-54）代入式（2-23）可计算出 ΔK 矩阵，即

$$\Delta K = \begin{pmatrix} \Delta K_{F_x} & \Delta K_{F_y} & \Delta K_{F_z} \\ \Delta K_{M_x} & \Delta K_{M_y} & \Delta K_{M_z} \\ \Delta K_{P_x} & \Delta K_{P_y} & \Delta K_{P_z} \end{pmatrix} \tag{2-27}$$

2.2.2.2　轧辊偏移对轧机振动模型的影响

根据 2.2.1 节中轧辊动力学的耦合分析，建立轧辊动力学平衡微分方程

$$\begin{cases} M_3\ddot{z}_3 + M_3'\ddot{x}_1 = P_z^Z + P_z^X \\ M_3'\ddot{z}_3 + M_3\ddot{x}_1 = P_x^Z + P_x^X \end{cases} \tag{2-28}$$

式中　M_3'——工作辊刚度耦合等效质量；

　　　z_3——工作辊垂直方向位移；

　　　x_1——工作辊水平方向位移；

　　　P_z^Z——位移 z_3 产生的垂直方向外力；

　　　P_z^X——位移 x_1 产生的垂直方向外力；

　　　P_x^Z——位移 z_3 产生的水平方向外力；

　　　P_x^X——位移 x_1 产生的水平方向外力。

$$M_3' = -M_3\sin\phi\cos\phi \tag{2-29}$$

将式（2-21）、式（2-22）、式（2-27）代入式（2-23），并将刚度项移到等式左侧，整理得

$$\begin{cases} M_3\ddot{z}_3 - M_3\ddot{x}_1\sin\phi\cos\phi + K_3z_3\cos\phi\cos\phi - K_3x_1\cos\phi\sin\phi = 0 \\ -M_3\ddot{z}_3\sin\phi\cos\phi + M_3\ddot{x}_1 - K_3z_3\cos\phi\sin\phi + (K_8 + K_3\sin\phi\sin\phi)x_1 = 0 \end{cases} \tag{2-30}$$

将式（2-30）写成矩阵形式，如下

$$\boldsymbol{M} = \begin{pmatrix} M_3 & -M_3\sin\phi\cos\phi \\ -M_3\sin\phi\cos\phi & M_3 \end{pmatrix}$$

$$\boldsymbol{K} = \begin{pmatrix} K_3\cos\phi\cos\phi & -K_3\cos\phi\sin\phi \\ -K_3\cos\phi\sin\phi & K_8 + K_3\sin\phi\sin\phi \end{pmatrix}$$

即

$$\boldsymbol{M}\begin{Bmatrix} \ddot{z}_3 \\ \ddot{x}_1 \end{Bmatrix} + \boldsymbol{K}\begin{Bmatrix} z_3 \\ x_1 \end{Bmatrix} = 0 \tag{2-31}$$

式（2-31）为轧机上工作辊的耦合动力学方程。

同理，可建立下工作辊的耦合动力学方程：

$$\begin{pmatrix} M_4 & M_4\sin\phi\cos\phi \\ M_4\sin\phi\cos\phi & M_4 \end{pmatrix}\begin{Bmatrix} \ddot{z}_4 \\ \ddot{x}_2 \end{Bmatrix} + \begin{pmatrix} K_5\cos\phi\cos\phi & K_5\cos\phi\sin\phi \\ K_5\cos\phi\sin\phi & K_9 + K_5\sin\phi\sin\phi \end{pmatrix}\begin{Bmatrix} z_4 \\ x_2 \end{Bmatrix} = 0 \tag{2-32}$$

2.2.2.3　轧机系统刚度耦合模型的建立

基于以上的分析，根据图 2-2 的轧机结构耦合振动示意图，建立轧机六自由度垂直振动模型、上下工作辊单自由度水平振动模型和上下工作辊单自由度扭转振动模型的耦合动力学模型

$$\boldsymbol{M}\{\ddot{x}\} + \boldsymbol{K}\{x\} = Q \tag{2-33}$$

式中，水平与垂直两方向上的耦合关系见式（2-32），轧制工艺耦合关系见式（2-26），代入式（2-33）整理得

$$M = \begin{pmatrix} M_3 & & & & & & M_3' & & & \\ & M_4 & & & & & & M_4' & & \\ & & J_1 & & & & & & & \\ & & & J_2 & & & & & & \\ & & & & M_1 & & & & & \\ & & & & & M_2 & & & & \\ M_3' & & & & & & M_3 & & & \\ & M_4' & & & & & & M_4 & & \\ & & & & & & & & M_5 & \\ & & & & & & & & & M_6 \end{pmatrix}$$

$$K = \begin{pmatrix} K_{77} & & & & & & K_{37} & & & \\ & K_{88} & & & & & & K_{48} & & \\ & & K_{99} & & & & & & & \\ & & & K_{00} & & & & & & \\ & & & & K_{11} & K_{12} & & & & \\ & & & & K_{21} & K_{22} & K_{23} & & & \\ K_{73} & & & & & K_{32} & K_{33} & K_{34} & & \\ & K_{84} & & & & & K_{43} & K_{44} & K_{45} & \\ & & & & & & & K_{54} & K_{55} & K_{56} \\ & & & & & & & & K_{65} & K_{66} \end{pmatrix}$$

$$\{\ddot{x}\} = \begin{Bmatrix} \ddot{x}_1 \\ \ddot{x}_2 \\ \ddot{y}_1 \\ \ddot{y}_2 \\ \ddot{z}_1 \\ \ddot{z}_2 \\ \ddot{z}_3 \\ \ddot{z}_4 \\ \ddot{z}_5 \\ \ddot{z}_6 \end{Bmatrix} \quad \{x\} = \begin{Bmatrix} x_1 \\ x_2 \\ y_1 \\ y_2 \\ z_1 \\ z_2 \\ z_3 \\ z_4 \\ z_5 \\ z_6 \end{Bmatrix} \quad \{Q\} = \begin{Bmatrix} \Delta F \\ \Delta F \\ \Delta M_{\text{Drive}} \\ \Delta M_{\text{Drive}} \\ 0 \\ 0 \\ \Delta P \\ -\Delta P \\ 0 \\ 0 \end{Bmatrix}$$

$$M_3' = -M_3 \sin\phi \cos\phi$$

$$M_4' = -M_4 \sin\phi \cos\phi$$

$K_{11} = K_1 + K_2$　　$K_{12} = -K_2$

$K_{21} = -K_1$　　　　$K_{22} = K_2 + K_3$　　　$K_{23} = -K_3$

$K_{32} = -K_2$　　　　$K_{33} = K_3 + K_4$　　　$K_{34} = -K_4$

$K_{43} = -K_3$　　　　$K_{44} = K_4 + K_5$　　　$K_{45} = -K_5$

$K_{54} = -K_4$　　　　$K_{55} = K_5 + K_6$　　　$K_{56} = -K_6$

$K_{65} = -K_5$　　　　$K_{66} = K_6 + K_7$

$K_{77} = K_8 + K_3 \sin\varphi \sin\varphi$

$K_{88} = K_9 + K_5 \sin\varphi \sin\varphi$

$K_{37} = K_{73} = -K_3 \cos\varphi \sin\varphi$

$K_{48} = K_{84} = K_5 \cos\varphi \sin\varphi$

$K_{99} = K_{00} = K_y$

$\Delta F = \Delta K_{F_x} x + \Delta K_{F_y} y + \Delta K_{F_z} z$

$\Delta M_{\mathrm{Drive}} = \Delta K_{M_x} x + \Delta K_{M_y} y + \Delta K_{M_z} z$

$\Delta P = \Delta K_{P_x} x + \Delta K_{P_y} y + \Delta K_{P_z} z$

将等式中的 $[Q]$ 矩阵移项与刚度矩阵 $[K]$ 合并，即

$$[M]\{\ddot{x}\} + [K']\{x\} = 0 \tag{2-34}$$

式中

$$K' = \begin{pmatrix}
K'_{77} & K'_{78} & K'_{79} & K'_{70} & & & K'_{73} & K'_{74} & & \\
K'_{87} & K'_{88} & K'_{89} & K'_{80} & & & K'_{83} & K'_{84} & & \\
K'_{97} & K'_{98} & K'_{99} & K'_{90} & & & K'_{93} & K'_{94} & & \\
K'_{07} & K'_{08} & K'_{09} & K'_{00} & & & K'_{03} & K'_{04} & & \\
& & & & K_{11} & K_{12} & & & & \\
& & & & K_{21} & K_{22} & K_{23} & & & \\
K'_{37} & K'_{38} & K'_{39} & K'_{30} & & K_{32} & K'_{33} & K'_{34} & & \\
K'_{47} & K'_{48} & K'_{49} & K'_{40} & & & K'_{43} & K'_{44} & K_{45} & \\
& & & & & & & K_{54} & K_{55} & K_{56} \\
& & & & & & & & K_{65} & K_{66}
\end{pmatrix}$$

$K'_{77} = K_{77} - \Delta K_{F_{x_1}}$　　$K'_{78} = -\Delta K_{F_{x_2}}$　　　$K'_{07} = -\Delta K_{M_{x_1}}$　　　$K'_{08} = -\Delta K_{M_{x_2}}$

$K'_{79} = -\Delta K_{F_{y_1}}$　　　　$K'_{70} = -\Delta K_{F_{y_2}}$　　　$K'_{09} = -\Delta K_{M_{y_1}}$　　　$K'_{00} = K_{00} - \Delta K_{M_{y_2}}$

$K'_{73} = -\Delta K_{F_{z_3}}$　　　　$K'_{74} = -\Delta K_{F_{z_4}}$　　　$K'_{03} = -\Delta K_{M_{z_3}}$　　　$K'_{04} = -\Delta K_{M_{z_4}}$

$K'_{87} = -\Delta K_{F_{x_1}}$　　　　$K'_{88} = K_{88} - \Delta K_{F_{x_2}}$　　$K'_{37} = -\Delta K_{P_{x_1}}$　　　$K'_{38} = -\Delta K_{P_{x_2}}$

$K'_{89} = -\Delta K_{F_{y_1}}$　　　　$K'_{80} = -\Delta K_{F_{y_2}}$　　　$K'_{39} = -\Delta K_{P_{y_1}}$　　　$K'_{30} = -\Delta K_{P_{y_2}}$

$K'_{83} = -\Delta K_{F_{z_3}}$　　　　$K'_{84} = -\Delta K_{F_{z_4}}$　　　$K'_{33} = K_{33} - \Delta K_{P_{z_3}}$　$K'_{34} = -\Delta K_{P_{z_4}}$

$$K'_{97} = -\Delta K_{M_{x_1}} \qquad K'_{98} = -\Delta K_{M_{x_2}} \qquad K'_{47} = \Delta K_{P_{x_1}} \qquad K'_{48} = \Delta K_{P_{x_2}}$$

$$K'_{99} = K_{99} - \Delta K_{M_{y_1}} \qquad K'_{90} = -\Delta K_{M_{y_2}} \qquad K'_{49} = \Delta K_{P_{y_1}} \qquad K'_{40} = \Delta K_{P_{y_2}}$$

$$K'_{93} = -\Delta K_{M_{z_3}} \qquad K'_{94} = -\Delta K_{M_{z_4}} \qquad K'_{43} = \Delta K_{P_{z_3}} \qquad K'_{44} = \Delta K_{P_{z_4}}$$

式（2-34）即是轧机系统多维耦合（刚度耦合）动力学模型。

基于建立的轧机系统多维耦合动力学模型，通过数值分析的方法，求解轧机系统的固有频率、主振型和响应函数。

2.2.3　轧机系统多维耦合动力学模型求解方法[12]

固有频率是系统的固有特性，求解系统的固有频率，能够避免系统产生共振，减少共振可能给系统带来的危害。主振型是轧机各质量块振动的幅值，对应不同频率的主振型的大小与正负反映各质量块在不同频率时的振动方向与振幅大小。

机械系统的固有频率只与系统本身属性相关，与外界激励无关。因此，可通过计算轧机系统的多自由度系统自由振动微分方程来确定系统的固有频率，即

$$\boldsymbol{M}\{\ddot{x}\} + \boldsymbol{K}\{x\} = 0 \tag{2-35}$$

式（2-35）为轧机自由振动微分方程的矩阵形式，这是即有惯性耦合又有刚度耦合的微分方程组。

按照机械系统多自由度系统分析方法，设轧机振动系统的各质量块按照同频率 ω 和同相位 φ 做简谐振动，即

$$\begin{cases} x_i = A_i \sin(\omega t + \varphi) \quad (i = 1, 2, \cdots, 8) \\ \{x\} = \{A\} \sin(\omega t + \varphi) \end{cases}$$

代入式（2-35），移项合并同类项后消去非零项可得

$$(\boldsymbol{K} - \omega^2 \boldsymbol{M})\{A\} = 0, \quad \{A\} = \begin{Bmatrix} A_1 \\ A_2 \\ \vdots \\ A_4 \end{Bmatrix} \tag{2-36}$$

令 $\boldsymbol{B} = \boldsymbol{K} - \omega^2 \boldsymbol{M}$，即振动模型的特征矩阵。

上式若能求得非零解，必须要满足特征矩阵的行列式为零的条件，即

$$|B| = \begin{vmatrix} K_{11} - M_{11}\omega^2 & K_{12} - M_{12}\omega^2 & \cdots & K_{18} - M_{18}\omega^2 \\ K_{21} - M_{21}\omega^2 & K_{22} - M_{22}\omega^2 & \cdots & K_{28} - M_{28}\omega^2 \\ \vdots & \vdots & \ddots & \vdots \\ K_{nn} - M_{nn}\omega^2 & K_{nn} - M_{nn}\omega^2 & \cdots & K_{nn} - M_{nn}\omega^2 \end{vmatrix} = 0 \tag{2-37}$$

将式（2-37）展开后得到 ω^2 的等式，形式如下：

$$(\omega^2)^n + a_1(\omega^2)^{n-1} + \cdots + a_{n-1}(\omega^2) + a_n = 0 \tag{2-38}$$

式（2-38）即为轧机系统振动的特征方程。

求解特征方程可得 10 个 ω^2 的根，即模型的特征值。对应的 10 个 ω 就是轧机系统的固有频率，计为 ω_{n1}、ω_{n2}、$\cdots$、ω_{n10}。

由于轧机的 10 阶自由度系统具有 10 个固有频率，每一阶固有频率都对应着一个简谐振动，按照叠加原理，轧机系统各质量块的自由振动应是这 10 个固有频率下简谐振动的叠加，即

$$x_i = A_i^{(1)}\sin(\omega_{n1}t + \varphi_1) + A_i^{(2)}\sin(\omega_{n2}t + \varphi_2) + \cdots$$
$$+ A_i^{(10)}\sin(\omega_{n10}t + \varphi_{10}) \tag{2-39}$$

也就是说，一般情况下轧机系统的响应是由 10 个主振型的叠加组成的，其中振幅 $A_i^{(j)}$ 和相位 φ_i 由轧机系统的初始振动条件决定。

2.2.4　轧机系统多维动力学模型固有特性计算

采用 Matlab 编程计算，求解出轧机系统耦合振动的固有频率和主振型。表 2-5 为轧机系统固有频率计算结果。

表 2-5　轧机系统动力学耦合模型的固有频率

阶数	1	2	3	4	5	6	7	8	9	10
角频率 ω/rad	134.8	177.1	188.2	312.7	365.4	700.3	1491.1	3667.7	4185.0	4494.9
频率 f/Hz	21.45	28.19	29.95	49.77	58.15	111.46	237.32	583.73	666.06	715.38

轧机系统多维耦合动力学模型的各阶固有频率对应的主振型如图 2-8 所示，图中横坐标为质量块编号，纵坐标为各质量块的振幅比。系统的稳定性是机械系统设计和分析的首要问题，对于热连轧机组，轧机工作的稳定性将直接影响板带生产的质量、有效生产效率和轧机机组的使用寿命。经过对轧机系统刚度耦合模型的求解分析，得到振动模型的固有频率和主振型，代入初始条件，可以求得响应函数。

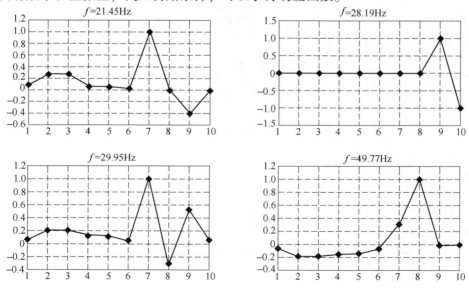

图 2-8　轧机系统多维耦合动力学模型的各阶固有频率对应的主振型（一）

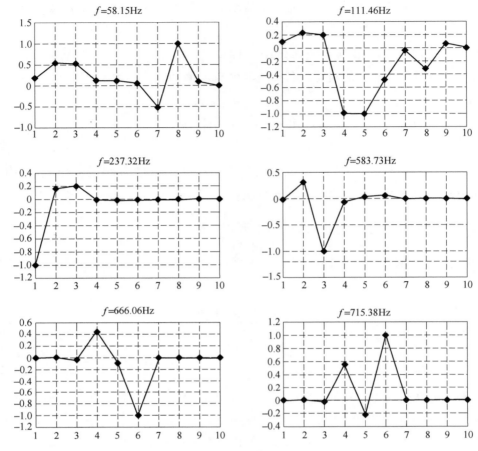

图2-8　轧机系统多维耦合动力学模型的各阶固有频率对应的主振型（二）

轧机系统多维耦合模型的分析计算结果与轧机一维振动模型的结果进行对比，发现存在一定的差别，再参考现场实测实验数据（表2-6），发现轧机系统多维耦合模型的固有频率更为接近实测数据。

表2-6　实测信号分析统计表

测点	优势频率/Hz
机架上横梁垂直振动信号	41，58
压下液压缸垂直振动信号	17，37，58
上支承辊轴承座垂直振动信号	24，48，58
上工作辊轴承座垂直振动信号	48，59，109，210
上工作辊轴承座水平振动信号	24
主轴转矩信号	22，47，76，210，600
下工作辊轴承座垂直振动信号	24，48，58，100
下工作辊轴承座水平振动信号	29，58
下支承辊轴承座垂直振动信号	29，58，85，120，245
机架下横梁垂直振动信号	58

通过表 2-7 可知：耦合模型分析与一维模型分析的结果在高频部分差别不大，均在 10% 以下；扭转方向、水平方向和垂直方向低频部分，固有频率略有增减，垂直方向的第一阶固有频率增大约 20%。

表 2-7　多维耦合模型固有频率与一维模型固有频率对比　　（单位：Hz）

阶数	1	2	3	4	5	6	7	8	9	10
一维模型	23.14	23.14	28.73	46.1	49.42	101.56	237.14	581.17	664.11	713.61
耦合模型	21.45	28.19	29.95	49.77	58.15	111.46	237.32	583.73	666.06	715.38
增长幅度	-7.3%	21.8%	4.3%	8.0%	17.7%	9.75%	0.08%	0.44%	0.29%	0.25%

轧机系统多维耦合模型中垂直方向的固有频率略有提升，扭转方向和水平方向的振动频率几乎重合，水平方向的二阶频率与垂直方向的一阶频率接近，使得两个方向的振动加强。当轧机主传动系统受到一定的外界扰动激励时，轧机的扭转振动与水平振动发生共振，使得轧机水平振幅增大、振动剧烈，破坏轧机运行的稳定性，加强了轧机在垂直方向的振动幅值，影响生产质量，威胁生产安全。

2.3　热轧机辊系摆动动力学模型[6,13]

目前轧机辊系动力学模型中都只考虑了辊系的平动运动状态，忽略了辊系轴线方向的信息，轧机动特性主要表现为刚性平动，这对窄带钢轧制过程具有适用性。随着板带轧机朝着大型化发展，热轧带钢宽度越来越大，辊系轴线方向受力不均、轧机两侧刚度不同、接轴周期性的干扰力以及结构间隙等，都会使轧机衍生出沿宽度方向的刚性转动，使其动特性更加复杂。实际中轧机辊系振动形式是平动和转动的组合运动，即摆动运动形式。摆动运动形式的存在使轧辊两侧出现了位移差，如图 2-9 所示。为了更真实的掌握轧机辊系的动态特性，本节将基于热连轧 2160 机组的轧机振动测试数据，考虑辊系轴线方向的信息、轧机结构的不对称性以及工作辊偏移引起的工作辊水平方向和垂直方向的耦合关系，建立热连轧机辊系摆动（平动和转动）动力学模型。

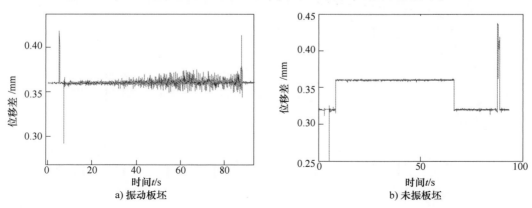

图 2-9　轧机传动侧和操作侧压下位移差值

2.3.1 等效运动分析单元

热连轧机组一般由 5～7 架四辊精轧机组成，各机架之间通过板带张力连接传递物质信息和力学信息，本节以某钢厂 2160 热连轧机组 F2 轧机为研究对象（图 2-10）。由于热轧为微张力轧制，其张力波动对轧制力影响很小，可以忽略张力对轧机结构振动的影响；同时，考虑上、下辊系结构的对称性，取上辊系为研究对象；另外，假设轧辊为刚性体，只存在刚性运动，但轧辊间相互作用采用弹性元件代替。简化后，运动分析单元包括工作辊、支承辊、机架和变形区。

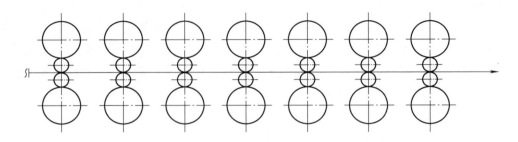

图 2-10 热连轧机组示意图

考虑辊系宽度方向的动态信息，建立热轧机辊系摆动结构模型，如图 2-11 所示。图 2-11 中，m_b 和 m_w 分别为支承辊和工作辊等效惯性质量；J_b 和 J_w 分别为支承辊和工作辊等效转动惯性质量；k_{bzA} 和 k_{bzB} 分别为 A 和 B 处机架立柱、上横梁、压下装置和支承辊轴承座等效刚度；k_{wb} 为支承辊与工作辊之间的弹性接触刚度；k_{wxA} 和 k_{wxB} 分别为 A 和 B 处的工作辊与机架间水平方向等效刚度；z_{bc} 和 θ_{bc} 分别为支承辊的平动位移和转动位移；z_{wc}、θ_{wcz}、x_{wc} 和 θ_{wcx} 分别为工作辊在 $y-z$ 平面的平动和转动位移以及在 $x-y$ 平面的

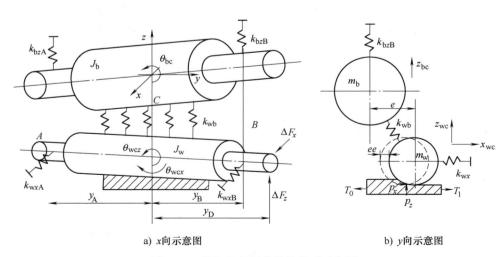

a) x 向示意图   b) y 向示意图

图 2-11 轧机辊系摆动结构模型示意图

平动和转动位移；A、B 和 C 分别为操作侧轴承座中心位置、传动侧轴承座中心位置和轧辊辊身中心位置；y_A、y_B 和 y_D 分别是以辊身中心 C 处为 y 轴的原点所对应的距离值，其中 y_D 为传动系统中接轴弧形齿作用力到轧辊中心的距离；e 为工作辊和支承辊之间的偏移量；ee 为轧制时工作辊轴承座和机架的变形量；P_x 和 P_z 分别为轧件对轧辊在 x 方向和 z 方向的作用力；ΔF_x 和 ΔF_z 分别为外界对辊系产生的 x 方向和 z 方向的干扰力。

2.3.2　轧制过程动态力学模型

稳态轧制时，轧辊在变形区承受轧制力和摩擦力的作用，而且受力状态基本处于准静态，并未出现明显的波动。当非稳态时，由于轧辊的振动，变形区的受力情况也将发生波动。本章根据实际轧制过程数据，建立热轧机非稳态时的轧制过程动态模型。

2.3.2.1　动态轧制力

当轧制工艺不变时，引起热轧轧制力波动的主要参数为轧辊垂直方向振动引起的辊缝开口度的动态波动。从现场振动测试分析中可知，该轧机上、下工作辊垂直方向振动相位相同，轧制力并未随着辊系振动出现明显的波动。图 2-12 为现场实测的振动板坯和未振板坯的轧制力数据，两种状态的板坯轧制力在整个轧制过程处于平稳状态，可见轧机垂直振动并未引起辊缝开口度发生明显波动。因此，可以忽略工作辊垂直振动对轧制力的影响，轧制力作为稳态值来对待。

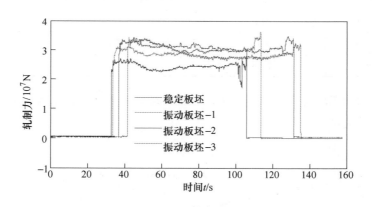

图 2-12　实测轧制力数据

2. 动态摩擦力

当轧制工艺不变时，引起热轧轧制界面摩擦力波动的主要参数为轧辊水平方向振动引起的轧制界面摩擦力的动态波动。采用 1.3 节建立的混合摩擦状态时的轧制变形区的动态摩擦力矩（轧制力矩）模型。选取某一典型的振动产品为研究对象。提取该产品轧制过程中的出口厚度、入口厚度、轧制速度、轧制力矩等轧制工艺参数，采用建立的动态摩擦力矩模型进行理论计算，并与实际测量的轧制力矩进行对比。

图 2-13 为轧制力矩理论计算和实测对比图。从图 2-13 中可以看出建立的轧制力矩

模型与实际轧制力矩波动趋势和数值大小都相接近（相对误差小于5％），不仅能够很好地反映该板坯工艺参数对轧制力矩的影响规律，同时精度也较高。可见，建立的轧制力矩模型和摩擦力模型是有效可靠的。

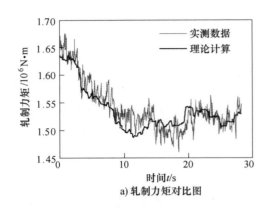
a) 轧制力矩对比图

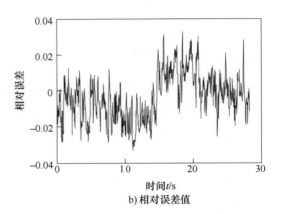
b) 相对误差值

图 2-13　理论计算与实测值对比图

从轧制过程中选取一组轧制工艺参数作为研究对象，具体参数见表2-8。

表 2-8　轧制工艺参数

入口厚度 h_0/mm	17.63	轧制力矩 M/N·m	1.53×10^6
出口厚度 h_1/mm	8.15	轧制力 P/N	2.9×10^7
轧件宽度 b/m	1.7	静态摩擦因数 μ_s	0.24
工作辊半径 R/mm	410	动态摩擦因数 β	0.05
轧制速度 v_r/(m/s)	2.88	—	—

根据建立的动态轧制力矩模型，考虑轧辊的动态水平速度，求解出单辊轧制力矩随动态水平速度的关系，如图2-14所示。

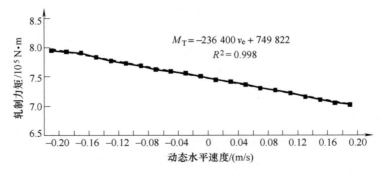

图 2-14　轧制力矩随动态水平速度变化规律

根据图2-14可知，轧制该板坯的动态摩擦力矩可以近似地线性表示为

$$M_T = -236\,400 v_e + 749\,822 \tag{2-40}$$

动态摩擦力表达式为

$$F_f = -576\,585v_e + 1\,828\,835 \tag{2-41}$$

2.3.3　考虑轧辊偏移的辊系位移耦合关系模型

考虑四辊热轧机轧辊的偏移布置形式，可得，工作辊沿 x 方向和 z 方向的实际位移为

$$\begin{cases} x_{wy}^r = x_{wy} - z_{wy}\cos\phi\sin\phi \\ z_{wy}^r = z_{wy} - x_{wy}\sin\phi\cos\phi \end{cases} \tag{2-42}$$

由于轧辊运动为摆动，是由平动和转动运动组合的，则

$$\begin{cases} z_{wy} = z_{wc} + \theta_{wcz}y \\ x_{wy} = x_{wc} + \theta_{wcx}y \end{cases} \tag{2-43}$$

将式（2-43）代入式（2-42）中，得

$$\begin{cases} x_{wy}^r = x_{wc} - z_{wc}\cos\phi\sin\phi + (\theta_{wcx} - \theta_{wcz}\cos\phi\sin\phi)y \\ z_{wy}^r = z_{wc} - x_{wc}\sin\phi\cos\phi + (\theta_{wcz} - \theta_{wcx}\sin\phi\cos\phi)y \end{cases} \tag{2-44}$$

工作辊在水平和垂直方向的实际平动和转动位移为

$$\begin{cases} x_{wc}^r = x_{wc} - z_{wc}\cos\phi\sin\phi \\ z_{wc}^r = z_{wc} - x_{wc}\sin\phi\cos\phi \\ \theta_{wcx}^r = \theta_{wcx} - \theta_{wcz}\cos\phi\sin\phi \\ \theta_{wcz}^r = \theta_{wcz} - \theta_{wcx}\sin\phi\cos\phi \end{cases} \tag{2-45}$$

从式（2-45）中可知，工作辊平动和转动垂直方向和水平方向的位移是相互耦合的，位移相互耦合则加速度也是耦合的。因此，工作辊存在着质量和刚度耦合关系，辊系振动模型为轧机水平和垂直方向的耦合振动模型。

2.3.4　轧机辊系摆动振动微分方程

综合考虑辊系在垂直和水平方向的摆动行为，即支承辊考虑其在 $z-y$ 平面运动，则其刚性摆动分解成了支承辊中心 C 处沿 z 轴平动和绕 x 轴转动。工作辊考虑其在 $z-y$ 平面和 $x-y$ 平面内运动，其刚性摆动分解为中心 C 处沿 z 轴平动和绕 x 轴转动，以及沿 x 轴平动和绕 z 轴转动。同时，考虑外界干扰力对辊系的影响，由于直接与辊系相连接的部件为传动系统接轴，而且通过现场振动测试可知传动接轴在不稳定工作时会产生啮合冲击力，会对辊系产生干扰力和力矩。因此，本章将传动接轴的啮合冲击力作为外界干扰。

根据质量体的动态平衡条件，并考虑工作辊和支承辊偏移引起的工作辊水平运动和垂直运动耦合关系，建立辊系的摆动振动平衡微分方程

$$
\begin{cases}
m_{\mathrm{b}}\ddot{z}_{\mathrm{bc}} + k_{\mathrm{bz}}z_{\mathrm{bA}} + k_{\mathrm{bz}}z_{\mathrm{bB}} + \int_{-B/2}^{B/2} k_{\mathrm{wbz}}(z_{\mathrm{by}} - z_{\mathrm{wy}})\mathrm{d}y + C_1\dot{z}_{\mathrm{bc}} = 0 \\[2mm]
J_{\mathrm{b}}\ddot{\theta}_{\mathrm{bc}} + k_{\mathrm{bz}}z_{\mathrm{bA}}y_{\mathrm{A}} + k_{\mathrm{bz}}z_{\mathrm{bB}}y_{\mathrm{B}} + \int_{-B/2}^{B/2} k_{\mathrm{wbz}}(z_{\mathrm{by}} - z_{\mathrm{wy}})y\mathrm{d}y + C_2\dot{\theta}_{\mathrm{bc}} = 0 \\[2mm]
m_{\mathrm{w}}\ddot{z}_{\mathrm{wc}} - m_{\mathrm{w}}\sin\phi\cos\phi\ddot{x}_{\mathrm{wc}} + \int_{-B/2}^{B/2} k_{\mathrm{wb}}\cos\phi\cos\phi z_{\mathrm{wy}}\mathrm{d}y - \int_{-B/2}^{B/2} k_{\mathrm{wb}}z_{\mathrm{by}}\mathrm{d}y \\[2mm]
\qquad - \int_{-B/2}^{B/2} k_{\mathrm{wb}}\cos\phi\sin\phi x_{\mathrm{wy}}\mathrm{d}y + C_3\dot{z}_{\mathrm{wc}} = \Delta P_z + \Delta F_z \\[2mm]
J_{\mathrm{w}}\ddot{\theta}_{\mathrm{wcz}} - J_{\mathrm{w}}\sin\phi\cos\phi\ddot{\theta}_{\mathrm{wcx}} + \int_{-B/2}^{B/2} k_{\mathrm{wb}}\cos\phi\cos\phi z_{\mathrm{wy}}y\mathrm{d}y - \int_{-B/2}^{B/2} k_{\mathrm{wb}}z_{\mathrm{by}}y\mathrm{d}y \\[2mm]
\qquad - \int_{-B/2}^{B/2} k_{\mathrm{wb}}\cos\phi\sin\phi x_{\mathrm{wy}}y\mathrm{d}y + C_4\dot{\theta}_{\mathrm{wcz}} = \Delta M_z + \Delta F_z y_{\mathrm{D}} \\[2mm]
m_{\mathrm{w}}\ddot{x}_{\mathrm{wc}} - m_{\mathrm{w}}\sin\phi\cos\phi\ddot{z}_{\mathrm{wc}} + k_{\mathrm{wxA}}x_{\mathrm{wA}} + k_{\mathrm{wxB}}x_{\mathrm{wB}} + \int_{-B/2}^{B/2} k_{\mathrm{wb}}\sin\phi\sin\phi x_{\mathrm{wy}}\mathrm{d}y \\[2mm]
\qquad - \int_{-B/2}^{B/2} k_{\mathrm{wb}}\cos\phi\sin\phi z_{\mathrm{wy}}\mathrm{d}y + C_5\dot{x}_{\mathrm{wc}} = \Delta P_x + \Delta F_x \\[2mm]
J_{\mathrm{w}}\ddot{\theta}_{\mathrm{wcx}} - J_{\mathrm{w}}\sin\phi\cos\phi\ddot{\theta}_{\mathrm{wcz}} + k_{\mathrm{wxA}}x_{\mathrm{wA}}y_{\mathrm{A}} + k_{\mathrm{wxB}}x_{\mathrm{wB}}y_{\mathrm{B}} + \int_{-B/2}^{B/2} k_{\mathrm{wb}}\sin\phi\sin\phi x_{\mathrm{wy}}y\mathrm{d}y \\[2mm]
\qquad - \int_{-B/2}^{B/2} k_{\mathrm{wb}}\cos\phi\sin\phi z_{\mathrm{wy}}y\mathrm{d}y + C_6\dot{\theta}_{\mathrm{wcx}} = \Delta M_x + \Delta F_x y_{\mathrm{D}}
\end{cases}
\tag{2-46}
$$

式中　ϕ——工作辊和支承辊中心线与 z 轴的夹角，$\sin\phi = e/(R_{\mathrm{w}} + R_{\mathrm{b}})$。

$$
\left.
\begin{aligned}
z_{\mathrm{bA}} &= z_{\mathrm{bc}} + \theta_{\mathrm{bc}}y_{\mathrm{A}} \\
z_{\mathrm{bB}} &= z_{\mathrm{bc}} + \theta_{\mathrm{bc}}y_{\mathrm{B}} \\
x_{\mathrm{wA}} &= x_{\mathrm{wc}} + \theta_{\mathrm{wcx}}y_{\mathrm{A}} \\
x_{\mathrm{wB}} &= x_{\mathrm{wc}} + \theta_{\mathrm{wcx}}y_{\mathrm{B}}
\end{aligned}
\right\}
\tag{2-47}
$$

$$
\left.
\begin{aligned}
z_{\mathrm{by}} &= z_{\mathrm{bc}} + \theta_{\mathrm{bc}}y \\
z_{\mathrm{wy}} &= z_{\mathrm{wc}} + \theta_{\mathrm{wcz}}y \\
x_{\mathrm{wy}} &= x_{\mathrm{wc}} + \theta_{\mathrm{wcx}}y
\end{aligned}
\right\}
\tag{2-48}
$$

由于轧机工作辊经常更换，为了便于安装，工作辊轴承座与机架之间存在一定的安装间隙 eee。另外为了提高轧制过程的稳定性，四辊轧机工作辊和支承辊轴线存在一定的偏移距 e，产生了对工作辊作用的水平力，使工作辊出口侧紧靠在机架上，产生了 ee 的变形量，如图 2-11b 所示。因此，在轧制过程中工作辊入口侧与机架之间存在间隙 $ee + eee$，使工作辊具有一定的水平运动空间。当工作辊水平运动位移小于 $-ee$ 时，工作辊轴承座出口侧将与机架分开，工作辊与机架之间的等效刚度为 0。当工作辊水平运动位移小于 $-(ee + eee)$ 时，工作辊轴承座入口侧将与机架接触，承受机架的支撑力。因此，工作辊和机架间的水平刚度关系式应为

$$k_{wxA} = \begin{cases} k_{wx} & x_{wA} > -ee \\ 0 & -(ee + eee) < x_{wA} < -ee \\ k_{wx}((x_{wA} + (ee + eee))/x_{wA}) & x_{wA} < -(ee + eee) \end{cases} \quad (2\text{-}49)$$

$$k_{wxB} = \begin{cases} k_{wx} & x_{wB} > -ee \\ 0 & -(ee + eee) < x_{wB} < -ee \\ k_{wx}((x_{wB} + (ee + eee))/x_{wB}) & x_{wB} < -(ee + eee) \end{cases} \quad (2\text{-}50)$$

$$ee = (P_z\sin\phi + (T_1 - T_0)/2)/k_{wx} \quad (2\text{-}51)$$

式中　k_{wx}——机架等效水平刚度。

另外，轧机垂直方向上的机架立柱、上横梁、压下装置和支承辊轴承座的等效刚度并非完全线性。轧机垂直方向刚度具有非线性特征，此时刚度 k_{bz} 的表达式为

$$k_{bz} = k_{bzl} + k_{bznl}z_b^2 \quad (2\text{-}52)$$

式中　k_{bzl}——线性刚度项；

k_{bznl}——非线性刚度项，取 $k_{bznl} = 5 \times 10^{20}\,(\mathrm{N/m^3})$。

ΔP_z 和 ΔM_z 分别为轧机振动引起的轧制力增量和轧制力沿辊身宽度方向分布不均引起绕 x 轴的转动力矩增量，由于前面分析指出轧制力变化很小，忽略其影响。因此，令 $\Delta P_z = 0$，$\Delta M_z = 0$。

ΔP_x 和 ΔM_x 分别为轧机振动引起的轧件对轧辊的水平力增量和水平力沿辊身宽度方向分布不均引起绕 z 轴的转动力矩增量。由于轧制时咬入角很小，可以假设轧辊受到的摩擦力为水平力。根据式（2-41），可得振动引起的轧件对轧辊水平力增量为

$$\Delta p_{xy} = -576\,585\dot{x}_{wy}/b \quad (2\text{-}53)$$

式中　b——轧件的宽度；

$\dot{x}_{wy}$——辊身 y 处工作辊水平速度。

$$\Delta P_x = \int_{-b/2}^{b/2} \Delta p_{xy}\mathrm{d}y \quad (2\text{-}54)$$

$$\Delta M_x = \int_{-b/2}^{b/2} \Delta p_{xy}y\mathrm{d}y \quad (2\text{-}55)$$

ΔF_x 和 ΔF_z 为传动系统接轴弧形齿引起的啮合冲击干扰力在 x 轴和 z 轴的分量，从现场数据分析可知其主要振动频率为齿轮传动的啮合基频和其二倍频。同时考虑弧形齿传动沿 x 轴和 z 轴对称性，假设啮合冲击干扰力在 x 轴和 z 轴上的分量相等，其表达式为

$$\Delta F_x = \Delta F_z = A_s\{\sin(2\pi ft) + \chi\sin[2\pi(2f)t]\} \quad (2\text{-}56)$$

式中　A_s——冲击力幅值，与弧形齿的磨损程度、轧件的轧制速度相关；

χ——二倍频系数，由结构非线性引起的小参数，本章取 $\chi = 0.5$；

f——弧形齿齿轮传动的啮合频率，$f = 52v_r/2\pi R$，52 为弧形齿齿数；

2.3.5 轧机辊系摆动固有频率计算

2.3.5.1 轧机辊系摆动振动方程化简

将式（2-47）和式（2-48）代入式（2-46）中，并化简为如下规范的振动方程表达式

$$M\ddot{S} + C\dot{S} + KS = Q \qquad (2\text{-}57)$$

式中

$$S = \left[z_{bc}, z_{wc}, x_{wc}, \theta_{bc}, \theta_{wcz}, \theta_{wcx} \right] \qquad (2\text{-}58)$$

$$M = \begin{pmatrix} m_b & & & & & \\ & m_w & -m_w\sin\phi\cos\phi & & & \\ & -m_w\sin\phi\cos\phi & m_w & & & \\ & & & J_b & & \\ & & & & J_w & -J_w\sin\phi\cos\phi \\ & & & & -J_w\sin\phi\cos\phi & J_w \end{pmatrix} \qquad (2\text{-}59)$$

$$K = \begin{pmatrix} K_{11} & K_{12} & & K_{14} & & \\ K_{21} & K_{22} & K_{23} & & & \\ & K_{32} & K_{33} & & & K_{36} \\ K_{41} & & & K_{44} & K_{45} & \\ & & & K_{54} & K_{55} & K_{56} \\ & & K_{63} & & K_{65} & K_{66} \end{pmatrix} \qquad (2\text{-}60)$$

$$\begin{cases} K_{11} = k_{bzl} + k_{bzl} + k_{wbz}B, K_{12} = -k_{wbz}B, K_{14} = k_{bzl}y_A + k_{bzl}y_A \\ K_{21} = -k_{wb}B, K_{22} = k_{wb}\cos\phi\cos\phi B, K_{23} = -k_{wb}\cos\phi\sin\phi B \\ K_{32} = -k_{wb}\cos\phi\sin\phi B, K_{33} = 2k_{wx} + k_{wb}\sin\phi\sin\phi B, \\ K_{36} = k_{wx}y_A + k_{wx}y_A \\ K_{41} = k_{bzl}y_A + k_{bzl}y_B, K_{44} = k_{bzl}y_A^2 + k_{bzl}y_B^2 + \dfrac{1}{12}k_{wbz}B^3, K_{45} = -\dfrac{1}{12}k_{wbz}B^3 \\ K_{54} = -\dfrac{1}{12}k_{wb}B^3, K_{55} = \dfrac{1}{12}k_{wb}\cos\phi\cos\phi B^3, \\ K_{56} = -\dfrac{1}{12}k_{wb}\cos\phi\sin\phi B^3 \\ K_{63} = k_{wx}y_A + k_{wx}y_B, K_{65} = -\dfrac{1}{12}k_{wb}\cos\phi\sin\phi B^3, \\ K_{66} = k_{wx}y_A^2 + k_{wx}y_B^2 + \dfrac{1}{12}k_{wb}\sin\phi\sin\phi B^3 \end{cases} \qquad (2\text{-}61)$$

$$Q = \begin{pmatrix} -l(z_{bA}) - l(z_{bB}) \\ \Delta F_z \\ \Delta P_x + \Delta F_z - g(x_{wA}) - g(x_{wB}) \\ -l(z_{bA})y_A - l(z_{bB})y_B \\ \Delta F_z y_D \\ \Delta M_x + \Delta F_x y_D - g(x_{wA})y_A - g(x_{wB})y_B \end{pmatrix} \quad (2\text{-}62)$$

式中

$$l(z) = k_{bznl}z^2 \quad (2\text{-}63)$$

$$g(x) = \begin{cases} 0 & x > -ee \\ -k_{wx}x & -(ee + eee) < x < -ee \\ k_{wx}(ee + eee) & x < -(ee + eee) \end{cases} \quad (2\text{-}64)$$

从质量矩阵和刚度矩阵中可以看出工作辊水平方向和垂直方向相互耦合。从刚度矩阵中还可以看出辊系转动和平动存在耦合项，即 K_{14}、K_{41}、K_{36}、K_{63}。K_{14}、K_{41} 刚度耦合项是由轧机两侧垂直方向非线性刚度引起的。由于本章将非线性项 $l(x)$ 归结到负载 Q 项上，因此这里 $K_{14} = 0$，实际上由于轧机两侧垂直位移不同，轧机辊系垂直方向上转动和平动存在耦合关系。同理，K_{36}、K_{63} 刚度耦合项是由轧机两侧水平刚度引起的，由于本章将非线性项 $g(x)$ 归结到负载 Q 项上，此时 $K_{63} = 0$，由于轧机两侧水平位移不同，轧机辊系水平方向上转动和平动也存在耦合关系。

2.3.5.2 轧机辊系摆动固有特性分析

对轧机结构固有特性的研究，有助于了解轧机的动态性能，是分析轧机振动机理关键。根据 2160 热连轧机组的 F2 轧机主要结构参数，计算该轧机辊系的固有频率和振型，主要结构参数见表 2-9。

表 2-9　2160 热轧机组 F2 轧机主要结构参数

工作辊等效平动质量 m_w/kg	19511	A 点位移 y_A/mm	-1750
工作辊等效转动惯量 J_w/kg·m²	30238	B 点位移 y_B/mm	1750
工作辊半径 R_w/mm	410	D 点位移 y_D/mm	2945
支承辊等效平动质量 m_b/kg	61811	偏移距 e/mm	8
支承辊等效转动惯量 J_b/kg·m²	105931	支承辊与机架等效刚度 k_{bzl}/(N/m)	1.2×10^{10}
支承辊半径 R_D/mm	800	弹性压扁刚度 k_{wb}/(N/m)	3.47×10^{10}
支承辊辊身长度 B/mm	2260	工作辊与机架等效刚度 k_{wx}/(N/m)	1.3×10^{9}

基于以上参数，计算了该轧机辊系的固有频率和振型，结果见表 2-10。

从表 2-10 中可以看出：

1) 轧机辊系平动频率为 56.9 Hz、85.4 Hz 和 364.3 Hz，56.9 Hz 时其振型主要表现为工作辊水平平动，85.4 Hz 时主要表现为工作辊和支承辊的同向垂直平动，364.3 Hz 时主要表现为工作辊和支承辊的反向垂直平动。

表 2-10　F2 轧机辊系固有频率和振型

频率/Hz		f_1	f_2	f_3	f_4	f_5	f_6
		56.9	81.7	85.4	108.5	204.2	364.3
振型	z_{bc}	0.038	0	−0.676	0	0	0.333
	z_{wc}	0.046	0	−0.729	0	0	−0.943
	x_{wc}	0.998	0	0.108	0	0	−0.002
	θ_{bc}	0	0.006	0	−0.500	0.443	0
	θ_{wcz}	0	0.015	0	−0.866	−0.897	0
	θ_{wcx}	0	0.999	0	0.018	−0.002	0

2）辊系转动频率为 81.7 Hz、108.5 Hz 和 204.2 Hz，81.7 Hz 时其振型主要表现为工作辊水平转动，108.5 Hz 时主要表现为工作辊和支承辊的同向垂直转动，204.2 Hz 时主要表现为工作辊和支承辊的反向垂直转动。

3）通过理论计算的辊系固有频率与现场振动测试得到的低阶固有频率（垂直方向固有频率区间分布在 80～90 Hz、106 Hz、128 Hz；水平方向固有频率区间为 50～60 Hz，70 Hz 附近）相接近，说明本章建立的辊系动力学模型是有效的。考虑了辊系转动特性后，衍生出了 3 个新的固有频率和振动形式，丰富了轧机系统的固有特性，模型更符合实际，对轧机振动机理认识也更准确。

另外，由于考虑了将接轴中弧形齿啮合冲击作为干扰力，其产生的以弧形齿啮合频率及其二倍频为主的外界激励力对轧机系统稳定性有重大的影响。热连轧 F2 道次的轧制速度一般处在 1.6～3.2 m/s，当弧形齿磨损严重或装配误差较大时产生的啮合冲击频率为 31.7～63.4 Hz、其二倍频为 63.4～126.8 Hz。此时工作辊摆动的前四阶固有频率处在其基频和二倍频频率范围里，容易引起轧机系统发生剧烈共振。因此，实际生产中要保证弧形齿的使用精度，避免引起轧机辊系的摆动。

第3章 板带轧机辊系弯曲变形动力学

传统的轧机辊系动力学建模方法主要是集中质量法（弹簧－质量－阻尼模型）。然而轧辊是一弹性连续体，而且轧机的发展趋势为柔性化的大型宽带轧机，轧件宽度较宽，轧辊辊身长度较长。这种情况下，认为轧辊是一质点，忽略辊身长度方向的信息，对于研究辊系的振动和由此引起的板带材宽度方向的板形质量问题是不充分的[14]。而且集中质量模型不能反映辊系轴向和板带材宽度方向的信息，即不能反映轧机振动对辊缝分布（板形）的影响。轧机辊系是弹性连续体，轧机辊系静态弹性变形的主要计算方法有整体模型解析法、影响函数法和有限元法等。虽然整体模型解析法较其他方法而言，计算精度较差，但在研究轧机系统动力学和控制系统设计方面，整体模型解析法的建模更利于分析和设计。斯通、本城等人在研究辊系静态弹性变形时，引入弹性基础梁模型，较准确地求解了静态辊间轧制压力分布。本章将连续体动力学理论引入到轧制领域，利用整体模型解析法的研究思路，考虑轧机辊系与梁系统的相似性，将辊系简化为双梁系统弹性基础梁模型，对于辊身长度和直径比较大的轧辊，忽略转动惯量和剪切变形的影响，将其简化为 Euler 梁模型；对于辊身长度和直径比较小的轧辊，转动惯量和剪切变形的影响不能忽略，将其简化为 Timoshenko 梁模型。工作辊和支承辊相互耦合，根据边界条件和初始条件，基于连续体动力学理论，求解辊系弯曲变形振动方程。该模型能从物理模型和力学模型的角度更真实地反映轧机辊系系统。

3.1 四辊轧机辊系弯曲变形自由振动模型[15]

3.1.1 基于 Euler 梁理论的辊系弯曲变形自由振动模型[16]

3.1.1.1 辊系弯曲变形自由振动力学模型

图 3-1 是典型的四辊轧机平面图，轧机机械系统由机架、轧辊、轴承座、上下横梁等装置组成。轧机垂直振动研究是将各部件简化为集中质量，研究轧机垂直方向的振动特性及其对板带材板厚质量的影响。实际上轧辊是由轴承座支撑，置于两片牌坊之间的弹性连续体，且工作辊和支承辊之间相互耦合。工作辊与板带材沿宽度方向直接接触，其振动特性直接影响板带材的板形质量。

四辊轧机辊系的物理模型如图 3-2 所示。工作辊受到轧制压力作用，工作辊和支承辊受到弯辊力矩的作用。为了研究轧机辊系弯曲变形动态模型，假设轧辊是各向同性的等截面梁；假设辊间接触为 Winkler 弹性基础，弹性系数 K_{wb}；假设工作辊和支承辊是简支梁。暂不考虑剪切变形和转动惯量对轧辊弯曲变形的影响，应用 Euler 梁理论对轧辊的弯曲变形进行分析[17]。

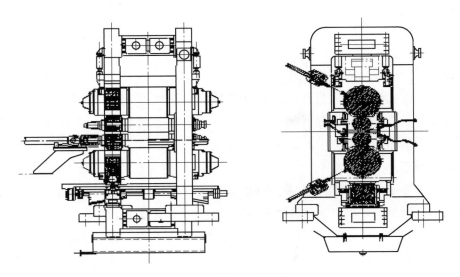

图 3-1　某厂四辊轧机

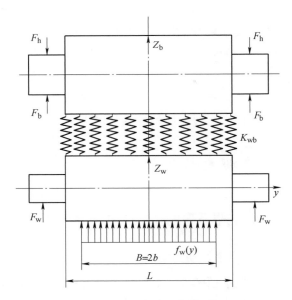

图 3-2　四辊轧机辊系物理模型

　　图 3-3 是四辊轧机辊系弯曲变形力学模型。工作辊和支承辊通过弹性基础耦合在一起，二者的振动特性相互影响。为了分析过程的通用性，假设工作辊和支承辊两端受到弯辊力矩的作用，工作辊和支承辊受到任意分布力的作用（真实情况下，支承辊不受分布压力作用），这种简化使公式表达形式对称，计算结果不受影响。

　　支承辊微元体受力模型如图 3-4 所示，工作辊微元体受力模型与其类似。由微元体沿 z 方向的力平衡关系可得

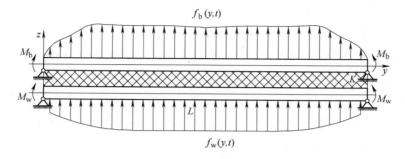

图 3-3　四辊轧机辊系简化为弹性基础梁模型

$$\frac{\partial V}{\partial y} + \rho_b A_b \frac{\partial^2 z_b}{\partial t^2} + K_{wb}(z_b - z_w) = f_b(y,t) \quad (3\text{-}1)$$

由弯曲与挠度的关系可知

$$\frac{\partial V}{\partial y} = \frac{\partial^2 M}{\partial y^2} = E_b I_b \frac{\partial^4 z_b}{\partial y^4} \quad (3\text{-}2)$$

将式（3-2）代入式（3-1）中，可得支承辊振动方程

$$E_b I_b \frac{\partial^4 z_b}{\partial y^4} + \rho_b A_b \frac{\partial^2 z_b}{\partial t^2} + K_{wb}(z_b - z_w) = f_b(y,t)$$

$$(3\text{-}3)$$

工作辊振动模型建模过程与支承辊类似。

因此，根据以上分析过程，建立辊系弯曲变形动力学方程

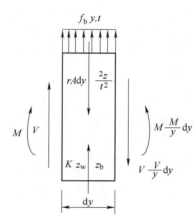

图 3-4　轧辊微元受力模型

$$E_b I_b z_b^{\text{IV}} + \rho_b A_b \ddot{z}_b + K_{wb}(z_b - z_w) = f_b(y,t) \quad (3\text{-}4a)$$

$$E_w I_w z_w^{\text{IV}} + \rho_w A_w \ddot{z}_w + K_{wb}(z_w - z_b) = f_w(y,t) \quad (3\text{-}4b)$$

式中　$z_i(y, t)$ ——轧辊的振动方程；

$f_i(y, t)$ ——轧辊受到的任意分布力；

E_i ——轧辊的弹性模量；

I_i ——轧辊的截面惯性矩；

ρ_i ——轧辊的材料密度；

A_i ——轧辊的横截面积；

$\dot{z}_i$ ——运动方程对时间的导数，$\dot{z}_i = \partial z_i / \partial t$；

z_i' ——运动方程对坐标的导数，$z_i' = \partial z_i / \partial y$。

其中，$i = b$、w，b 代表支承辊，w 代表工作辊。

为便于计算，将式（3-4）进一步简化为

$$K_b z_b^{\text{IV}} + m_b \ddot{z}_b + K_{wb}(z_b - z_w) = f_b(y,t) \quad (3\text{-}5a)$$

$$K_w z_w^{\text{IV}} + m \ddot{z}_w + K_{wb}(z_w - z_b) = f_w(y,t) \quad (3\text{-}5b)$$

式中　K_i——轧辊弹性刚度，$K_i = E_i I_i$；

$\quad\quad$ m_i——单位长度轧辊质量，$m_i = \rho_i A_i$。

工作辊和支承辊都简化为弹性基础上的简支梁，其边界条件和初始条件如下：

$$z_i(0,t) = z_i''(0,t) = z_i(L,t) = z_i''(L,t) = 0 \qquad (3\text{-}6)$$

$$z_i(y,0) = z_{i0}(y), \quad \dot{z}_i(y,0) = v_{i0}(y) \quad (i = \mathrm{b,w}) \qquad (3\text{-}7)$$

要分析辊系的受迫振动，首先要分析辊系的自由振动，求解辊系的固有频率和相应的振型。辊系自由振动的力学模型如图3-5所示。

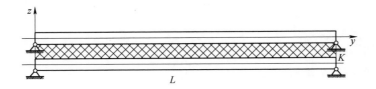

图3-5　四辊轧机辊系弯曲变形自由振动模型

辊系弯曲变形自由振动方程如下：

$$E_\mathrm{b} I_\mathrm{b} z_\mathrm{b}^{\mathrm{IV}} + \rho_\mathrm{b} A_\mathrm{b} \ddot{z}_\mathrm{b} + K_\mathrm{wb}(z_\mathrm{b} - z_\mathrm{w}) = 0 \qquad (3\text{-}8\mathrm{a})$$

$$E_\mathrm{w} I_\mathrm{w} z_\mathrm{w}^{\mathrm{IV}} + \rho_\mathrm{w} A_\mathrm{w} \ddot{z}_\mathrm{w} + K_\mathrm{wb}(z_\mathrm{w} - z_\mathrm{b}) = 0 \qquad (3\text{-}8\mathrm{b})$$

3.1.1.2　辊系弯曲变形自由振动方程求解

辊系弯曲变形自由振动方程如式（3-8）所示，设该微分方程在边界条件下解的形式为

$$z_i(y,t) = \sum_{n=1}^{\infty} X_n(y) T_{in}(t) = \sum_{n=1}^{\infty} \sin(k_n y) T_{in}(t) \quad (i = \mathrm{b,w}) \qquad (3\text{-}9)$$

式中　$X_n(y)$ ——已知的振型函数，$X_n(y) = \sin(k_n y)$，$k_n = n\pi/L(n = 1,2,3,\cdots)$；

$\quad\quad$ $T_{in}(t)$——未知的时间函数；

$\quad\quad$ L——辊身长度。

将式（3-9）代入式（3-8）中可得

$$\sum_{n=1}^{\infty} \left[\ddot{T}_\mathrm{wn} + (K_\mathrm{w} k_n^4 + K_\mathrm{wb}) m_\mathrm{w}^{-1} T_\mathrm{wn} - K_\mathrm{wb} m_\mathrm{w}^{-1} T_\mathrm{bn} \right] X_n = 0 \qquad (3\text{-}10\mathrm{a})$$

$$\sum_{n=1}^{\infty} \left[\ddot{T}_\mathrm{bn} + (K_\mathrm{b} k_n^4 + K_\mathrm{wb}) m_\mathrm{b}^{-1} T_\mathrm{bn} - K_\mathrm{wb} m_\mathrm{b}^{-1} T_\mathrm{wn} \right] X_n = 0 \qquad (3\text{-}10\mathrm{b})$$

从式（3-10）可得

$$\ddot{T}_\mathrm{bn} + W_\mathrm{bn}^2 T_\mathrm{bn} - V_\mathrm{b}^2 T_\mathrm{wn} = 0 \qquad (3\text{-}11\mathrm{a})$$

$$\ddot{T}_\mathrm{wn} + W_\mathrm{wn}^2 T_\mathrm{wn} - V_\mathrm{w}^2 T_\mathrm{bn} = 0 \qquad (3\text{-}11\mathrm{b})$$

式中，$W_{in}^2 = (K_i k_n^4 + K_\mathrm{wb}) m_i^{-1}$，$V_i^2 = K_\mathrm{wb} m_i^{-1}$，$V_\mathrm{bw}^4 = K_\mathrm{wb}^2 (m_\mathrm{b} m_\mathrm{w})^{-1}$ $(i = \mathrm{b,w})$。

式（3-11）的解为

$$T_\mathrm{bn}(t) = C_n e^{\mathrm{j}\omega_n t}, \quad T_\mathrm{wn}(t) = D_n e^{\mathrm{j}\omega_n t}, \quad \mathrm{j} = \sqrt{-1} \qquad (3\text{-}12)$$

式中　C_n，D_n——未知常数；

　　　ω_n——系统固有频率。

将该解代入到方程式（3-11）中，有

$$(W_{bn}^2 - \omega_n^2)C_n - V_b^2 D_n = 0 \tag{3-13a}$$

$$(W_{wn}^2 - \omega_n^2)D_n - V_w^2 C_n = 0 \tag{3-13b}$$

要使式（3-13）有解，则要求其系数行列式为零，即

$$\begin{vmatrix} W_{bn}^2 - \omega_n^2 & -V_b^2 \\ -V_w^2 & W_{wn}^2 - \omega_n^2 \end{vmatrix} = 0$$

展开为

$$\omega_n^4 - (W_{bn}^2 + W_{wn}^2)\omega_n^2 + (W_{bn}^2 W_{wn}^2 - V_b^2 V_w^2) = 0 \tag{3-14}$$

要使式（3-14）有解，其判别式须大于零，即

$$\Delta = (W_{bn}^2 + W_{wn}^2)^2 - 4(W_{bn}^2 W_{wn}^2 - V_{bw}^4) = (W_{bn}^2 - W_{wn}^2)^2 + 4V_{bw}^4 > 0 \tag{3-15}$$

可见，式（3-14）总有解，其解为

$$\omega_{1,2n}^2 = 0.5\{(W_{bn}^2 + W_{wn}^2) \mp [(W_{bn}^2 - W_{wn}^2)^2 + 4V_{bw}^4]^{1/2}\} \quad (\omega_{1n} < \omega_{2n}) \tag{3-16}$$

因此，方程式（3-11）的解可以写作下面形式：

$$T_{bn}(t) = C_{1n}e^{j\omega_{1n}t} + C_{2n}e^{-j\omega_{1n}t} + C_{3n}e^{j\omega_{2n}t} + C_{4n}e^{-j\omega_{2n}t} \tag{3-17a}$$

$$T_{wn}(t) = D_{1n}e^{j\omega_{1n}t} + D_{2n}e^{-j\omega_{1n}t} + D_{3n}e^{j\omega_{2n}t} + D_{4n}e^{-j\omega_{2n}t} \tag{3-17b}$$

通过三角变换，上式的等价形式为

$$T_{bn}(t) = \sum_{i=1}^{2} S_{in}(t) = \sum_{i=1}^{2} [A_{in}\sin(\omega_{in}t) + B_{in}\cos(\omega_{in}t)] \tag{3-18a}$$

$$T_{wn}(t) = \sum_{i=1}^{2} a_{in}S_{in}(t) = \sum_{i=1}^{2} [A_{in}\sin(\omega_{in}t) + B_{in}\cos(\omega_{in}t)]a_{in} \tag{3-18b}$$

将式（3-18）代入到式（3-11）中，可得系数 a_{in}。

$$a_{in} = V_b^{-2}(W_{bn}^2 - \omega_{in}^2) = V_w^2(W_{wn}^2 - \omega_{in}^2)^{-1}$$

$$= [(K_b k_n^4 + K_{wb}) - m_b\omega_{in}^2]K_{wb}^{-1} = K_{wb}[(K_w k_n^4 + K_{wb}) - m_w\omega_{in}^2]^{-1} \tag{3-19}$$

将式（3-16）代入到式（3-19）中，系数 a_{in} 可变形为

$$a_{1,2n} = 0.5V_b^{-2}\{(W_{bn}^2 - W_{wn}^2) \pm [(W_{bn}^2 - W_{wn}^2)^2 + 4V_{bw}^4]^{1/2}\}(a_{1n} > 0, a_{2n} < 0) \tag{3-20}$$

最后得到轧辊自由振动方程

$$z_b(y,t) = \sum_{n=1}^{\infty} X_n(y)T_{bn}(t) = \sum_{n=1}^{\infty} X_n(y)\sum_{i=1}^{2} S_{in}(t) = \sum_{n=1}^{\infty}\sum_{i=1}^{2} X_{bin}(y)S_{in}(t)$$

$$= \sum_{n=1}^{\infty} \sin(k_n y)\sum_{i=1}^{2} [A_{in}\sin(\omega_{in}t) + B_{in}\cos(\omega_{in}t)] \tag{3-21a}$$

$$z_w(y,t) = \sum_{n=1}^{\infty} X_n(y)T_{wn}(t) = \sum_{n=1}^{\infty} X_n(y)\sum_{i=1}^{2} a_{in}S_{in}(t) = \sum_{n=1}^{\infty}\sum_{i=1}^{2} X_{win}(y)a_{in}S_{in}(t)$$

$$= \sum_{n=1}^{\infty} \sin(k_n y)\sum_{i=1}^{2} [A_{in}\sin(\omega_{in}t) + B_{in}\cos(\omega_{in}t)]a_{in} \tag{3-21b}$$

式中　$X_{\text{b}in}$——支承辊在固有频率 ω_{in} 下的振型，$X_{\text{b}in}(y) = \sin(k_n y)$；

　　　$X_{\text{w}in}$——工作辊在固有频率 ω_{in} 下的振型，$X_{\text{w}in}(y) = a_{in}\sin(k_n y)$。

根据初始条件求解未知参数 A_{in}、B_{in}，$i=1$，2。

模态函数的正交性为

$$\int_0^L X_m X_n \mathrm{d}y = \int_0^L \sin(k_m y)\sin(k_n y)\mathrm{d}y = c\chi_{mn} \tag{3-22}$$

$$c = \int_0^L X_n^2 \mathrm{d}y = \int_0^L \sin^2(k_n y)\mathrm{d}y = 0.5L \tag{3-23}$$

式中　χ_{mn}——克罗内克符号，$\chi_{mn} = \begin{cases} 0 & m \neq n \\ 1 & m = n \end{cases}$。

将初始条件代入到振动方程式（3-21）中，根据模态函数的正交性，可得

$$\sum_{i=1}^2 B_{in} = c^{-1}\int_0^L z_{\text{b}0} X_n \mathrm{d}y \tag{3-24a}$$

$$\sum_{i=1}^2 a_{in} B_{in} = c^{-1}\int_0^L z_{\text{w}0} X_n \mathrm{d}y \tag{3-24b}$$

$$\sum_{i=1}^2 \omega_{in} A_{in} = c^{-1}\int_0^L v_{\text{b}0} X_n \mathrm{d}y \tag{3-24c}$$

$$\sum_{i=1}^2 a_{in}\omega_{in} A_{in} = c^{-1}\int_0^L v_{\text{w}0} X_n \mathrm{d}y \tag{3-24d}$$

联解式（3-24）可得各系数如下

$$A_{1n} = \left[(a_{2n} - a_{1n})\omega_{1n}c\right]^{-1}\int_0^L (a_{2n}v_{\text{b}0} - v_{\text{w}0})\sin(k_n y)\mathrm{d}y \tag{3-25a}$$

$$A_{2n} = \left[(a_{1n} - a_{2n})\omega_{2n}c\right]^{-1}\int_0^L (a_{1n}v_{\text{b}0} - v_{\text{w}0})\sin(k_n y)\mathrm{d}y \tag{3-25b}$$

$$B_{1n} = \left[(a_{2n} - a_{1n})c\right]^{-1}\int_0^L (a_{2n}z_{\text{b}0} - z_{\text{w}0})\sin(k_n y)\mathrm{d}y \tag{3-25c}$$

$$B_{2n} = \left[(a_{1n} - a_{2n})c\right]^{-1}\int_0^L (a_{1n}z_{\text{b}0} - z_{\text{w}0})\sin(k_n y)\mathrm{d}y \tag{3-25d}$$

假设初始条件为

$$z_{\text{b}0}(y) = Z_{\text{b}0}\sin(\pi y/L), \quad z_{\text{w}0}(y) = Z_{\text{w}0}\sin(2\pi y/L), \quad v_{\text{b}0} = v_{\text{w}0} = 0 \tag{3-26}$$

那么，

$$A_{1n} = A_{2n} = 0 \tag{3-27a}$$

$$B_{1n} = \left[(a_{2n} - a_{1n})c\right]^{-1}\int_0^L \left[a_{2n}Z_{\text{b}0}\sin(\pi y/L) - Z_{\text{w}0}\sin(2\pi y/L)\right]\sin(k_n y)\mathrm{d}y \tag{3-27b}$$

$$B_{2n} = \left[(a_{1n} - a_{2n})c\right]^{-1}\int_0^L \left[a_{1n}Z_{\text{b}0}\sin(\pi y/L) - Z_{\text{w}0}\sin(2\pi y/L)\right]\sin(k_n y)\mathrm{d}y \tag{3-27c}$$

可得轧辊自由振动方程为

$$z_{\text{b}}(y,t) = \sum_{n=1}^\infty \sin(k_n y)\sum_{i=1}^2 \left[B_{in}\cos(\omega_{in}t)\right] \tag{3-28a}$$

$$z_w(y,t) = \sum_{n=1}^{\infty} \sin(k_n y) \sum_{i=1}^{2} \left[a_{in} B_{in} \cos(\omega_{in} t) \right] \tag{3-28b}$$

根据轧辊弯曲变形自由振动方程可知，四辊轧机辊系弯曲变形动力学模型包括两个无限序列的固有频率 ω_{1n} 和 ω_{2n}，且 $\omega_{1n} < \omega_{2n}$。根据系数 $a_{1n} > 0$ 和 $a_{2n} < 0$ 可知，辊系由两种振动模式组成：低频 ω_{1n} 的同步振动和高频 ω_{2n} 的异步振动，两者分别对应于 $a_{1n} > 0$ 和 $a_{2n} < 0$。图 3-6 给出了不同模式下 $n = 1$，2，3，…时辊系的振型图，取 $n = 1$，2 为例进行说明。

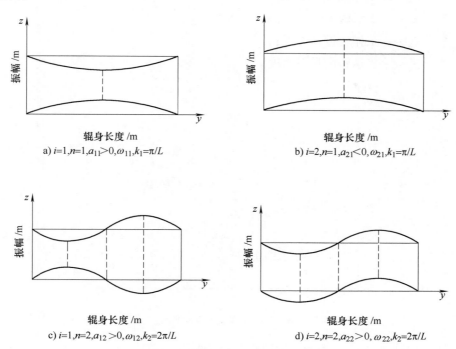

a) $i=1, n=1, a_{11}>0, \omega_{11}, k_1=\pi/L$

b) $i=2, n=1, a_{21}<0, \omega_{21}, k_1=\pi/L$

c) $i=1, n=2, a_{12}>0, \omega_{12}, k_2=2\pi/L$

d) $i=2, n=2, a_{22}>0, \omega_{22}, k_2=2\pi/L$

图 3-6　前两阶轧机辊系的振型图

3.1.2　基于 Timoshenko 梁理论的辊系弯曲变形自由振动模型

对于长径比较小的轧辊，应考虑剪切变形引起的挠度和转动惯量对轧辊弯曲变形的影响，在这种情况下应用 Timoshenko 理论对轧辊的弯曲变形情况进行分析。

3.1.2.1　力学模型

四辊轧机的辊系物理模型和力学模型如图 3-2 和图 3-3 所示，工作辊受到分布的轧制压力作用，工作辊和支承辊受到弯辊力的作用。为了研究轧机辊系弯曲变形动力学模型，假设轧辊是各向同性的等截面梁；假设辊间接触为 Winkler 弹性基础，弹性系数 K_{wb}；假设工作辊和支承辊是简支梁。这里分析长径比较小的轧辊，因此应考虑剪切变形和转动惯量对轧辊弯曲变形的影响，应用 Timoshenko 理论对轧辊的弯曲变形情况进行分析[18,19]。

图 3-7 是考虑到剪切变形和转动惯量的 Timoshenko 模型的支承辊微元的受力模型。

其区别于 Euler 模型的是考虑了剪力 V_i 引起的挠度和惯性力 $\rho_i I_i \partial \theta_i / \partial y\,(i = \mathrm{b},\ \mathrm{w})$ 的影响。根据 z 方向的力平衡关系，可得

$$\frac{\partial V_\mathrm{b}}{\partial y} = -\rho_\mathrm{b} A_\mathrm{b} \frac{\partial^2 z_\mathrm{b}}{\partial t^2} - K_{\mathrm{wb}}(z_\mathrm{b} - z_\mathrm{w}) + f_\mathrm{b}(y, t) \tag{3-29}$$

式中 $f_\mathrm{b}(y,\ t)$ ——假想的支承辊受到的分布力；

$\quad\quad V_\mathrm{b}$ ——支承辊所受剪力；

$\quad\quad A_\mathrm{b}$ ——支承辊截面面积；

$\quad\quad z_\mathrm{b}$ ——支承辊振动方程；

$\quad\quad z_\mathrm{w}$ ——工作辊振动方程；

$\quad\quad \rho_\mathrm{b}$ ——支承辊的材料密度。

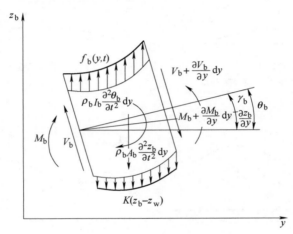

图 3-7　Timoshenko 模型的支承辊受力模型

根据力矩平衡，对受力微元右侧中心取矩，可得

$$\frac{\partial M_\mathrm{b}}{\partial y} = V_\mathrm{b} + \rho_\mathrm{b} I_\mathrm{b} \frac{\partial^2 \theta_\mathrm{b}}{\partial t^2} \tag{3-30}$$

式中 M_b ——支承辊所受弯矩；

$\quad\quad I_\mathrm{b}$ ——支承辊截面惯性矩；

$\quad\quad \theta_\mathrm{b}$ ——支承辊截面转角，也即挠曲线的斜率。

考虑剪切变形的影响，则有

$$\gamma_\mathrm{b} = \theta_\mathrm{b} - \frac{\partial z_\mathrm{b}}{\partial y} \tag{3-31}$$

式中 γ_b ——支承辊截面的剪切角。

剪力和弯矩可写作

$$V_\mathrm{b} = A_{\mathrm{bs}} G_\mathrm{b} \left(\theta_\mathrm{b} - \frac{\partial z_\mathrm{b}}{\partial y} \right) \tag{3-32}$$

$$M_\mathrm{b} = E_\mathrm{b} I_\mathrm{b} \frac{\partial \theta_\mathrm{b}}{\partial y} \tag{3-33}$$

式中　A_{bs}——轧辊有效剪切面积，$A_{bs} = \kappa A_b$；

　　　κ——截面形状因子；

　　　E_b——轧辊的弹性模量；

　　　G_b——轧辊切变模量。

将式（3-32）和式（3-33）代入式（3-29）和式（3-30）中，可得基于 Timoshenko 梁模型支承辊动力学方程，工作辊的建模过程与其类似。

根据所建力学模型，针对支承辊和工作辊，建立了基于 Timoshenko 梁模型的轧辊弯曲变形动力学方程：

$$A_{bs}G_b\left(\frac{\partial \theta_b}{\partial y} - \frac{\partial^2 z_b}{\partial y^2}\right) = -\rho_b A_b \frac{\partial^2 z_b}{\partial t^2} - K_{wb}(z_b - z_w) + f_b(y,t) \tag{3-34a}$$

$$E_b I_b \frac{\partial^2 \theta_b}{\partial y^2} = A_{bs}G_b\left(\theta_b - \frac{\partial z_b}{\partial y}\right) + \rho_b I_b \frac{\partial^2 \theta_b}{\partial t^2} \tag{3-34b}$$

$$A_{ws}G_w\left(\frac{\partial \theta_w}{\partial y} - \frac{\partial^2 z_w}{\partial y^2}\right) = -\rho_w A_w \frac{\partial^2 z_w}{\partial t^2} + K_{wb}(z_b - z_w) + f_w(y,t) \tag{3-34c}$$

$$E_w I_w \frac{\partial^2 \theta_w}{\partial y^2} = A_{ws}G_w\left(\theta_w - \frac{\partial z_w}{\partial y}\right) + \rho_w I_w \frac{\partial^2 \theta_w}{\partial t^2} \tag{3-34d}$$

式中　A_{is}——轧辊有效剪切面积，$A_{is} = \kappa A_i$；

　　　κ——截面形状因子；

　　　z_i——轧辊的振动方程；

　　　G_i——轧辊切变模量

　　　θ_i——轧辊轴线的转角；

　　　i——角标，$i = $ b，w 分别代表支承辊和工作辊。

工作辊和支承辊都简化为弹性基础上的简支梁，其边界条件和初始条件如下：

$$z_i(0,t) = z_i''(0,t) = z_i(L,t) = z_i''(L,t) = 0 \tag{3-35}$$

$$z_i(y,0) = z_{i0}(y), \dot{z}_i(y,0) = v_{i0}(y) \quad (i = \text{b,w}) \tag{3-36}$$

为了得到辊系弯曲变形固有频率和振型，首先应求解一定边界条件下的辊系弯曲变形自由振动方程。对于辊系弯曲变形自由振动方程，方程式（3-34）变为

$$A_{bs}G_b\left(\frac{\partial \theta_b}{\partial y} - \frac{\partial^2 z_b}{\partial y^2}\right) = -\rho_b A_b \frac{\partial^2 z_b}{\partial t^2} - K_{wb}(z_b - z_w) \tag{3-37a}$$

$$E_b I_b \frac{\partial^2 \theta_b}{\partial y^2} = A_{bs}G_b\left(\theta_b - \frac{\partial z_b}{\partial y}\right) + \rho_b I_b \frac{\partial^2 \theta_b}{\partial t^2} \tag{3-37b}$$

$$A_{ws}G_w\left(\frac{\partial \theta_w}{\partial y} - \frac{\partial^2 z_w}{\partial y^2}\right) = -\rho_w A_w \frac{\partial^2 z_w}{\partial t^2} + K_{wb}(z_b - z_w) \tag{3-37c}$$

$$E_w I_w \frac{\partial^2 \theta_w}{\partial y^2} = A_{ws}G_w\left(\theta_w - \frac{\partial z_w}{\partial y}\right) + \rho_w I_w \frac{\partial^2 \theta_w}{\partial t^2} \tag{3-37d}$$

为便于计算，将方程式（3-37）化简为

$$m_{\mathrm{b}} \frac{\partial^2 z_{\mathrm{b}}}{\partial t^2} = -J_{\mathrm{b}} \frac{\partial \theta_{\mathrm{b}}}{\partial y} + J_{\mathrm{b}} \frac{\partial^2 z_{\mathrm{b}}}{\partial y^2} - K_{\mathrm{wb}}[z_{\mathrm{b}}(y,t) - z_{\mathrm{w}}(y,t)] \tag{3-38a}$$

$$N_{\mathrm{b}} \frac{\partial^2 \theta_{\mathrm{b}}}{\partial t^2} = K_{\mathrm{b}} \frac{\partial^2 \theta_{\mathrm{b}}}{\partial y^2} - J_{\mathrm{b}}\theta_{\mathrm{b}} + J_{\mathrm{b}} \frac{\partial z_{\mathrm{b}}}{\partial y} \tag{3-38b}$$

$$m_{\mathrm{w}} \frac{\partial^2 z_{\mathrm{w}}}{\partial t^2} = -J_{\mathrm{w}} \frac{\partial \theta_{\mathrm{w}}}{\partial y} + J_{\mathrm{w}} \frac{\partial^2 z_{\mathrm{w}}}{\partial y^2} + K_{\mathrm{wb}}[z_{\mathrm{b}}(y,t) - z_{\mathrm{w}}(y,t)] \tag{3-38c}$$

$$N_{\mathrm{w}} \frac{\partial^2 \theta_{\mathrm{w}}}{\partial t^2} = K_{\mathrm{w}} \frac{\partial^2 \theta_{\mathrm{w}}}{\partial y^2} - J_{\mathrm{w}}\theta_{\mathrm{w}} + J_{\mathrm{w}} \frac{\partial z_{\mathrm{w}}}{\partial y} \tag{3-38d}$$

式中　m_i——轧辊单位长度质量，$m_i = \rho_i A_i$；

K_i——轧辊等效刚度，$K_i = E_i I_i$；

J_i——轧辊等效剪切刚度，$J_i = A_{is} G_i$；

N_i——轧辊等效截面惯性矩，$N_i = \rho_i I_i$。

式（3-38）中分别削去 θ_{b} 和 θ_{w}，可得支承辊和工作辊的自由振动方程

$$-\frac{N_{\mathrm{b}} m_{\mathrm{b}}}{J_{\mathrm{b}}} \frac{\partial^4 z_{\mathrm{b}}}{\partial t^4} + \left(N_{\mathrm{b}} + \frac{K_{\mathrm{b}} m_{\mathrm{b}}}{J_{\mathrm{b}}}\right)\frac{\partial^4 z_{\mathrm{b}}}{\partial t^2 \partial y^2} - K_{\mathrm{b}} \frac{\partial^4 z_{\mathrm{b}}}{\partial y^4} + \frac{K_{\mathrm{wb}} K_{\mathrm{b}}}{J_{\mathrm{b}}} \frac{\partial^2 z_{\mathrm{b}}}{\partial y^2}$$
$$-\left(m_{\mathrm{b}} + \frac{N_{\mathrm{b}} K_{\mathrm{wb}}}{J_{\mathrm{b}}}\right)\frac{\partial^2 z_{\mathrm{b}}}{\partial t^2} + \frac{N_{\mathrm{b}} K_{\mathrm{wb}}}{J_{\mathrm{b}}} \frac{\partial^2 z_{\mathrm{w}}}{\partial t^2} - \frac{K_{\mathrm{wb}} K_{\mathrm{b}}}{J_{\mathrm{b}}} \frac{\partial^2 z_{\mathrm{w}}}{\partial y^2} - K_{\mathrm{wb}} z_{\mathrm{b}} + K_{\mathrm{wb}} z_{\mathrm{w}} = 0 \tag{3-39a}$$

$$-\frac{N_{\mathrm{w}} m_{\mathrm{w}}}{J_{\mathrm{w}}} \frac{\partial^4 z_{\mathrm{w}}}{\partial t^4} + \left(N_{\mathrm{w}} + \frac{K_{\mathrm{w}} m_{\mathrm{w}}}{J_{\mathrm{w}}}\right)\frac{\partial^4 z_{\mathrm{w}}}{\partial y^2 \partial t^2} - K_{\mathrm{w}} \frac{\partial^4 z_{\mathrm{w}}}{\partial y^4} + \frac{K_{\mathrm{wb}} K_{\mathrm{w}}}{J_{\mathrm{w}}} \frac{\partial^2 z_{\mathrm{w}}}{\partial y^2}$$
$$-\left(m_{\mathrm{w}} + \frac{N_{\mathrm{w}} K_{\mathrm{wb}}}{J_{\mathrm{w}}}\right)\frac{\partial^2 z_{\mathrm{w}}}{\partial t^2} + \frac{N_{\mathrm{w}} K_{\mathrm{wb}}}{J_{\mathrm{w}}} \frac{\partial^2 z_{\mathrm{b}}}{\partial t^2} - \frac{K_{\mathrm{wb}} K_{\mathrm{w}}}{J_{\mathrm{w}}} \frac{\partial^2 z_{\mathrm{b}}}{\partial y^2} + K_{\mathrm{wb}} z_{\mathrm{b}} - K_{\mathrm{wb}} z_{\mathrm{w}} = 0 \tag{3-39b}$$

3.1.2.2　轧机辊系自由振动求解

下面对基于 Timoshenko 梁理论的辊系弯曲变形自由振动方程求解。

设微分方程式（3-39）在边界条件下的解的形式为

$$z_i(y,t) = \sum_{n=1}^{\infty} \sin(k_n y) T_{in}(t) \quad (i = \mathrm{b}, \mathrm{w}) \tag{3-40}$$

式中　$T_{in}(t)$——未知的时间函数；

k_n——已知的振型函数，$k_n = n\pi/L (n = 1, 2, 3\cdots)$；

L——辊身长度。

将式（3-40）代入到式（3-39）中，有

$$\frac{N_{\mathrm{b}} m_{\mathrm{b}}}{J_{\mathrm{b}}} \ddddot{T}_{\mathrm{b}n}(t) + \left[\left(N_{\mathrm{b}} + \frac{K_{\mathrm{b}} m_{\mathrm{b}}}{J_{\mathrm{b}}}\right)\left(\frac{n\pi}{L}\right)^2 + \left(m_{\mathrm{b}} + \frac{N_{\mathrm{b}} K_{\mathrm{wb}}}{J_{\mathrm{b}}}\right)\right]\ddot{T}_{\mathrm{b}n}(t)$$
$$+\left[K_{\mathrm{wb}} + K_{\mathrm{b}}\left(\frac{n\pi}{L}\right)^4 + \frac{K_{\mathrm{wb}} K_{\mathrm{b}}}{J_{\mathrm{b}}}\left(\frac{n\pi}{L}\right)^2\right]T_{\mathrm{b}n}(t) - \frac{N_{\mathrm{b}} K_{\mathrm{wb}}}{J_{\mathrm{b}}}\ddot{T}_{\mathrm{w}n}(t)$$
$$-\left[K_{\mathrm{wb}} + \frac{K_{\mathrm{wb}} K_{\mathrm{b}}}{J_{\mathrm{b}}}\left(\frac{n\pi}{L}\right)^2\right]T_{\mathrm{w}n}(t) = 0 \tag{3-41a}$$

$$\frac{N_{w}m_{w}}{J_{w}}\overset{....}{T}_{wn}(t) + \left[\left(N_{w} + \frac{K_{w}m_{w}}{J_{w}}\right)\left(\frac{n\pi}{L}\right)^{2} + \left(m_{w} + \frac{N_{w}K_{wb}}{J_{w}}\right)\right]\ddot{T}_{wn}(t)$$

$$+ \left[K_{wb} + K_{w}\left(\frac{n\pi}{L}\right)^{4} + \frac{K_{wb}K_{w}}{J_{w}}\left(\frac{n\pi}{L}\right)^{2}\right]T_{wn}(t) - \frac{N_{w}K_{wb}}{J_{w}}\ddot{T}_{bn}(t)$$

$$- \left[K_{wb} + \frac{K_{wb}K_{w}}{J_{w}}\left(\frac{n\pi}{L}\right)^{2}\right]T_{bn}(t) = 0 \tag{3-41b}$$

为简化计算，设

$$a_{i} = \left[\left(N_{i} + \frac{K_{i}m_{i}}{J_{i}}\right)\left(\frac{n\pi}{L}\right)^{2} + \left(m_{i} + \frac{N_{i}K_{wb}}{J_{i}}\right)\right] \Big/ \left(\frac{N_{i}m_{i}}{J_{i}}\right) \tag{3-42a}$$

$$b_{i} = \left[K_{wb} + K_{i}\left(\frac{n\pi}{L}\right)^{4} + \frac{K_{wb}K_{i}}{J_{i}}\left(\frac{n\pi}{L}\right)^{2}\right] \Big/ \left(\frac{N_{i}m_{i}}{J_{i}}\right) \tag{3-42b}$$

$$c_{i} = - K_{wb}/m_{i} \tag{3-42c}$$

$$d_{i} = \left[K_{wb} + \frac{K_{wb}K_{i}}{J_{i}}\left(\frac{n\pi}{L}\right)^{2}\right] \Big/ \left(\frac{N_{i}m_{i}}{J_{i}}\right) \quad (i = b, w) \tag{3-42d}$$

式 (3-41) 变为

$$\overset{....}{T}_{bn}(t) + a_{b}\ddot{T}_{bn}(t) + b_{b}T_{bn}(t) + c_{b}\ddot{T}_{wn}(t) + d_{b}T_{wn}(t) = 0 \tag{3-43a}$$

$$\overset{....}{T}_{wn}(t) + a_{w}\ddot{T}_{wn}(t) + b_{w}T_{wn}(t) + c_{w}\ddot{T}_{bn}(t) + d_{w}T_{bn}(t) = 0 \tag{3-43b}$$

设方程 (3-43) 的解为

$$T_{bn}(t) = C_{n}e^{j\omega_{n}t}, \quad T_{wn}(t) = D_{n}e^{j\omega_{n}t}, \quad j = \sqrt{-1} \tag{3-44}$$

式中　C_{n}, D_{n}——支承辊和工作辊振幅系数；

ω_{n}——辊系弯曲变形的固有频率。

将式 (3-44) 代入式 (3-43) 中，有

$$\begin{pmatrix} \omega_{n}^{4} - a_{b}\omega_{n}^{2} + b_{b} & d_{b} - c_{b}\omega_{n}^{2} \\ d_{w} - c_{w}\omega_{n}^{2} & \omega_{n}^{4} - a_{w}\omega_{n}^{2} + b_{w} \end{pmatrix}\begin{pmatrix} C_{n} \\ D_{n} \end{pmatrix} = 0 \tag{3-45}$$

要使式 (3-45) 有非零解，其系数行列式为零，即

$$\begin{vmatrix} \omega_{n}^{4} - a_{b}\omega_{n}^{2} + b_{b} & d_{b} - c_{b}\omega_{n}^{2} \\ d_{w} - c_{w}\omega_{n}^{2} & \omega_{n}^{4} - a_{w}\omega_{n}^{2} + b_{w} \end{vmatrix} = 0 \tag{3-46}$$

由式 (3-46) 可知，辊系弯曲变形的固有频率 ω_{n} 由下面函数决定：

$$\begin{cases} F(\omega_{n}) = \omega_{n}^{8} - (a_{w} + a_{b})\omega_{n}^{6} + (b_{w} + a_{b}a_{w} + b_{b} - c_{b}c_{w})\omega_{n}^{4} \\ \quad - (b_{b}b_{w} - d_{b}d_{w})\omega_{n}^{2} + (b_{b}b_{w} - d_{b}d_{w}) = 0 \end{cases} \tag{3-47}$$

显然，各模式 $n = 1$，2，3，…下固有频率的数目等于方程 $F(\omega_{n}) = 0$ 的正实根数目。根据验证，$F(\omega_{n})$ 曲线如图 3-8 所示，可知各模式下系统的固有频率个数为 4，相应的频率为 $\omega_{in}(i = 1, 2, 3, 4)$。

则方程式 (3-43) 的解可以写成下面形式：

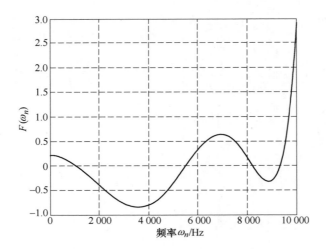

图 3-8　函数 $F(\omega_n)$ 的曲线

$$T_{bn}(t) = C_{1n}e^{j\omega_{1n}t} + C_{2n}e^{-j\omega_{1n}t} + C_{3n}e^{j\omega_{2n}t} + C_{4n}e^{-j\omega_{2n}t} + C_{5n}e^{j\omega_{3n}t}$$
$$+ C_{6n}e^{-j\omega_{3n}t} + C_{7n}e^{j\omega_{4n}t} + C_{8n}e^{-j\omega_{4n}t} \tag{3-48a}$$

$$T_{wn}(t) = D_{1n}e^{j\omega_{1n}t} + D_{2n}e^{-j\omega_{1n}t} + D_{3n}e^{j\omega_{2n}t} + D_{4n}e^{-j\omega_{2n}t} + D_{5n}e^{j\omega_{3n}t}$$
$$+ D_{6n}e^{-j\omega_{3n}t} + D_{7n}e^{j\omega_{4n}t} + D_{8n}e^{-j\omega_{4n}t} \tag{3-48b}$$

引入三角变换，方程式（3-48）可写成下面形式：

$$T_{bn}(t) = \sum_{i=1}^{4} S_{in}(t) = \sum_{i=1}^{4} \left[A_{in}\sin(\omega_{in}t) + B_{in}\cos(\omega_{in}t) \right] \tag{3-49a}$$

$$T_{wn}(t) = \sum_{i=1}^{4} a_{in}S_{in}(t) = \sum_{i=1}^{4} \left[A_{in}\sin(\omega_{in}t) + B_{in}\cos(\omega_{in}t) \right] a_{in} \tag{3-49b}$$

将式（3-49）代入式（3-43）中，可得

$$a_{in} = (c_{b}\omega_{in}^{2} - d_{b})^{-1}(\omega_{in}^{4} - a_{b}\omega_{in}^{2} + b_{b})$$
$$= (\omega_{in}^{4} - a_{w}\omega_{in}^{2} + b_{w})^{-1}(c_{w}\omega_{in}^{2} - d_{w}) \tag{3-50}$$

基于 Timoshenko 模型的四辊轧机辊系弯曲变形自由振动方程为

$$z_{b}(y,t) = \sum_{n=1}^{\infty} \sin(k_{n}y) \sum_{i=1}^{4} \left[A_{in}\sin(\omega_{in}t) + B_{in}\cos(\omega_{in}t) \right] \tag{3-51a}$$

$$z_{w}(y,t) = \sum_{n=1}^{\infty} \sin(k_{n}y) \sum_{i=1}^{4} a_{in} \left[A_{in}\sin(\omega_{in}t) + B_{in}\cos(\omega_{in}t) \right] \tag{3-51b}$$

由于辊系的高频固有频率很大，对辊系弯曲变形自由振动影响很小，可忽略高频部分，辊系弯曲变形自由振动方程式（3-51）可写成

$$z_{b}(y,t) = \sum_{n=1}^{\infty} \sin(k_{n}y) \sum_{i=1}^{2} \left[A_{in}\sin(\omega_{in}t) + B_{in}\cos(\omega_{in}t) \right] \tag{3-52a}$$

$$z_{w}(y,t) = \sum_{n=1}^{\infty} \sin(k_{n}y) \sum_{i=1}^{2} \left[A_{in}\sin(\omega_{in}t) + B_{in}\cos(\omega_{in}t) \right] a_{in} \tag{3-52b}$$

根据初始条件可求解未知参数 A_{in} 和 B_{in}。

将式（3-36）代入式（3-52）中，可得

$$z_{\mathrm{b}}(y,0) = \sum_{n=1}^{\infty} X_n \sum_{i=1}^{2} B_{in} = z_{\mathrm{b}0} \tag{3-53a}$$

$$\dot{z}_{\mathrm{b}}(y,0) = \sum_{n=1}^{\infty} X_n \sum_{i=1}^{2} A_{in}\omega_{in} = v_{\mathrm{b}0} \tag{3-53b}$$

$$z_{\mathrm{w}}(y,0) = \sum_{n=1}^{\infty} X_n \sum_{i=1}^{2} a_{in} B_{in} = z_{\mathrm{w}0} \tag{3-53c}$$

$$\dot{z}_{\mathrm{w}}(y,0) = \sum_{n=1}^{\infty} X_n \sum_{i=1}^{2} a_{in} A_{in}\omega_{in} = v_{\mathrm{w}0} \tag{3-53d}$$

在方程式（3-53）各式两侧分别乘以特征值 X_m，并沿 0 到 L 积分，根据模态函数的正交性，可得

$$\sum_{i=1}^{2} B_{in} = c^{-1}\int_{0}^{L} z_{\mathrm{b}0} X_n \mathrm{d}y \tag{3-54a}$$

$$\sum_{i=1}^{2} a_{in} B_{in} = c^{-1}\int_{0}^{L} z_{\mathrm{w}0} X_n \mathrm{d}y \tag{3-54b}$$

$$\sum_{i=1}^{2} \omega_{in} A_{in} = c^{-1}\int_{0}^{L} v_{\mathrm{b}0} X_n \mathrm{d}y \tag{3-54c}$$

$$\sum_{i=1}^{2} a_{in}\omega_{in} A_{in} = c^{-1}\int_{0}^{L} v_{\mathrm{w}0} X_n \mathrm{d}y \tag{3-54d}$$

联立求解以上各式，可得系数 A_{in} 和 B_{in}：

$$A_{1n} = \left[(a_{2n} - a_{1n})\omega_{1n} c\right]^{-1}\int_{0}^{L}(a_{2n} v_{\mathrm{b}0} - v_{\mathrm{w}0})\sin(k_n y)\mathrm{d}y \tag{3-55a}$$

$$A_{2n} = \left[(a_{1n} - a_{2n})\omega_{2n} c\right]^{-1}\int_{0}^{L}(a_{1n} v_{\mathrm{b}0} - v_{\mathrm{w}0})\sin(k_n y)\mathrm{d}y \tag{3-55b}$$

$$B_{1n} = \left[(a_{2n} - a_{1n}) c\right]^{-1}\int_{0}^{L}(a_{2n} z_{\mathrm{b}0} - z_{\mathrm{w}0})\sin(k_n y)\mathrm{d}y \tag{3-55c}$$

$$B_{2n} = \left[(a_{1n} - a_{2n}) c\right]^{-1}\int_{0}^{L}(a_{1n} z_{\mathrm{b}0} - z_{\mathrm{w}0})\sin(k_n y)\mathrm{d}y \tag{3-55d}$$

3.2 四辊轧机辊系弯曲变形受迫振动模型[20]

3.2.1 辊系受迫振动微分方程求解

四辊轧机辊系弯曲变形受迫振动的力学模型如前所述。以下研究基于欧拉梁理论建立的四辊轧机辊系受迫振动模型，见式（3-5a）和式（3-5b）。

根据轧辊的自由振动，可得非齐次微分方程的特解

$$z_{\mathrm{b}}(y,t) = \sum_{n=1}^{\infty} \sin(k_n y) \sum_{i=1}^{2} S_{in}(t) \tag{3-56a}$$

$$z_w(y,t) = \sum_{n=1}^{\infty} \sin(k_n y) \sum_{i=1}^{2} a_{in} S_{in}(t) \tag{3-56b}$$

式中 $S_{in}(t)(i = 1, 2)$——与固有频率 ω_{in} 相对应的未知时间函数。

将式（3-56）代入式（3-5）中，有

$$\sum_{n=1}^{\infty} X_n \sum_{i=1}^{2} [\ddot{S}_{in} + (W_{bn}^2 - V_b^2 a_{in}) S_{in}] = m_b^{-1} f_b \tag{3-57a}$$

$$\sum_{n=1}^{\infty} X_n \sum_{i=1}^{2} [\ddot{S}_{in} + (W_{wn}^2 - V_w^2 a_{in}^{-1}) S_{in}] a_{in} = m_w^{-1} f_w \tag{3-57b}$$

由轧辊自由振动可知，系统固有频率和相应的振型系数如下：

$$\omega_{1,2n}^2 = 0.5\{(W_{bn}^2 + W_{wn}^2) \mp [(W_{bn}^2 - W_{wn}^2)^2 + 4V_{bw}^4]^{1/2}\} (\omega_{1n} < \omega_{2n}) \tag{3-58}$$

$$a_{in} = V_b^{-2}(W_{bn}^2 - \omega_{in}^2) = V_w^2(W_{wn}^2 - \omega_{in}^2)^{-1} \tag{3-59}$$

将式（3-58）和式（3-59）代入式（3-57）中，有

$$\sum_{n=1}^{\infty} X_n \sum_{i=1}^{2} [\ddot{S}_{in} + \omega_{in}^2 S_{in}] = m_b^{-1} f_b \tag{3-60a}$$

$$\sum_{n=1}^{\infty} X_n \sum_{i=1}^{2} [\ddot{S}_{in} + \omega_{in}^2 S_{in}] a_{in} = m_w^{-1} f_w \tag{3-60b}$$

方程式（3-60）两边同时乘以 X_m，并对其从 0 到 L 对 y 积分，根据模态函数的正交性，有

$$\sum_{i=1}^{2} [\ddot{S}_{in} + \omega_{in}^2 S_{in}] = 2M_b^{-1} \int_0^L f_b X_n \mathrm{d}y \tag{3-61a}$$

$$\sum_{i=1}^{2} [\ddot{S}_{in} + \omega_{in}^2 S_{in}] a_{in} = 2M_w^{-1} \int_0^L f_w X_n \mathrm{d}y \tag{3-61b}$$

根据式（3-61），求解方程组可得

$$\ddot{S}_{in} + \omega_{in}^2 S_{in} = H_{in}(t) \tag{3-62}$$

式中

$$H_{1n}(t) = d_{1n} \int_0^L [a_{2n} M_b^{-1} f_b - M_w^{-1} f_w] \sin(k_n y) \mathrm{d}y \tag{3-63a}$$

$$H_{2n}(t) = d_{2n} \int_0^L [a_{1n} M_b^{-1} f_b - M_w^{-1} f_w] \sin(k_n y) \mathrm{d}y \tag{3-63b}$$

$$d_{1n} = -d_{2n} = 2(a_{2n} - a_{1n})^{-1} \tag{3-63c}$$

根据 Duhamel 积分，满足初始条件的式（3-62）的解为

$$S_{in}(t) = \omega_{in}^{-1} \int_0^t H_{in}(s) \sin[\omega_{in}(t-s)] \mathrm{d}s \quad (i = 1,2) \tag{3-64}$$

因此，辊系弯曲变形受迫振动方程为

$$z_b(y,t) = \sum_{n=1}^{\infty} \sin(k_n y) \sum_{i=1}^{2} \omega_{in}^{-1} \int_0^t H_{in}(s) \sin[\omega_{in}(t-s)] \mathrm{d}s \tag{3-65a}$$

$$z_w(y,t) = \sum_{n=1}^{\infty} \sin(k_n y) \sum_{i=1}^{2} a_{in} \omega_{in}^{-1} \int_0^t H_{in}(s) \sin[\omega_{in}(t-s)] \mathrm{d}s \tag{3-65b}$$

3.2.2　不同载荷形式辊系受迫振动分析

3.2.2.1　轧制压力

不考虑弯辊力矩的影响，支承辊没有分布压力作用，工作辊受到轧制压力作用，即 $M_{ii}(t)=0$，$f_w(y,t)\neq0$，$f_b(y,t)=0$，$i=$ w，b，力学模型如图 3-9 所示。

将 $f_b(y,t)=0$，$f_w(y,t)\neq0$ 代入式（3-63）中，可得

$$H_{in}(t)=b_{in}\int_0^L f_w(y,t)\sin(k_n y)\mathrm{d}y\quad(i=1,2)\tag{3-66}$$

式中　$b_{1n}=-d_{1n}M_w^{-1}$，$b_{2n}=-d_{2n}M_w^{-1}$。

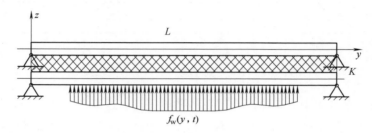

图 3-9　工作辊受轧制压力简化模型

假设轧制压力分布函数为

$$f_w(y,t)=f_w(y)\sin(pt)\tag{3-67}$$

将式（3-67）代入到式（3-64）中，可得

$$S_{in}(t)=b_{in}F_n(p^2-\omega_{in}^2)^{-1}[\sin(pt)-p\omega_{in}^{-1}\sin(\omega_{in}t)]\quad(i=1,2)\tag{3-68}$$

式中　$F_n=\int_{(L-B)/2}^{(L+B)/2}f_w(y)\sin(k_n y)\mathrm{d}y$；$B$ 是轧件宽度。

将式（3-68）代入到轧辊受迫振动的运动方程，可得分布轧制压力作用下辊系的受迫振动方程：

$$z_b(y,t)=\sum_{n=1}^{\infty}\sin(k_n y)\Big[A_{1n}\sin(pt)+\sum_{i=1}^{2}B_{in}\sin(\omega_{in}t)\Big]\tag{3-69a}$$

$$z_w(y,t)=\sum_{n=1}^{\infty}\sin(k_n y)\Big[A_{2n}\sin(pt)+\sum_{i=1}^{2}a_{in}B_{in}\sin(\omega_{in}t)\Big]\tag{3-69b}$$

其中

$$A_{1n}=-2(a_{2n}-a_{1n})^{-1}M_w^{-1}F_n(\omega_{1n}^2-\omega_{2n}^2)[(p^2-\omega_{1n}^2)(p^2-\omega_{2n}^2)]^{-1}\tag{3-70a}$$

$$A_{2n}=-2(a_{2n}-a_{1n})^{-1}M_w^{-1}F_n[(p^2-\omega_{1n}^2)(p^2-\omega_{2n}^2)]^{-1}$$

$$[(a_{1n}-a_{2n})p^2-a_{1n}\omega_{2n}^2+a_{2n}\omega_{1n}^2]\tag{3-70b}$$

$$B_{1n}=2F_n p[(a_{2n}-a_{1n})(p^2-\omega_{1n}^2)\omega_{1n}M_w]^{-1}\tag{3-70c}$$

$$B_{2n}=-2F_n p[(a_{2n}-a_{1n})(p^2-\omega_{2n}^2)\omega_{2n}M_w]^{-1}\tag{3-70d}$$

假定稳定状态受迫振动的影响较大，忽略自由响应，则稳态受迫振动方程为

$$z_{\rm b}(y,t) = \sin(pt)\sum_{n=1}^{\infty}\sin(k_n y)A_{1n} \tag{3-71a}$$

$$z_{\rm w}(y,t) = \sin(pt)\sum_{n=1}^{\infty}\sin(k_n y)A_{2n} \tag{3-71b}$$

3.2.2.2 弯辊力矩

考虑弯辊力矩的作用，即 $M_{ii}(t)\neq0$，$i={\rm b}$，w。下面分析辊系受到弯辊力矩作用时辊系的受迫振动方程，其力学模型如图 3-10 所示。

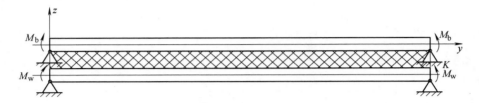

图 3-10 辊系受到弯辊力矩作用的简化模型

采用虚功法求解集中力矩作用下辊系的强迫振动。这里考虑四种力：轧辊每一单元的惯性力；由于轧辊变形引起的每一单元的弹性力；作用于轧辊端部的干扰力矩和弹性基础作用力。

支承辊挠曲线展开方程为

$$z_{\rm b}(y,t) = \sum_{n=1}^{\infty}T_{bn}(t)\sin\left(\frac{n\pi}{L}y\right) \tag{3-72}$$

式中 $T_{bn}(t)$——未知的时间函数。

对第 n 振型取虚位移 $\delta z_{bn}=\delta T_{bn}X_n$，于是分布惯性力经历第 n 振型虚位移的虚功为

$$\delta W_{In} = \int_0^L(-\rho_{\rm b}A_{\rm b}{\rm d}y\ddot{z}_{\rm b})\delta z_{bn} = -m_{\rm b}\delta T_{bn}\int_0^L\ddot{z}_{\rm b}X_n{\rm d}y \tag{3-73}$$

$$z_{\rm b} = T_{b1}\sin(\pi y/L) + T_{b2}\sin(2\pi y/L) + \cdots + T_{bn}\sin(n\pi y/L) \tag{3-74}$$

式中 $X_n(y)$——已知的振型函数，$X_n(y)=\sin(k_n y)$，$k_n=n\pi/L(n=1,2,3,\cdots)$；

$m_{\rm b}$——支承辊单位长度质量。

利用模态函数的正交性，可求得惯性力的虚功为

$$\delta W_{In} = -0.5Lm_{\rm b}\ddot{T}_{bn}\delta T_{bn} \tag{3-75}$$

利用物体的应变能求解弹性力的虚功是有效的，与轧辊弯曲有关的应变能为

$$U = \int_0^L\frac{E_{\rm b}I_{\rm b}}{2}\left(\frac{{\rm d}^2z_{\rm b}}{{\rm d}y^2}\right)^2{\rm d}y \tag{3-76}$$

将式 (3-72) 代入式 (3-76) 中，可得

$$U = \frac{Lk_{\rm b}}{4}\sum_{n=1}^{\infty}\left(\frac{n\pi}{L}\right)^4T_{bn}^2 \tag{3-77}$$

弹性力的虚功为

$$\delta W_{En} = -\frac{\partial U}{\partial T_{bn}}\delta T_{bn} = -\frac{(n\pi)^4 K_b}{2L^3}T_{bn}\delta T_{bn} \tag{3-78}$$

为确定集中力矩的虚功，集中力矩经过作用点处转动 $\delta z'_{bn}$ 做功，那么支承辊弯辊力矩 $M_{bb}(t)$ 经历第 n 型虚位移的功为

$$\delta W_{M_{bn}} = M_{bb}\delta z'_{bn} = M_{bb}\delta T_{bn}X'_{n1} \tag{3-79}$$

式中　X'_{n1}——$X_n(y)$ 在 $y = y_1$ 处的一次导数。

弹性基础所做的虚功为

$$\delta W_{Kbn} = \int_0^L K_{wb}(z_{wn} - z_{bn})\mathrm{d}y\delta z_{bn} = 0.5KL(T_{wn} - T_{bn})\delta T_{bn} \tag{3-80}$$

根据式（3-75）、式（3-78）、式（3-79）和式（3-80），将其求和，其结果为零，有

$$\ddot{T}_{bn} + (K_b k_n^4 + K_{wb})m_b^{-1}T_{bn} - K_{wb}m_b^{-1}T_{wn} = \frac{2M_{bb}X'_{n1}}{Lm_b} \tag{3-81a}$$

同理，对于工作辊有

$$\ddot{T}_{wn} + (K_w k_n^4 + K_{wb})m_w^{-1}T_{wn} - K_{wb}m_w^{-1}T_{bn} = \frac{2M_{ww}X'_{n1}}{Lm_w} \tag{3-81b}$$

又因为 $W_{in}^2 = (K_i k_n^4 + K)m_i^{-1}$，$V_i^2 = Km_i^{-1}$，$(i = b, w)$，所以式（3-81）变为

$$\ddot{T}_{bn} + W_{bn}^2 T_{bn} - V_b^2 T_{wn} = \frac{2M_{bb}X'_{n1}}{Lm_b} \tag{3-82a}$$

$$\ddot{T}_{wn} + W_{wn}^2 T_{wn} - V_w^2 T_{bn} = \frac{2M_{ww}X'_{n1}}{Lm_w} \tag{3-82b}$$

将 $T_{bn} = \sum_{i=1}^2 S_{in}(t)$，$T_{wn} = \sum_{i=1}^2 a_{in}S_{in}(t)$ 代入式（3-82a）和式（3-82b）中，结合式（3-59），有

$$\sum_{i=1}^2 \left[\ddot{S}_{in} + \omega_{in}^2 S_{in}\right] = \frac{2M_{bb}X'_{n1}}{Lm_b} \tag{3-83a}$$

$$\sum_{i=1}^2 \left[\ddot{S}_{in} + \omega_{in}^2 S_{in}\right]a_{in} = \frac{2M_{ww}X'_{n1}}{Lm_w} \tag{3-83b}$$

求解方程式（3-83a）和式（3-83b），可得

$$\ddot{S}_{in} + \omega_{in}^2 S_{in} = h_{in}(t) \quad (i = 1,2; n = 1,2,3\cdots) \tag{3-84}$$

式中

$$h_{1n}(t) = 2(a_{1n} - a_{2n})^{-1}\frac{X'_{n1}}{L}\left(\frac{M_{ww}}{m_w} - a_{2n}\frac{M_{bb}}{m_b}\right)$$

$$h_{2n}(t) = 2(a_{1n} - a_{2n})^{-1}\frac{X'_{n1}}{L}\left(a_{1n}\frac{M_{bb}}{m_b} - \frac{M_{ww}}{m_w}\right)$$

根据 Duhamel 积分，满足初始条件的方程（3-84）的解为

$$S_{in}(t) = \omega_{in}^{-1}\int_0^t h_{in}(s)\sin\left[\omega_{in}(t - s)\right]\mathrm{d}s \quad (i = 1,2) \tag{3-85}$$

假设支承辊和工作辊所受的弯辊力矩分别为

$$M_{bb}(s) = F_b L_b \sin(p_b s) \qquad (3\text{-}86a)$$

$$M_{ww}(s) = F_w L_w \sin(p_w s) \qquad (3\text{-}86b)$$

可得弯辊力矩作用下轧辊的受迫振动方程：

$$z_b(y,t) = \sum_{n=1}^{\infty} \sin(k_n y)(S_{1n} + S_{2n}) \qquad (3\text{-}87a)$$

$$z_w(y,t) = \sum_{n=1}^{\infty} \sin(k_n y)(a_{1n} S_{1n} + a_{2n} S_{2n}) \qquad (3\text{-}87b)$$

式中

$$
\begin{aligned}
S_{1n}(t) = {}& \omega_{1n}^{-1}(a_{1n} - a_{2n})^{-1} \frac{2(1 - \cos n\pi)}{L} \left\{ \frac{F_w L_w}{m_w}(p_w^2 - \omega_{1n}^2)^{-1}\left[\omega_{1n}\sin(p_w t) \right.\right. \\
& \left. - p_w \sin(\omega_{1n} t)\right] - a_{2n} \frac{F_b L_b}{m_b}(p_b^2 - \omega_{1n}^2)^{-1}\left[\omega_{1n}\sin(p_b t) - p_b \sin(\omega_{1n} t)\right] \Big\}
\end{aligned} \qquad (3\text{-}88a)
$$

$$
\begin{aligned}
S_{2n}(t) = {}& \omega_{2n}^{-1}(a_{1n} - a_{2n})^{-1} \frac{2(1 - \cos n\pi)}{L} \left\{ a_{1n} \frac{F_b L_b}{m_b}(p_b^2 - \omega_{2n}^2)^{-1}\left[\omega_{2n}\sin(p_b t) \right.\right. \\
& \left. - p_b \sin(\omega_{2n} t)\right] - \frac{F_w L_w}{m_w}(p_w^2 - \omega_{2n}^2)^{-1}\left[\omega_{2n}\sin(p_w t) - p_w \sin(\omega_{2n} t)\right] \Big\}
\end{aligned} \qquad (3\text{-}88b)
$$

3.3 四辊轧机辊系弯曲变形动态仿真研究[15]

3.3.1 基于 Euler 梁模型的辊系弯曲变形自由振动仿真研究

3.3.1.1 仿真参数

本章以某 2030 冷连轧机组为研究对象进行数值模拟，该冷轧机组由五机架四辊冷轧机、开卷机、卷取机和其他辅助设备组成。冷轧机的主要参数见表 3-1。

表 3-1　某 2030 冷连轧机主要参数

轧机参数	单位	具体数值
工作辊直径	mm	$550 \sim 615$
工作辊辊身长度	mm	2030
支承辊直径	mm	$1425 \sim 1550$
支承辊辊身长度	mm	2030
弹性模量	Pa	$E_b = E_w = 2.1 \times 10^{11}$
密度	kg/m³	$\rho_b = \rho_w = 7.8 \times 10^3$

本章取工作辊和支承辊最大直径进行仿真计算，即 $D_b = 1550$ mm，$D_w = 615$ mm。

3.3.1.2 仿真结果及分析

初始条件为：$v_{b0} = v_{w0} = 0$，$z_{b0}(y) = 0.001\sin(\pi y/L)$，$z_{w0}(y) = 0.001\sin(2\pi y/L)$。

基于上述参数，采用 Matlab 软件编程进行数值模拟，辊系固有频率 $\omega_{1,2n}$ 和振型系

数 $a_{1,2n}$ 的计算结果见表 3-2 和表 3-3。

表 3-2　四辊轧机辊系弯曲变形固有频率 $\omega_{1,2n}$ （单位：Hz）

n	1	2	3	4
ω_{1n}	4237.1	9132.8	17874.1	30892.1
ω_{2n}	6204.5	19315.1	43248.9	76828.7

表 3-3　四辊轧机辊系弯曲变形振型系数 $a_{1,2n}$

n	1	2	3	4
a_{1n}	2.2	71.4	382.8	1221.6
a_{2n}	-2.8154	-0.0889	-0.0166	-0.0052

图 3-11 和图 3-12 是模式 $n=1$ 时工作辊和支承辊自由振动随时间变化的三维图。由图可知，轧辊的一阶主振型呈二次曲线，轧辊中部振动比轧辊边部剧烈，并且随时间周期性的变化。轧辊的振幅与振动的初始条件关系密切，此处给轧辊以 1 mm 的初始振幅，可见工作辊和支承辊的振幅很大，工作辊的振动幅度大于支承辊，工作辊振动较为剧烈。工作辊与板带材直接接触，是板带材产品的加工工具，其工作状态直接影响板带产品质量。

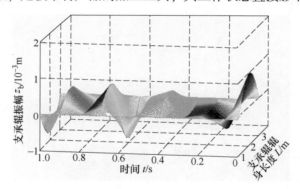

图 3-11　$n=1$ 时支承辊自由振动三维图

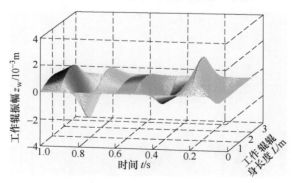

图 3-12　$n=1$ 时工作辊自由振动三维图

图 3-13 至图 3-16 是模式 $n=2$，3 时的支承辊和工作辊的弯曲变形随时间变化的三维图像。由图可以看出工作辊和支承辊的二阶主振型曲线是正弦曲线，三阶主振型曲线是高次曲线，工作辊和支承辊的振动方向相反。

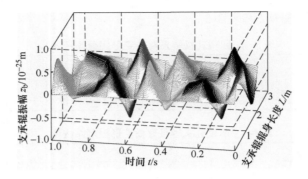

图 3-13　$n=2$ 时支承辊自由振动三维图

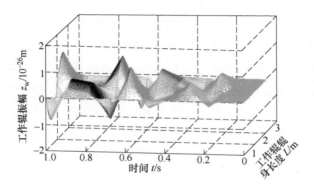

图 3-14　$n=2$ 时工作辊自由振动三维图

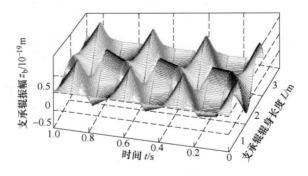

图 3-15　$n=3$ 时支承辊自由振动三维图

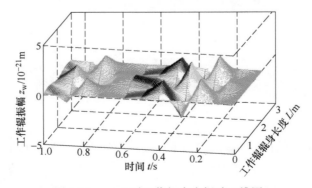

图 3-16　$n=3$ 时工作辊自由振动三维图

比较图 3-11 至图 3-16 可知，模式 $n=1$ 时轧辊振幅大，对工作辊和支承辊弯曲变形起主要影响作用。从图中可看出 $n=2$，3 时（以 $n=2$，3 为例），即高阶时工作辊和支承辊的振幅很小，但其振动形式确实存在。由于轧机长时间在恶劣的环境下连续工作，即使轧辊振幅很小，但由于其长期反复振动，必然导致轧辊磨损，影响轧辊表面质量、寿命和强度。

3.3.2 基于 Timoshenko 梁模型的辊系弯曲变形自由振动仿真研究

3.3.2.1 仿真参数

本章以某 2030 冷连轧机组为研究对象进行数值模拟，仿真参数见 3.3.1.1。

3.3.2.2 仿真结果及分析

基于上述参数，根据所建数学模型，经编程计算可得辊系固有频率 ω_{in}（$i=1$，2，3，4）和振型系数 a_{in}（$i=1$，2，3，4）。

由计算结果可知，四辊轧机辊系弯曲变形存在四个无限序列的固有频率 ω_{in}（$i=1$，2，3，4），且 $\omega_{1n}<\omega_{2n}<\omega_{3n}<\omega_{4n}$；根据系数 $a_{1n}>0$ 和 $a_{in}<0$（$i=2$，3，4）可知，辊系由两种振动模式组成：低频的同步振动和高频的异步振动，两者分别对应于 $a_{1n}>0$ 和 $a_{in}<0$（$i=2$，3，4）。由于高频固有频率很大，对辊系弯曲变形的影响较小，忽略高频部分，前两阶固有频率 ω_{in}（$i=1$，2）和振型系数 a_{in}（$i=1$，2）的计算结果见表 3-4 和表 3-5。

表 3-4 基于 Timoshenko 理论的辊系弯曲变形固有频率 $\omega_{1,2n}$ （单位：Hz）

n	1	2	3	4
ω_{1n}	3019.4	7163.4	11 399.8	16 079.6
ω_{2n}	5709.2	8661.2	13 337.4	18 139.0

表 3-5 振型系数

n	1	2	3	4
a_{1n}	1.33	5.05	11.85	17.53
a_{2n}	-5.15	-1.24	-0.51	-0.34

对比 Euler 梁模型和 Timoshenko 梁模型的计算结果可知，基于 Euler 模型和基于 Timoshenko 模型的固有频率序列个数分别为 2 和 4，且各模式下，基于 Timoshenko 梁模型的辊系固有频率小于基于 Euler 梁模型的固有频率，这是因为 Timoshenko 梁模型考虑了剪切变形引起的挠度和转动惯量的影响。

图 3-17 给出了各模式下辊系弯曲变形自由振动图（这里只考虑了前两阶振动模式）。在图 3-17 各子图中，左侧图像是工作辊和支承辊自由振动响应图，右侧图是轧辊上一点的自由振动响应曲线（该点为轧辊振动时的波峰）。在模式 1 中，最大的动态位移发生在轧辊中点位置，工作辊和支承辊上各点振动方向相同，且工作辊振动比支承辊剧烈；在模式 2 中，峰值动态位移发生在轧辊的 1/4 和 3/4 处。由于模式 2 中工作辊和支承辊的振幅极小，因此模式 2 的影响可以忽略。

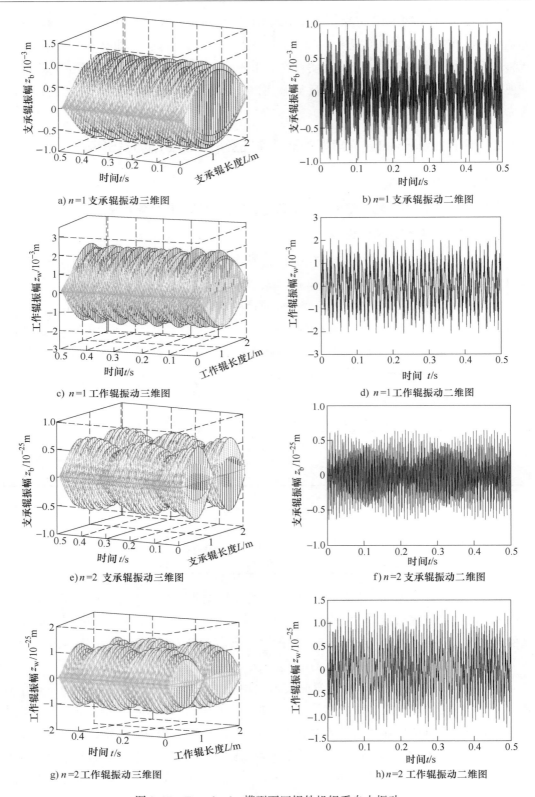

a) $n=1$ 支承辊振动三维图

b) $n=1$ 支承辊振动二维图

c) $n=1$ 工作辊振动三维图

d) $n=1$ 工作辊振动二维图

e) $n=2$ 支承辊振动三维图

f) $n=2$ 支承辊振动二维图

g) $n=2$ 工作辊振动三维图

h) $n=2$ 工作辊振动二维图

图 3-17 Timoshenko 模型下四辊轧机辊系自由振动

图 3-18 给出了不同长径比时，辊系固有频率 $\omega_{i1}(i=1,2)$ 的变化图。这里，以模式 $n=1$ 为例进行分析。假设直径 D_{w} 保持不变，辊身长度 L 从 1.5 m 变化到 3 m。由图可知，随着辊身长度的增加，低频固有频率 ω_{11} 和 ω_{21} 逐渐降低，其值变化较大，对辊系弯曲变形影响很大。因此，辊身长度是决定弯曲变形固有频率的重要参数。

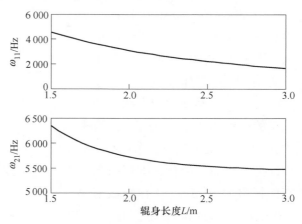

图 3-18 给出了辊系弯曲变形固有频率 $\omega_{i1}(i=1,2)$ 随工作辊与支承辊直径之比 $D_{\mathrm{w}}/D_{\mathrm{b}}$ 的变化规律。这里辊身长度 L 保持不变，$D_{\mathrm{w}}/D_{\mathrm{b}}$ 改变，直径比 $D_{\mathrm{w}}/D_{\mathrm{b}}$ 变化范围为 0.1 到 1.0，以模式 $n=1$ 为例。由图可知，随着直径比 $D_{\mathrm{w}}/D_{\mathrm{b}}$ 的增加，固有频率 ω_{21} 首先保持不变，然后随着 $D_{\mathrm{w}}/D_{\mathrm{b}}$ 的增加，其值迅速降低，当 $D_{\mathrm{w}}/D_{\mathrm{b}}>0.5$ 时，ω_{21} 几乎保持不变；随着直径比 $D_{\mathrm{w}}/D_{\mathrm{b}}$ 的增加，固有频率 ω_{11} 先减小后增加，存在一个频率最小值。可见，轧辊直径比对辊系弯曲变形固有频率有一定的影响。

图 3-18　不同 L/D_{w} 比值下辊系固有频率变化

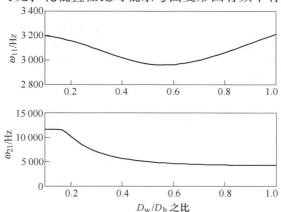

图 3-19　不同 $D_{\mathrm{w}}/D_{\mathrm{b}}$ 比值下辊系固有频率变化

3.3.3　辊系弯曲变形受迫振动仿真研究

3.3.3.1　仿真参数

以某 2030 冷连轧机组为研究对象，模拟四辊轧机辊系受到轧制压力和弯辊力矩下的振动特征。仿真参数见 3.3.1.1。该机组最大轧制压力为 $P_{\max}=30000$ kN，取其中一种规格产品，板宽 $B=1320$ mm 进行分析。

3.3.3.2　仿真结果及分析

1. 轧制压力作用

轧制力作用情况下，有 $f_{\mathrm{w}}(y,t)\neq0$，$f_{\mathrm{b}}(y,t)=0$。

式中 $f_w(y, t) = f_w(y)\sin(pt)$。

为分析分布轧制压力作用的结果，结合实际轧制压力，假设轧制压力为 9000 kN，沿轧件宽度方向的分布如图 3-20 所示。

图 3-21 到图 3-24 是分布轧制压力作用于工作辊上，$n = 1$，2，$\cdots$，4 时，某一时刻支承辊和工作辊的振动曲线。由图可知，当模式 $n = 1$ 时，支承辊和工作辊的振型曲线呈二次曲线变化，本例中支承辊的振幅为 20 μm，工作辊振幅约

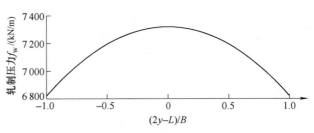

图 3-20　轧制压力沿轧件宽度方向分布

130 μm。当模式 $n = 2$ 时，工作辊和支承辊的振型曲线呈正弦曲线变化，但其振幅都很小，支承辊的振幅为 0.06 μm，工作辊振幅约 2 μm。当模式 $n = 3$，4 时，工作辊和支承辊的振型曲线都呈高次曲线变化，相对于前两阶模式，支承辊的振幅极小，工作辊的振幅也很小，仅为 0.1 μm 量纲级别。

对比图 3-21 ~ 图 3-24 可知，模式 $n = 1$ 对轧辊振动的影响最大，其余模式与之相比振幅很小，甚至可以忽略，因此组合模式的振动曲线与模式 $n = 1$ 相近。

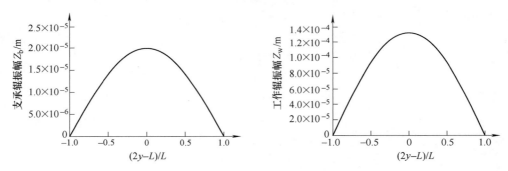

图 3-21　$n = 1$ 时分布轧制压力作用下工作辊和支承辊的振动曲线

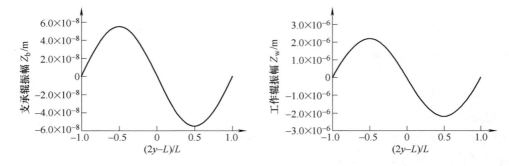

图 3-22　$n = 2$ 时分布轧制压力作用下工作辊和支承辊的振动曲线

图 3-25 给出了工作辊受分布轧制压力，模式 $n = 1$ 时，辊系的频谱图。由图可知，当轧制压力的波动频率等于辊系的固有频率时，辊系发生共振，此时工作辊和支承辊的

振幅为无穷大。因此，应使外力的工作频率避开轧机辊系的弯曲变形固有频率，以免发生事故。

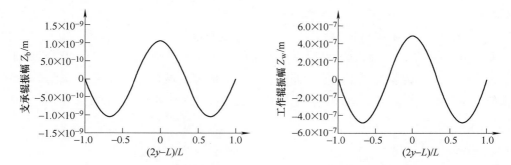

图 3-23　$n=3$ 时分布轧制压力作用下工作辊和支承辊的振动曲线

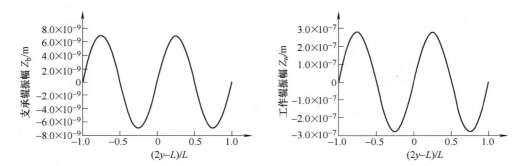

图 3-24　$n=4$ 时分布轧制压力作用下工作辊和支承辊的振动曲线

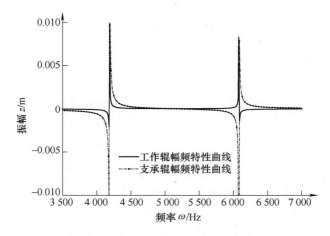

图 3-25　分布轧制压力作用下辊系的幅频特性曲线（$n=1$ 时）

2. 弯辊力矩的作用

弯辊力作用情况下，$M_{ii}(t) \neq 0$，$f_w(y, t) = 0$，$i = $ w，b。结合本轧机实际弯辊力，假设弯辊力矩的形式为

$$M_{bb}(t) = F_b L_b \sin(p_b t)$$

$$M_{ww}(t) = F_w L_w \sin(p_w t)$$

式中　F_b、F_w——支承辊和工作辊弯辊力；

　　　L_b、L_w——支承辊和工作辊的弯辊力臂；

　　　p_b、p_w——支承辊弯辊力矩频率和工作辊弯辊力矩频率。

图 3-26 到图 3-29 是假设工作辊不受轧制压力作用、支承辊和工作辊同时施加相同的弯辊力矩时工作辊和支承辊的振动曲线。由前面的理论推导可知，偶数阶模式辊系的振幅趋近于零，可以忽略。因此下面只讨论奇数阶模式下辊系的振动曲线。

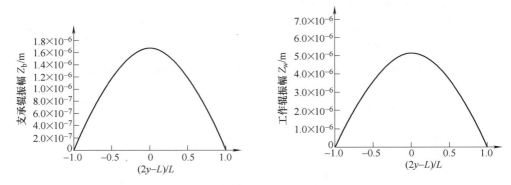

图 3-26　$n=1$ 弯辊力矩作用下辊系的振动曲线

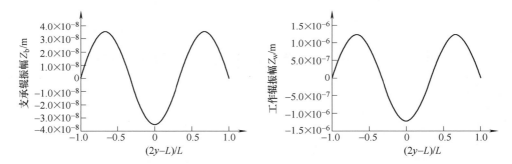

图 3-27　$n=3$ 弯辊力矩作用下辊系的振动曲线

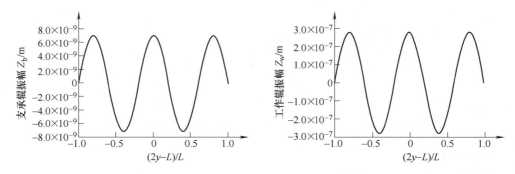

图 3-28　$n=5$ 弯辊力矩作用下辊系的振动曲线

图 3-26 是模式 $n=1$ 时工作辊和支承辊的振动曲线。由图可知，弯辊力矩作用下，工作辊和支承辊的振型曲线呈二次曲线，本例中支承辊的振幅约为 1.6 μm，工作辊的

振幅约为 6 μm，工作辊振幅较大，比支承辊振动明显。

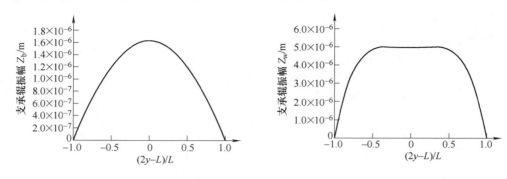

图 3-29　弯辊力矩作用下辊系的振动曲线

图 3-27 和图 3-28 是模式 $n=3$ 和 $n=5$ 时辊系的振动曲线。由图可知，弯辊力矩作用下辊系呈高次曲线变化，工作辊的振幅分别为 1 μm 和 0.3 μm，支承辊振幅很小。高阶模式下，辊系的振幅更小，相对于模式 $n=1$ 可以忽略。

图 3-29 是前 10 阶组合模式下辊系的振动曲线。由图可知，组合模式下，支承辊和工作辊的振动曲线呈二次曲线，工作辊辊身中部的变化更趋于平缓，其振幅为 5 μm。

本章将轧辊看作弹性连续体，区别于以往将轧辊看作刚性质点的理论，根据连续体动力学理论，针对长径比较大和较小的轧辊，基于 Euler 梁模型和 Timoshenko 梁模型，分别建立了四辊轧机辊系弯曲变形自由振动模型，其中，Euler 梁模型理论简单，Timoshenko 梁模型理论较复杂，但其更接近于实际。对于长径比较大的轧辊，可以采用 Euler 模型以简化计算。轧辊弯曲变形动力学模型是面向板形板厚控制的板带轧机动态建模研究中的关键子模型。

第 4 章　轧制过程运动板带动力学

连轧过程中带钢在各架轧机间高速运行，带钢存在多种不稳定现象，主要表现为带钢跑偏和带钢振动。传统的轧机系统动力学理论认为轧机从驱动系统和辊缝吸收能量，引起轧机稳定性和振动问题，这些研究忽略了轧制过程中运动带钢的影响，而运动带钢也是轧机振动的能量源之一，其动力学特性直接影响着连轧机组的动态性能。分析带钢的动态性能，有助于研究轧制过程中某架轧机对其他架轧机的影响，从总体上分析机组的设备能力和稳定性。

轧制过程中运动带钢的动力学模型可近似为工程力学中一定张力作用下轴向运动梁模型（二维模型）或者运动薄板模型（三维模型），前者数学模型相对简单，后者更接近于物理模型，计算结果更为精确。本章基于 Euler 运动梁理论和 Poisson-Kirchhoff 薄板理论[21,22]，分别建立轧制过程运动带钢动力学模型，同时建立带钢张应力分布模型，理论模型与运动带钢物理模型近似，将建立的张应力分布模型与带钢振动模型耦合，采用 Galerkin 截断方法，把描述系统运动的偏微分方程离散化，分析运动带钢的固有特性，研究不同形式张应力作用下运动带钢的稳定性，并对其进行仿真分析，该研究对于分析运动带钢稳定性临界轧制条件和优化轧制工艺具有重要意义。

4.1　轧制过程运动板带振动二维模型[15,23]

4.1.1　运动板带二维动力学模型的建立

4.1.1.1　基本模型

轧制过程中，板带钢在机组设备之间高速运行，运动板带的动力学特性与轧机动力学特性和板带质量密切相关，因此研究板带横向振动具有重要意义。

如图 4-1 所示，板带钢以轧制速度 v 运动，机架间距离为 L_S，以轧机轧辊中心线与轧制线交点为坐标原点，板带的横向和纵向振动位移分别为 $w(x, t)$ 和 $u(x, t)$，x 为轧制方向坐标，t 为时间。假定板带金属材料是各向同性的，应力不超过弹性极限，变形前垂直于 x 轴的横截面在变形后仍然垂直于 x 轴。

考虑到工程实际，轧制过程中的板带近似看作轴向运动梁模型，忽略轧机辊系振动的影响，轧机之间、轧机和卷取机之间的板带可以认为是简支梁，且承受轴向拉力[24]。板带轧制过程横向振动模型，如图 4-1 所示，取距离坐标原点 O 水平方向 x 处的板带钢微段 dx 进行分析。微段的两个端面上分别作用有张力、剪力和弯矩，其受力图如图 4-2 所示。

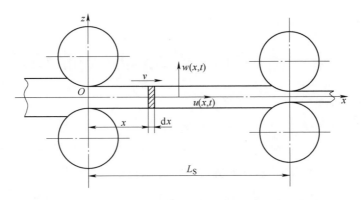

图 4-1　轧制过程中板带横向和纵向振动模型

根据牛顿第二定律，任意时刻沿 z 方向的力平衡方程为

$$\rho A \mathrm{d}x \frac{\mathrm{d}^2 w}{\mathrm{d}t^2} = T' \sin\left(\theta + \frac{\partial \theta}{\partial x}\mathrm{d}x\right) + Q$$
$$- T\sin\theta - \left(Q + \frac{\partial Q}{\partial x}\mathrm{d}x\right) \quad (4\text{-}1)$$

轧制过程中，近似认为 $T = T'$，因为转角 θ 很小，因此 $\sin\theta \approx \theta$，$\cos\theta \approx 1$，有

$$\rho A \frac{\mathrm{d}^2 w}{\mathrm{d}t^2} = T \frac{\partial \theta}{\partial x} - \frac{\partial Q}{\partial x} \quad (4\text{-}2)$$

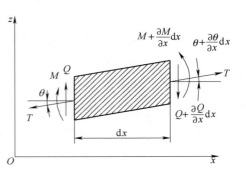

图 4-2　微元受力分析图

根据剪力与弯矩的关系有

$$Q = \frac{\partial M}{\partial x} = E_\mathrm{S} I_\mathrm{S} \frac{\partial^3 w}{\partial x^3} \quad (4\text{-}3)$$

式中　E_S——板带的弹性模量；

　　　I_S——截面惯性矩。

对于小变形的情况，有

$$\theta = \frac{\partial w}{\partial x} \quad (4\text{-}4)$$

研究板带横向振动，板带研究点处 z 方向的绝对速度和加速度分别为

$$\frac{\mathrm{d}w}{\mathrm{d}t} = \frac{\partial w}{\partial x}v + \frac{\partial w}{\partial t} \quad (4\text{-}5)$$

$$\frac{\mathrm{d}^2 w}{\mathrm{d}t^2} = v^2 \frac{\partial^2 w}{\partial x^2} + 2v \frac{\partial^2 w}{\partial x \partial t} + \frac{\partial^2 w}{\partial t^2} + \frac{\partial v}{\partial t}\frac{\partial w}{\partial x} \quad (4\text{-}6)$$

4.1.1.2　运动带钢的张力模型

轧制过程中，板带张力 T 由两部分组成，一是轧制过程中，建立张力过程的稳态张力 T_0，二是由于带钢在轧制过程中的横向振动引起的张力 T_1，下面做具体分析。

1. 稳态张力 T_0 的确定

如图 4-3 所示，以第 i 机架和第 $i+1$ 机架间的运动带钢为例研究稳态张力，轧机与

卷取机之间的稳态张力确定方法与之类似。

由于带钢两端出现速度差，带钢段出现张力，带钢将产生拉延形变，带钢段被拉长，其相对拉延量 ε 为

$$\varepsilon_S = \frac{\Delta L_S}{L_{S1}} = \frac{\Delta L_S}{L_S - \Delta L_S} \qquad (4\text{-}7)$$

式中　ε_S——带钢的拉延率；

　　　ΔL_S——带钢段拉延伸长量。

在任意时刻，带钢段被拉延的速度为

$$\frac{\mathrm{d}\Delta L_S}{\mathrm{d}t} = v_{(i+1)H} - v_{ih} \qquad (4\text{-}8)$$

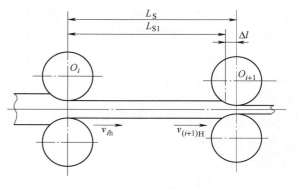

图 4-3　带钢张力模型

式中　$v_{(i+1)H}$——第 $i+1$ 机架带钢入口线速度；

　　　v_{ih}——第 i 机架带钢出口线速度；

　　　t——时间。

由式（4-7）和式（4-8）可得

$$\frac{\mathrm{d}\varepsilon_S}{\mathrm{d}t} = \frac{(v_{(i+1)H} - v_{ih})(1 + \varepsilon_S)^2}{L_S} \qquad (4\text{-}9)$$

设轧件为弹性变形，服从虎克定律，式（4-9）变为

$$\frac{\mathrm{d}\sigma}{\mathrm{d}t} = \frac{E_S}{L_S}(v_{(i+1)H} - v_{ih})\left(1 + \frac{\sigma}{E_S}\right)^2 \qquad (4\text{-}10)$$

因为 $\sigma \ll E_S$，故 $(1 + \sigma/E_S)^2 \approx 1$，实际中应用的张力微分公式为

$$\frac{\mathrm{d}\sigma}{\mathrm{d}t} = \frac{E_S}{L_S}(v_{(i+1)H} - v_{ih}) \qquad (4\text{-}11)$$

对上式进行积分可求出第 i、$i+1$ 机架间的张力

$$T_0 = \frac{E_S A}{L_S}\int_0^t (v_{(i+1)H} - v_{ih})\mathrm{d}t \qquad (4\text{-}12)$$

式（4-12）给出了张力与速度差的积分关系，说明随着时间的延长，张力不断累积上升，其中 $v_{(i+1)H}$、v_{ih} 表示带钢入口出口速度过渡期间的变化量。$v_{(i+1)H}$、v_{ih} 在张力的作用下，迅速互相靠近，直到 $v_{(i+1)H} = v_{ih} = v$ 达到稳态，此时张力达到稳态 T_0。

考虑张力对前滑和后滑的影响，轧件出口和入口的速度为

$$v_{ih} = v_{R1}(1 + f_{f0} + \alpha_f\sigma) \qquad (4\text{-}13\text{a})$$

$$v_{(i+1)H} = v_{R2}(1 - f_{b0} - \alpha_b\sigma) \qquad (4\text{-}13\text{b})$$

式中　v_{R1}、v_{R2}——轧辊线速度；

　　　f_f——前滑系数，$f_f = f_{f0} + \alpha_f\sigma$；

　　　f_b——后滑系数，$f_b = f_{b0} + \alpha_b\sigma$；

f_{f0}——自由轧制时的前滑系数；

f_{b0}——自由轧制时的后滑系数；

α_f——张力对前滑的影响系数；

α_b——张力对后滑的影响系数。

根据 $v_{(i+1)H} = v_{ih} = v$，可得稳态张力 T_0 为

$$T_0 = A\left(1 - f_{b0} - \frac{v_{R1}}{v_{R2}}(1 + f_{f0})\right) \Big/ \left(\frac{v_{R1}}{v_{R2}} + f_{b0}\right) \tag{4-14}$$

轧机与卷取机之间稳态张力的建立原理与之相同，轧机和卷取机之间的稳态张力 T_0 为

$$T_0 = \frac{E_S A}{L_s} \int_0^t \left[v_{coil} - v_{R1}(1 + f_{f0} + \alpha_f \sigma)\right] dt \tag{4-15}$$

式中 v_{coil}——卷取机卷筒线速度。

2. 带钢横向振动引起的张应力 T_1

变形后的微元的长度为

$$ds = \sqrt{\left(1 + \frac{\partial u}{\partial x}\right)^2 + \left(\frac{\partial w}{\partial x}\right)^2} dx \tag{4-16}$$

板带的应变为

$$\varepsilon_S = \frac{ds - dx}{dx} = \sqrt{\left(1 + \frac{\partial u}{\partial x}\right)^2 + \left(\frac{\partial w}{\partial x}\right)^2} - 1 \tag{4-17}$$

对上式进行 Taylor 展开，并保留到二次非线性项，得到

$$\varepsilon_S = \frac{\partial u}{\partial x} + \frac{1}{2}\left(\frac{\partial w}{\partial x}\right)^2 \tag{4-18}$$

本章主要考虑板带的横向振动，忽略纵向应变的影响，有

$$\varepsilon_S = \frac{1}{2}\left(\frac{\partial w}{\partial x}\right)^2 \tag{4-19}$$

采用 Wickert 提出的准静态假设，即应变取板带在支承长度上的平均值，有

$$\varepsilon_S = \frac{1}{2L_s} \int_0^{L_S} \left(\frac{\partial w}{\partial x}\right)^2 dx \tag{4-20}$$

由板带横向振动引起的张力为

$$T_1 = \frac{E_S A}{2L_s} \int_0^{L_S} \left(\frac{\partial w}{\partial x}\right)^2 dx \tag{4-21}$$

根据式（4-14）和式（4-21），可得运动板带的张力为

$$T = \frac{A\left[(1 - f_{b0})v_{R2} - (1 + f_{f0})v_{R1}\right]}{v_{R1} + f_{b0}v_{R2}} + \frac{E_S A}{2L_s} \int_0^{L_S} \left(\frac{\partial w}{\partial x}\right)^2 dx \tag{4-22}$$

3. 运动带钢二维动力学模型

将式（4-3）、式（4-4）、式（4-6）和式（4-22）代入式（4-2）中，得到轧制过程板带横向振动的动力学模型

$$\frac{\partial^2 w}{\partial t^2} + 2v \frac{\partial^2 w}{\partial x \partial t} + \left\{ v^2 - \frac{\left[(1 - f_{b0}) v_{R2} - (1 + f_{f0}) v_{R1} \right]}{\rho (v_{R1} + f_{b0} v_{R2})} \right\} \frac{\partial^2 w}{\partial x^2}$$

$$+ \frac{E_S I}{\rho A} \frac{\partial^4 w}{\partial x^4} - \frac{E_S}{2 \rho L_s} \int_0^{L_s} \left(\frac{\partial w}{\partial x} \right)^2 \frac{\partial^2 w}{\partial x^2} \mathrm{d}x = 0 \tag{4-23}$$

令 $x^* = \dfrac{x}{L_s}$, $w^* = \dfrac{w}{L_s}$, $t^* = \dfrac{t}{L_s} \sqrt{\dfrac{\left[(1 - f_{b0}) v_{R2} - (1 + f_{f0}) v_{R1} \right]}{\rho (v_{R1} + f_{b0} v_{R2})}}$,

$$v^* = v \sqrt{\frac{\rho (v_{R1} + f_{b0} v_{R2})}{\left[(1 - f_{b0}) v_{R2} - (1 + f_{f0}) v_{R1} \right]}}, \quad \Delta^* = \sqrt{\frac{E_S I_S (v_{R1} + f_{b0} v_{R2})}{A l^2 \left[(1 - f_{b0}) v_{R2} - (1 + f_{f0}) v_{R1} \right]}},$$

$$\delta^* = \sqrt{\frac{E_S (v_{R1} + f_{b0} v_{R2})}{\left[(1 - f_{b0}) v_{R2} - (1 + f_{f0}) v_{R1} \right]}}$$

将式 (4-23) 无量纲化，从而有

$$\frac{\partial^2 w^*}{\partial t^{*2}} + 2v^* \frac{\partial^2 w^*}{\partial x^* \partial t^*} + (v^{*2} - 1) \frac{\partial^2 w^*}{\partial x^{*2}}$$

$$+ \Delta^{*2} \frac{\partial^4 w^*}{\partial x^{*4}} - \frac{\delta^{*2}}{2} \int_0^1 \left(\frac{\partial w^*}{\partial x^*} \right)^2 \frac{\partial^2 w^*}{\partial x^{*2}} \mathrm{d}x^* = 0 \tag{4-24}$$

去掉 $*$ 号，有

$$\frac{\partial^2 w}{\partial t^2} + 2v \frac{\partial^2 w}{\partial x \partial t} + (v^2 - 1) \frac{\partial^2 w}{\partial x^2} + \Delta^2 \frac{\partial^4 w}{\partial x^4} - \frac{\delta^2}{2} \int_0^1 \left(\frac{\partial w}{\partial x} \right)^2 \frac{\partial^2 w}{\partial x^2} \mathrm{d}x = 0 \tag{4-25}$$

运动板带可近似地看作简支梁，其边界条件为

$$\begin{cases} w(0,t) = w(1,t) = 0 \\ w''(0,t) = w''(1,t) = 0 \end{cases} \tag{4-26}$$

4.1.2　运动板带二维动力学模型 Galerkin 离散

4.1.2.1　Galerkin 方法

Galerkin 方法是一种摄动方法，可将偏微分方程近似为常微分方程组。该方法也可应用于常微分方程，将其近似为代数方程组后求解。

对于非线性偏微分方程：

$$\rho A \frac{\partial^2 w}{\partial t^2} + D(w) = 0 \tag{4-27}$$

式中　$D(w)$——关于 x 的非线性偏微分算子。

Galerkin 方法的基本思想是取一组满足边界条件的形状函数 $\phi_i(x)$, $i = 1, 2, \cdots, n$, 构造：

$$w(x,t) = \sum_{i=1}^n \phi_i(x) q_i(t) \tag{4-28}$$

将式 (4-28) 代入式 (4-27) 中，方程残差反映了残余力。为尽量减小残余力，可选择位置函数 $q_i(t)$, 使残余力关于各形状函数 $\phi_i(x)$ 对应的位移平均做功为零，即

$$\int_0^l \left[\rho A \sum_{i=1}^n \phi_i(x) \ddot{q}_i(t) + D \left(\sum_{i=1}^n \phi_i(x) q_i(t) \right) \right] \phi_s(x) \, \mathrm{d}x = 0,$$
$$(s = 1, 2, \cdots, n) \tag{4-29}$$

这是 n 个关于未知函数 $q_i(t)$，$i = 1$，2，$\cdots$，n 的二阶常微分方程。

这样，通过 Galerkin 方法就可将连续体离散化，将偏微分方程转化为常微分方程。

4.1.2.2 四阶 Galerkin 离散

采用分离变量法，将时间变量 t 和空间变量 x 进行分离，因此，令

$$w(x, t) = \sum_{n=1}^m q_n(t) \sin(n\pi x) \tag{4-30}$$

式中 $q_n(t)$——广义坐标。

将式（4-30）记作关于 $w(x, t)$ 的非线性算子 $N(u)$，则 m 阶 Galerkin 截断系统满足条件

$$\int_0^1 N \left[\sum_{n=1}^m q_n(t) \sin(n\pi x) \right] \sin(i\pi x) \, \mathrm{d}x = 0 \quad (i = 1, 2, \cdots, m) \tag{4-31}$$

取 $m = 4$，采用 4 阶 Galerkin 截断方法，得到

$$\ddot{q}_1 - \frac{16}{3} v \dot{q}_2 - \frac{32}{15} v \dot{q}_4 + \left[(1 - v^2) \pi^2 + \pi^4 \Delta^2 \right] q_1 + \frac{\delta^2 \pi^4}{4} q_1^3$$
$$+ \delta^2 \pi^4 q_1 q_2^2 + \frac{9}{4} \delta^2 \pi^4 q_1 q_3^2 + 4 \delta^2 \pi^4 q_1 q_4^2 = 0 \tag{4-32a}$$

$$\ddot{q}_2 + \frac{16}{3} v \pi \dot{q}_1 - \frac{48}{5} v \dot{q}_3 + \left[4(1 - v^2) \pi^2 + 16 \pi^4 \Delta^2 \right] q_2 + \delta^2 \pi^4 q_1^2 q_2$$
$$+ 4 \delta^2 \pi^4 q_2^3 + 9 \delta^2 \pi^4 q_2 q_3^2 + 16 \delta^2 \pi^4 q_2 q_4^2 = 0 \tag{4-32b}$$

$$\ddot{q}_3 + \frac{48}{5} v \dot{q}_2 - \frac{96}{7} v \dot{q}_4 + \left[9(1 - v^2) \pi^2 + 81 \pi^4 \Delta^2 \right] q_3 + \frac{9}{4} \delta^2 \pi^4 q_1^2 q_3$$
$$+ 9 \delta^2 \pi^4 q_2^2 q_3 + \frac{81}{4} \delta^2 \pi^4 q_3^3 + 36 \delta^2 \pi^4 q_3 q_4^2 = 0 \tag{4-32c}$$

$$\ddot{q}_4 + \frac{32}{15} v \pi \dot{q}_1 + \frac{96}{7} v \dot{q}_3 + \left[16(1 - v^2) \pi^2 + 196 \pi^4 \Delta^2 \right] q_4 + 4 \delta^2 \pi^4 q_1^2 q_4$$
$$+ 16 \delta^2 \pi^4 q_2^2 q_4 + 36 \delta^2 \pi^4 q_2^2 q_4 + 64 \delta^2 \pi^4 q_4^3 = 0 \tag{4-32d}$$

忽略非线性部分，可得

$$M\ddot{q} + G\dot{q} + Kq = 0 \tag{4-33}$$

其中，

$$M = \begin{pmatrix} 1 & 0 & 0 & 0 \\ 0 & 1 & 0 & 0 \\ 0 & 0 & 1 & 0 \\ 0 & 0 & 0 & 1 \end{pmatrix}, \quad K = \begin{pmatrix} k_{11} & k_{12} & k_{13} & k_{14} \\ k_{21} & k_{22} & k_{23} & k_{24} \\ k_{31} & k_{32} & k_{33} & k_{34} \\ k_{41} & k_{42} & k_{43} & k_{44} \end{pmatrix},$$

$$G = \begin{pmatrix} 0 & -\dfrac{16}{3}v & 0 & -\dfrac{32}{15}v \\[2ex] -\dfrac{16}{3}v & 0 & -\dfrac{48}{5}v & 0 \\[2ex] 0 & \dfrac{48}{5}v & 0 & -\dfrac{96}{7}v \\[2ex] \dfrac{32}{15}v & 0 & \dfrac{96}{7}v & 0 \end{pmatrix}$$

$$k_{11} = (1 - v^2)\pi^2 + \pi^2\Delta^4$$

$$k_{22} = 4(1 - v^2)\pi^2 + 16\pi^2\Delta^4$$

$$k_{33} = 9(1 - v^2)\pi^2 + 81\pi^2\Delta^4$$

$$k_{44} = 16(1 - v^2)\pi^2 + 196\pi^2\Delta^4$$

$$k_{ij} = 0 \, (i \neq j, i, j = 1, 2, 3, 4)$$

基于状态空间原理，令 $\boldsymbol{x}_1 = \boldsymbol{q}$，$\boldsymbol{x}_2 = \dot{\boldsymbol{q}}$，式（4-33）可变为

$$\begin{pmatrix} \dot{\boldsymbol{x}}_1 \\ \dot{\boldsymbol{x}}_2 \end{pmatrix} = \begin{pmatrix} \boldsymbol{0} & \boldsymbol{I} \\ -\boldsymbol{M}^{-1}\boldsymbol{K} & -\boldsymbol{M}^{-1}\boldsymbol{G} \end{pmatrix} \begin{pmatrix} \boldsymbol{x}_1 \\ \boldsymbol{x}_2 \end{pmatrix} \tag{4-34}$$

式中　$\boldsymbol{x}_1 = \begin{pmatrix} q_1 & q_2 & q_3 & q_4 \end{pmatrix}^{\mathrm{T}}$，$\boldsymbol{x}_2 = \begin{pmatrix} \dot{q}_1 & \dot{q}_2 & \dot{q}_3 & \dot{q}_4 \end{pmatrix}^{\mathrm{T}}$。

通过求上式的特征根可得系统的前四阶固有频率，采用四阶龙格 - 库塔算法，可对系统进行仿真。

4.1.3　数值模拟

4.1.3.1　数值模拟参数

本章以某轧机机组为研究对象进行数值模拟，主要仿真参数见表 4-1。

表 4-1　仿真参数

弹性模量 E_{S}/Pa	2.1×10^{11}	轧制速度 v/(m/s)	4.73
密度 ρ/(kg/m³)	7.8×10^3	机架间距 l/mm	5000
泊松比 ν_{S}	0.3	板带厚度 h/mm	5.95
张力 T/(N/m)	43000	板带宽度 B/mm	1073

4.1.3.2　仿真结果及分析

1. 固有频率

基于上述参数，计算运动板带系统各阶无量纲固有频率值。图 4-4 给出了各阶固有频率随轧制速度的变化曲线，由图可知随着轧制速度的增加，前三阶固有频率值降低，第四阶固有频率值增加。

2. 固有频率的影响因素

系统的固有频率受到工艺参数和物理参数的影响，现主要分析工艺参数（如轧制速

度和张力）对系统固有频率的影响。

图4-5给出了不同张力作用下，随着轧制速度的增加，各阶固有频率的变化曲线，图4-5a、图4-5b、图4-5c、图4-5d分别代表第一阶、第二阶、第三阶和第四阶固有频率。从图中可以看出，随着轧制速度的增加，前三阶固有频率逐渐降低，第四阶固有频率增加。从图4-5a、图4-5b、图4-5c中可以看出，张力越大，固有频率随轧制速度的变化速率越小，变化越缓慢。还可看出，随着轧制速度的变化，张力不同时，各固有频率曲线在某一

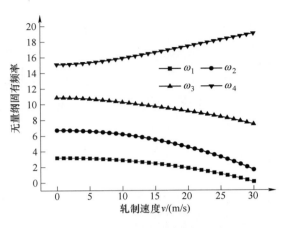

图4-4 系统固有频率计算值

轧制速度时相等，且阶数越高，这种趋势越明显。低于该轧制速度时，张力越小，固有频率值越大，高于该轧制速度时，张力越小，固有频率值越小。从图4-5d可以看出，第四阶固有频率与前三阶固有频率变化趋势不同，张力越小，固有频率值越大。

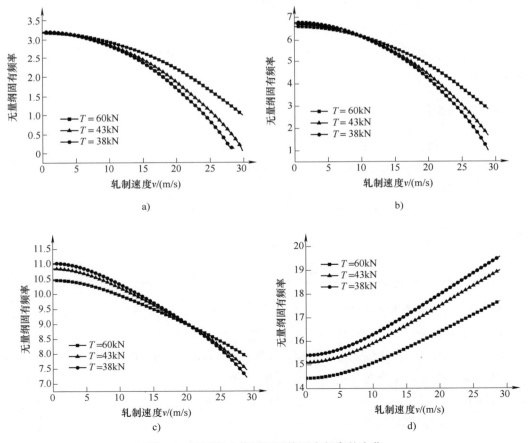

图4-5 不同张力作用下系统固有频率的变化

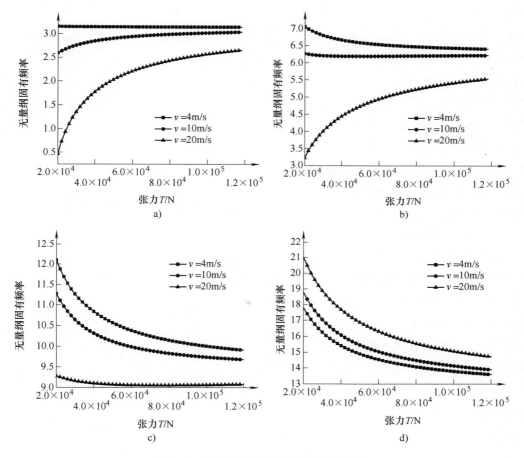

图 4-6 给出了不同轧制速度下，随着张力的增加，各阶固有频率的变化曲线。从图 4-6a、图 4-6b 中可以看出，当轧制速度较低时，随着单位张力的增加，前两阶固有频率逐渐降低，当轧制速度较高时，随着单位张力的增加，前两阶固有频率逐渐增加。从图 4-6c、图 4-6d 中可以看出，随着单位张力的增加，高阶固有频率值逐渐降低。比较图 4-6a、图 4-6b、图 4-6c、图 4-6d 可知，轧制速度越小，前三阶固有频率值越大，第四阶固有频率值越小。

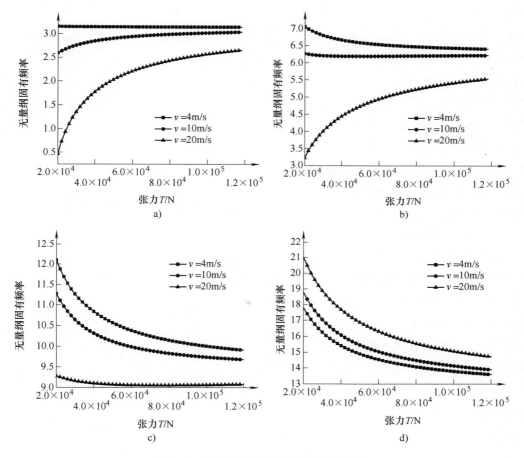

图 4-6　不同速度下系统固有频率的变化

3. 稳定性分析

系统的特征值为复数 $\lambda = \sigma + \omega i$，其中特征值的虚部 ω 是系统的固有频率，特征值的实部 σ 代表系统的不稳定性，称为不稳定因子。当 $\sigma = 0$ 时，系统是稳定的，当 $\sigma \neq 0$ 时，系统是不稳定的。轧制速度和张力严重影响板带轧制过程的稳定性，系统失稳时板带的轧制速度成为临界速度，临界速度即使特征值出现非零实部而不再是纯虚数的最低速度。

图 4-7 给出系统各阶特征值实部随轧制速度的变化，表征了系统的稳定性。由图 4-7 可知，轧制速度对一阶系统特征值实部影响很小；当轧制速度接近 40 m/s 时，

二阶特征值的实部开始不为零，系统失稳；当轧制速度大于 30 m/s 时，三阶和四阶特

征值实部不为零，系统失稳，综合可得系统的临界速度为 31.5 m/s。

图 4-8 给出了轧制速度为 30 m/s 时，系统的各阶特征值实部随张力的变化，表征了系统的稳定性。由图 4-8 可知，张力对一阶系统特征值实部无影响，其值始终为零；当张力低于 25 kN 时，二阶特征值的实部开始不为零，系统失稳，随着张力的增加，系统逐渐稳定；当张力低于 45 kN 时，三阶和四阶特征值实部不为零，系统失稳，当张力逐渐增大时，系统逐渐稳定。由此可见，张力和速度具有一定的匹配关系，当轧制速度一定时，张力的稳定域也相应确定了。

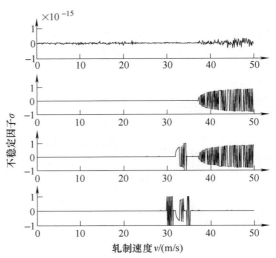

图 4-7　轧制速度对系统稳定性的影响

4. 时域仿真分析

根据四阶龙格－库塔算法，求解非线性微分方程组，可对系统进行时域仿真分析。图 4-9 给出了板带中点随时间的振动曲线，可见，板带振动呈周期性变化，不同的初始条件下，板带的振幅和周期可求。图 4-10 给出了任意 3 个不同时刻板带沿 x 方向的振动图像，从图中可以看出板带的运动规律。

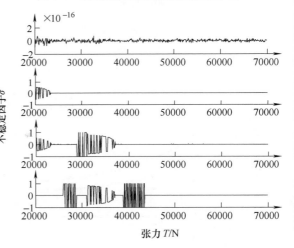

图 4-8　张力对系统稳定性的影响

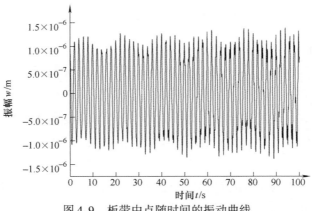

图 4-9　板带中点随时间的振动曲线

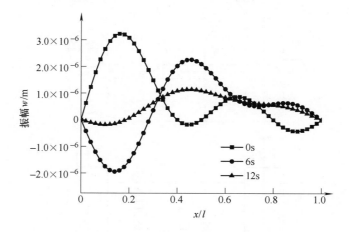

图 4-10 不同时刻板带沿 x 方向的振动曲线

4.2 轧制过程运动板带振动三维模型[15]

4.2.1 运动板带三维动力学模型的建立

如图 4-11 所示，轧制过程中，板带以速度 v 运动，且受到张力作用，运动板带可以看作两边简支，两边自由的运动板，其板厚与板宽之比 $h/b \leqslant 1/6$，可以看作为薄板。因此基于 Poisson-Kirchhoff 薄板理论，考虑几何非线性大挠度，对轧制过程中运动板带进行动力学分析，研究其动态特性。基本假设为[25]：

1）认为变形前垂直于中面的直线在变形后仍为一直线，并保持与中面垂直；

2）只计入质量的移动惯性力，而略去其转动惯性矩；

3）忽略沿中面垂直方向的法向应力。

建立平面直角坐标系如图 4-11 所示，使 xoy 平面与板带中面重合，z 轴垂直于 xoy 平面，板带内任意点的坐标为 $u(x, y, z, t)$、$v(x, y, z, t)$、$w(x, y, z, t)$，板带中面内任意点在坐标 (x, y, t) 方向上的位移分别为 $u(x, y, t)$、$v(x, y, t)$、$w(x, y, t)$。

根据假设 1）可得板带内任意点剪应力方程

$$\begin{cases} \gamma_{zx} = \dfrac{\partial u}{\partial z} + \dfrac{\partial w}{\partial x} = 0 \\ \gamma_{yz} = \dfrac{\partial v}{\partial z} + \dfrac{\partial w}{\partial y} = 0 \end{cases} \tag{4-35}$$

积分式（4-35），可得位移分量：

$$u(x,y,z,t) = u_0(x,y,t) - z\frac{\partial w}{\partial x} \tag{4-36a}$$

$$v(x,y,z,t) = v_0(x,y,t) - z\frac{\partial w}{\partial y} \tag{4-36b}$$

式中 u_0，v_0——中面位移。

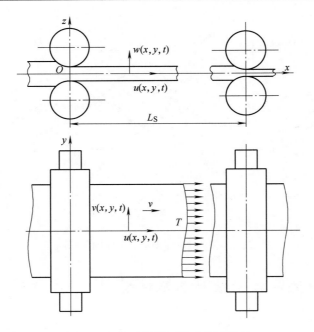

图 4-11 运动板带三维动力学模型

根据假设 2）可知 $u_0 = 0$，$v_0 = 0$，可得板内平面位移

$$u(x,y,z,t) = -z \frac{\partial w(x,y,t)}{\partial x} \tag{4-37a}$$

$$v(x,y,z,t) = -z \frac{\partial w(x,y,t)}{\partial y} \tag{4-37b}$$

板带内任意点应变与位移的关系为

$$\varepsilon_x = \frac{\partial u}{\partial x} = -z \frac{\partial^2 w}{\partial x^2} \tag{4-38a}$$

$$\varepsilon_y = \frac{\partial v}{\partial y} = -z \frac{\partial^2 w}{\partial y^2} \tag{4-38b}$$

$$\gamma_{xy} = \frac{\partial u}{\partial y} + \frac{\partial v}{\partial x} = -2z \frac{\partial^2 w}{\partial x \partial y} \tag{4-38c}$$

根据假设 3）可知 $\sigma_z = 0$，可得板带内任意点应变与应力的关系为

$$\varepsilon_x = \frac{1}{E_S}(\sigma_x - \nu_S \sigma_y) \tag{4-39a}$$

$$\varepsilon_y = \frac{1}{E_S}(\sigma_y - \nu_S \sigma_x) \tag{4-39b}$$

$$\gamma_{xy} = \frac{\tau_{xy}}{G_S} \tag{4-39c}$$

式中　E_S——弹性模量；

　　　G_S——剪切弹性模量，$G_S = \dfrac{E_S}{2(1+\nu_S)}$；

ν_{S}——泊松比。

联立式（4-38）和式（4-39），可得应力与位移的关系为

$$\sigma_x = -\frac{E_{\mathrm{S}}}{1-\nu_{\mathrm{S}}^2}z\left(\frac{\partial^2 w}{\partial x^2} + \nu\frac{\partial^2 w}{\partial y^2}\right) \tag{4-40a}$$

$$\sigma_y = -\frac{E_{\mathrm{S}}}{1-\nu_{\mathrm{S}}^2}z\left(\frac{\partial^2 w}{\partial y^2} + \nu\frac{\partial^2 w}{\partial x^2}\right) \tag{4-40b}$$

板带内任意点的内力分量为

$$N_x = \int_{-\frac{h}{2}}^{\frac{h}{2}}\sigma_x\mathrm{d}z, \quad N_y = \int_{-\frac{h}{2}}^{\frac{h}{2}}\sigma_y\mathrm{d}z, \quad N_{xy} = \int_{-\frac{h}{2}}^{\frac{h}{2}}\tau_{xy}\mathrm{d}z \tag{4-41}$$

$$M_x = \int_{-\frac{h}{2}}^{\frac{h}{2}}\sigma_x z\mathrm{d}z, \quad M_y = \int_{-\frac{h}{2}}^{\frac{h}{2}}\sigma_y z\mathrm{d}z, \quad M_{xy} = \int_{-\frac{h}{2}}^{\frac{h}{2}}\tau_{xy}z\mathrm{d}z \tag{4-42}$$

将式（4-40）代入式（4-42）中可得

$$M_x = -D\left(\frac{\partial^2 w}{\partial x^2} + v\frac{\partial^2 w}{\partial y^2}\right) \tag{4-43a}$$

$$M_y = -D\left(\frac{\partial^2 w}{\partial y^2} + v\frac{\partial^2 w}{\partial x^2}\right) \tag{4-43b}$$

$$M_{xy} = -D(1-\nu)\frac{\partial^2 w}{\partial x\partial y} \tag{4-43c}$$

式中　D——板的抗弯刚度，$D = \dfrac{E_{\mathrm{S}}h^3}{12(1-\nu_{\mathrm{S}}^2)}$。

由以上分析可知，基于薄板理论基本假设，板带的位移分量、应变分量、应力分量和内力分量均取决于二维挠曲面函数 $w(x, y, t)$，从而将三维弹性体问题转化为二维板带问题。

如图 4-12 所示是板带微元的受力图，根据假设 3），忽略惯性力矩，可得板带的微动力平衡方程

$$\frac{\partial N_x}{\partial x} + \frac{\partial N_{xy}}{\partial y} - \rho h\frac{\partial^2 u}{\partial t^2} = 0 \tag{4-44a}$$

$$\frac{\partial N_{yx}}{\partial x} + \frac{\partial N_y}{\partial y} - \rho h\frac{\partial^2 v}{\partial t^2} = 0 \tag{4-44b}$$

$$\frac{\partial M_x}{\partial x} + \frac{\partial M_{yx}}{\partial y} - Q_x = 0 \tag{4-44c}$$

$$\frac{\partial M_{xy}}{\partial x} + \frac{\partial M_y}{\partial y} - Q_y = 0 \tag{4-44d}$$

$$\frac{\partial Q_x}{\partial x} + \frac{\partial Q_y}{\partial y} + N_x\frac{\partial^2 w}{\partial x^2} + N_y\frac{\partial^2 w}{\partial y^2} + 2N_{xy}\frac{\partial^2 w}{\partial x\partial y} + q - \rho h\frac{\partial^2 w}{\partial t^2} = 0 \tag{4-44e}$$

因为在有平面力作用的板的振动问题中，N_x、N_y 和 N_{xy} 是静力的，在板的边界受力已知的情况下是平面静力问题。因此可认为式（4-44）中 N_x、N_y 和 N_{xy} 已知。

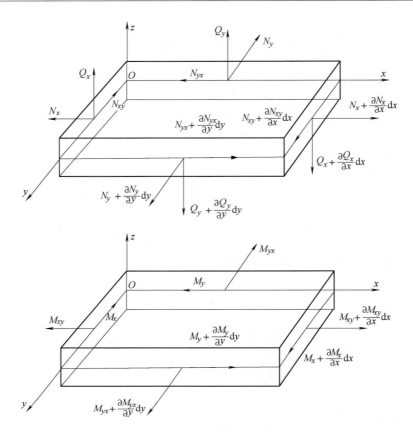

图 4-12　运动板带微元体受力、力矩简图

将式（4-44c）和式（4-44d）代入式（4-44e）中，得

$$D \nabla^4 w + \rho h \frac{\partial^2 w}{\partial t^2} - N_x \frac{\partial^2 w}{\partial x^2} + N_y \frac{\partial^2 w}{\partial y^2} + 2N_{xy} \frac{\partial^2 w}{\partial x \partial y} = 0 \tag{4-45}$$

式中　$\nabla^4 = \dfrac{\partial}{\partial x^4} + \dfrac{\partial}{\partial x^2 \partial y^2} + \dfrac{\partial}{\partial y^4}$。

又因为

$$\frac{\mathrm{d}w}{\mathrm{d}t} = \frac{\partial w}{\partial x} \frac{\partial x}{\partial t} + \frac{\partial w}{\partial t} \tag{4-46a}$$

$$\frac{\mathrm{d}^2 w}{\mathrm{d}t^2} = v^2 \frac{\partial^2 w}{\partial x^2} + 2v \frac{\partial^2 w}{\partial x \partial t} + \frac{\partial^2 w}{\partial t^2} \tag{4-46b}$$

将式（4-46）代入式（4-45）中，可得运动板带的动力学方程

$$D \nabla^4 w + \rho h \left(v^2 \frac{\partial^2 w}{\partial x^2} + 2v \frac{\partial^2 w}{\partial x \partial t} + \frac{\partial^2 w}{\partial t^2} \right) - N_x \frac{\partial^2 w}{\partial x^2} + N_y \frac{\partial^2 w}{\partial y^2} + 2N_{xy} \frac{\partial^2 w}{\partial x \partial y} = 0 \tag{4-47}$$

由于 N_x、N_y、N_{xy} 是已知的，假设 $N_x = N_x(y)$，$N_y = N_{xy} = 0$，式（4-47）变为

$$h \left(v^2 \frac{\partial^2 w}{\partial x^2} + 2v \frac{\partial^2 w}{\partial x \partial t} + \frac{\partial^2 w}{\partial t^2} \right) + \frac{D}{\rho} \left(\frac{\partial w^4}{\partial x^4} + \frac{\partial w^4}{\partial y^4} + 2 \frac{\partial w^4}{\partial x^2 y^2} \right) - \frac{N_x(y)}{\rho} \frac{\partial^2 w}{\partial x^2} = 0 \tag{4-48}$$

令 $w^* = w/h$，$x^* = x/L_S$，$y^* = y/L_S$，$t^* = t \sqrt{T/\rho h L_S^2}$，$V = v \sqrt{\rho h/T}$，$\varepsilon = T/Dl^2$，

$f(y) = N_x(y)/T$，将式（4-48）无量纲化，无量纲化后的方程为

$$\frac{\partial^2 w^*}{\partial t^{*2}} + 2V \frac{\partial^2 w^*}{\partial x^* \partial t^*} + \left[V^2 - f(y) \right] \frac{\partial^2 w^*}{\partial x^{*2}} + \varepsilon \nabla^4 w^* = 0 \qquad (4\text{-}49)$$

去掉 * 号，有

$$\frac{\partial^2 w}{\partial t^2} + 2V \frac{\partial^2 w}{\partial x \partial t} + \left[V^2 - f(y) \right] \frac{\partial^2 w}{\partial x^2} + \varepsilon \nabla^4 w = 0 \qquad (4\text{-}50)$$

运动板带与轧辊接触的边受到工作辊作用，可认为是简支边

$$w \Big|_{\substack{x=0 \\ x=L_S}} = 0, \qquad \frac{\partial^2 w}{\partial x^2} \bigg|_{\substack{x=0 \\ x=L_S}} = 0 \qquad (4\text{-}51)$$

运动板带的另外两边可看作是自由边

$$\left[\frac{\partial^3 w}{\partial y^3} + (2 - \nu_S) \frac{\partial^3 w}{\partial x^2 \partial y} \right] \bigg|_{\substack{y=0 \\ y=b}} = 0, \qquad \left[\frac{\partial^2 w}{\partial y^2} - \nu_S \frac{\partial^2 w}{\partial x^2} \right] \bigg|_{\substack{y=0 \\ y=b}} = 0 \qquad (4\text{-}52)$$

4.2.2 带钢张应力分布模型

轧制过程中，运动带钢受到张应力作用，沿板宽方向分布的张应力不同。由于 $N_y = N_{xy} = 0$，为了确定 $N_x(y)$，进而求解式（4-50），必须确定沿带钢宽度方向的张应力分布值 $\sigma_x(y)$。连家创根据金属横向流动理论，首次建立了横向张应力差分布计算公式。在此基础上，刘宏民采用更简便的方法推导出具有一般性的非对称条件下张力横向分布的解析式。但这些前张力解析式，人为地以 $\bar{l}_0$、$\bar{l}_1$、$\bar{h}_0$、$\bar{h}_1$ 等平均值来代替各自沿横向分布的变化值 $l_0(y)$、$l_1(y)$、$h_0(y)$、$h_1(y)$，不可避免地会产生误差。

如图 4-13 所示，在横向任意位置 y 处取一长条微小宽度的轧前带材，厚 $h_0(y)$，长 $l_0(y)$，轧后带材厚度变为 $h_1(y)$，长度变为 $l_1(y)$，宽度变为 $(1 + du(y)/dy)dy$，$u(y)$ 为横向位移。较精确的前张应力分布公式为[26]

$$\sigma_x(y) = \frac{E_S}{1 - \nu_S^2} \left[\ln h_1(y) - \ln l_0(y) - \ln h_0(y) + \ln(1 + u'(y)) \right] + c_1 \qquad (4\text{-}53)$$

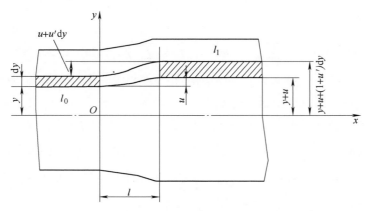

图 4-13 轧制带钢的变形规律

式（4-53）中积分常数 c_1，可由前张应力的边界条件 $\int_{-\frac{B}{2}}^{\frac{B}{2}} h_1(y)\sigma_x(y)\mathrm{d}y = T_1$ 通过数值积分来确定，即

$$c_1 = \frac{(T_1 - G_1)}{B\bar{h}_1} \tag{4-54}$$

式中

$$G_1 = \frac{E_S}{1 - \nu_S^2}\int_{-\frac{B}{2}}^{\frac{B}{2}} h_1(y)\big[\ln h_1(y) - \ln l_0(y) - \ln h_0(y) + \ln(1 + u'(y))\big]\mathrm{d}y \tag{4-55}$$

$$\bar{h}_1 = \frac{1}{B}\int_{-\frac{B}{2}}^{\frac{B}{2}} h_1(y)\mathrm{d}y \tag{4-56}$$

如果来料板形良好，式（4-53）和式（4-55）可以分别简化为

$$\sigma_x(y) = \frac{E_S}{1 - \nu_S^2}\big[\ln h_1(y) - \ln h_0(y) + \ln(1 + u'(y))\big] + c_1 \tag{4-57}$$

$$G_1 = \frac{E_S}{1 - \nu_S^2}\int_{-\frac{B}{2}}^{\frac{B}{2}} h_1(y)\big[\ln h_1(y) - \ln h_0(y) + \ln(1 + u'(y))\big]\mathrm{d}y \tag{4-58}$$

假设张应力沿板带厚度方向分布均匀，那么可得

$$N_x(y) = \int_{-\frac{h}{2}}^{\frac{h}{2}}\sigma_x(y)\mathrm{d}z = h\sigma_x(y) \tag{4-59}$$

由于 $N_x(y)$ 为单位张力分布值，且在对称轧制的情况下，$N_x(y)$ 关于 x 轴也是对称的。那么采用最小二乘法回归，得到其多项式的表达形式，可得

$$f(y) = N_x(y)/T = a_0 y^4 + a_1 y^3 + a_2 y^2 + a_3 y + a_4 \tag{4-60}$$

4.2.3　运动板带三维动力学模型 Galerkin 离散

振动微分方程是非线性方程组，时间变量与空间变量耦合在一起，采用 Galerkin 截断，将其时间与空间变量分离。

设挠度函数为

$$w(x,y,t) = \sum_{n=1}^{m} q_n(t)w_n(x,y) = \sum_{i=1}^{M_i}\sum_{j=1}^{M_j} q_{ij}(t)X_i(x)Y_j(y) \tag{4-61}$$

式中　$X_i(x)$，$Y_j(y)$——与 x、y 方向两端边界条件相应的第 i 及第 j 阶振型。

根据边界条件，可取振型函数分别为：$X_i(x) = \sin(i\pi x)$（$i = 1$，2，$\cdots$，n）为沿板长度方向的简支－简支梁函数；$Y_j(y)$（$j = 1$，2，$\cdots$，m）是沿板宽方向的自由－自由梁函数，$Y_j(y)$ 的前两项分别为 $Y_1(y) = 1$，$Y_2(y) = \sqrt{3}\,(2y - 1)$，取 $n = m = 2$，那么有

$$w(x,y,t) = q_1(t)\sin(\pi x) + q_2(t)\sin(\pi x)\sqrt{3}(2y - 1) + q_3(t)\sin(2\pi x)$$
$$+ q_4(t)\sin(2\pi x)\sqrt{3}(2y - 1) \tag{4-62}$$

采用 Galerkin 截断，可得离散后的振动微分方程组

$$M\ddot{q} + G\dot{q} + Kq = 0 \tag{4-63}$$

式中　M——质量矩阵;

G——阻尼矩阵;

K——线性刚度矩阵。

满足边界条件的矩阵分别为

$$M = \begin{pmatrix} 1 & 0 & 0 & 0 \\ 0 & 1 & 0 & 0 \\ 0 & 0 & 1 & 0 \\ 0 & 0 & 0 & 1 \end{pmatrix}, \quad K = \begin{pmatrix} k_{11} & k_{12} & k_{13} & k_{14} \\ k_{21} & k_{22} & k_{23} & k_{24} \\ k_{31} & k_{32} & k_{33} & k_{34} \\ k_{41} & k_{42} & k_{43} & k_{44} \end{pmatrix},$$

$$G = \begin{pmatrix} 0 & 0 & -\dfrac{8}{3}V & 0 \\ 0 & 0 & 0 & -\dfrac{8}{3}V \\ \dfrac{8}{3}V & 0 & 0 & 0 \\ 0 & \dfrac{8}{3}V & 0 & 0 \end{pmatrix} \tag{4-64}$$

式中　$k_{11} = \int_0^1 [f(y) - V^2] \pi^2 \mathrm{d}y + \pi^4 \varepsilon_{\mathrm{S}}$;

$k_{22} = \int_0^1 3 [f(y) - V^2] \pi^2 (2y-1)^2 \mathrm{d}y + \pi^4 \varepsilon_{\mathrm{S}}$;

$k_{33} = \int_0^1 4 [f(y) - V^2] \pi^2 \mathrm{d}y + 16\pi^4 \varepsilon_{\mathrm{S}}$;

$k_{44} = \int_0^1 12 [f(y) - V^2] \pi^2 (2y-1)^2 \mathrm{d}y + 16\pi^4 \varepsilon_{\mathrm{S}}$;

$k_{12} = k_{21} = \int_0^1 \sqrt{3} [f(y) - V^2] \pi^2 (2y-1) \mathrm{d}y$;

$k_{34} = k_{43} = \int_0^1 4\sqrt{3} [f(y) - V^2] \pi^2 (2y-1) \mathrm{d}y$;

$k_{13} = k_{14} = k_{23} = k_{24} = k_{31} = k_{32} = k_{41} = k_{42} = 0$ 。

由于 $f(y) = a_0 y^4 + a_1 y^3 + a_2 y^2 + a_3 y + a_4$，有

$$k_{11} = \pi^2 \left(\frac{a_0}{5} + \frac{a_1}{4} + \frac{a_2}{3} + \frac{a_3}{2} + a_4 - V^2 \right) + \pi^4 \varepsilon_{\mathrm{S}}$$

$$k_{22} = 3\pi^2 \left[\frac{4a_0}{7} + \frac{4}{6}(a_1 - a_0) + \frac{4a_2 - 4a_1 + a_0}{5} + \frac{4a_3 - 4a_2 + a_1}{4} + \right.$$

$$\left. \frac{4a_4 - 4V^2 - 4a_3 + a_2}{3} + \frac{a_3 - 4(a_4 - V^2)}{2} + (a_4 - V^2) \right] + \pi^4 \varepsilon_{\mathrm{S}}$$

$$k_{33} = 4\pi^2 \left(\frac{a_0}{5} + \frac{a_1}{4} + \frac{a_2}{3} + \frac{a_3}{2} + a_4 - V^2 \right) + 16\pi^4 \varepsilon$$

$$k_{44} = 12\pi^2 \left[\frac{4a_0}{7} + \frac{4}{6}(a_1 - a_0) + \frac{4a_2 - 4a_1 + a_0}{5} + \frac{4a_3 - 4a_2 + a_1}{4} + \right.$$

$$\frac{4a_4 - 4V^2 - 4a_3 + a_2}{3} + \frac{a_3 - 4(a_4 - V^2)}{2} + (a_4 - V^2) \Big] + 16\pi^4 \varepsilon_S$$

$$k_{12} = k_{21} = \frac{2a_0}{6} + \frac{2a_1 - a_0}{5} + \frac{2a_2 - a_1}{4} + \frac{2a_3 - a_2}{3} + \frac{2a_4 + 2V^2 - a_3}{2} + V^2 - a_4$$

$$k_{34} = k_{43} = 4\sqrt{3}\pi^2 \left(\frac{2a_0}{6} + \frac{2a_1 - a_0}{5} + \frac{2a_2 - a_1}{4} + \frac{2a_3 - a_2}{3} + \frac{2a_4 + 2V^2 - a_3}{2} + V^2 - a_4 \right)$$

若 $N_x = T =$ 常数，那么有

$$k_{11} = \pi^2(1 - V^2) + \pi^4 \varepsilon_S ;$$

$$k_{22} = \pi^2(1 - V^2) + \pi^4 \varepsilon_S ;$$

$$k_{33} = 4\pi^2(1 - V^2) + 16\pi^4 \varepsilon_S ;$$

$$k_{44} = 4\pi^2(1 - V^2) + 16\pi^4 \varepsilon_S 。$$

4.2.4 数值模拟

4.2.4.1 数值模拟参数

本章以某轧机机组为研究对象进行数值模拟，该轧机和轧制条件的主要参数见表 4-2。

表 4-2　轧机和轧制条件参数

弹性模量 E_s/Pa	2.1×10^{11}	张力 T/(N/m)	53 000
密度 ρ/(kg/m³)	7.8×10^3	机架间距 L_S/mm	5000
工作辊直径 D_w/mm	675	带钢厚度 h/mm	2.40
泊松比 ν_s	0.33	带钢宽度 B/mm	1090

4.2.4.2 仿真分析

1. 系统主振型

根据前面理论，可知 (1，1)、(1，2)、(2，1)、(2，2) 阶板带固有振型如图 4-14a、b、c 和 d 所示。

2. 系统的固有频率和稳定性分析

轧制过程中，运动带钢受分布张应力的作用，张应力的分布形式和大小决定了运动带钢的固有频率和稳定性。本章计算了几种典型的分布张应力作用下运动带钢的固有频率，并分析了其稳定性，得到了分布张应力作用对运动带钢的影响。

系统的特征值为复数 $\lambda = \sigma + \omega i$，其中特征值的虚部 ω 是系统的固有频率，特征值的实部 σ 代表系统的不稳定性，称为不稳定因子。当 $\sigma = 0$ 时，系统是稳定的，当 $\sigma \neq 0$ 时，系统是不稳定的，不稳定的系统又分为两种形式：发散失稳和震颤失稳。发散失稳是指虚部 $\omega = 0$，实部 $\sigma \neq 0$ 的状态；而震颤失稳是指 $\omega \neq 0$，$\sigma \neq 0$ 的状态。本章所涉及的失稳均是震颤失稳。轧制速度严重影响板带轧制过程的稳定性，系统失稳时板带的轧制速度成为临界速度，临界速度即使特征值出现非零实部而不再是纯虚数的最低速度。

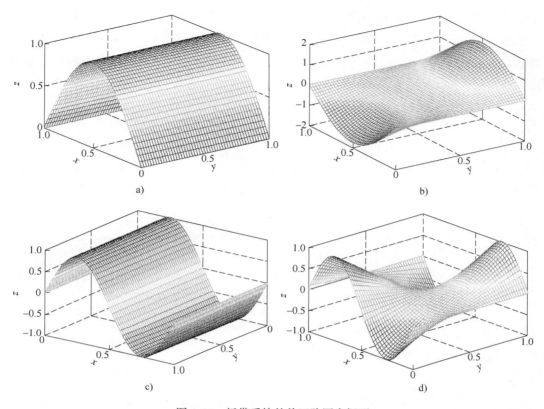

a)　　　　　b)

c)　　　　　d)

图 4-14　板带系统的前四阶固有振型

图 4-15 是张应力均布时，运动带钢无量纲固有频率随轧制速度的变化曲线。图 4-16 是"平轧平"（入口、出口板凸度均为 0）的理想情况下张应力的分布图（左图）和系统的各阶固有频率变化图（右图）。类似地，图 4-17 ~图 4-20 分别列出了"平轧凸"（入口板凸度均为 0、出口板凸度均为 20 μm），"平轧凹"（入口板凸度均为 0、出口板凸度均为 −20 μm），"凸轧平"（入口板凸度均为 20 μm、出口板凸度均为 0）

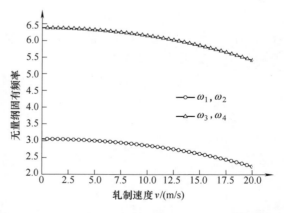

图 4-15　张应力均匀分布时系统的无量纲固有频率

和"凹轧平"（入口板凸度均为 −20 μm、出口板凸度均为 0）几种情况下带钢的张应力分布图（左图）和系统各阶固有频率的变化图（右图）。图 4-21 是上述各种情况下，带钢的稳定性分析图。

由图 4-15 可知，当张应力均匀分布时，系统的第一、二阶固有频率相等，第三、四阶固有频率相等。随着轧制速度的增加，系统的固有频率逐渐下降。图 4-21a 给出了均布张应力作用下，带钢的稳定性情况，当不稳定因子为零时，系统是稳定的，当不稳定因子不等于零，带钢震颤失稳。由图 4-15 可知，当轧制速度达到 32 m/s 附近时，第二阶和第四阶不稳定因子开始不为零，系统失稳；当轧制速度达到 34 m/s 时，第一阶和第三阶不稳定因子开始不为零，系统失稳。由此可知，这种情况下系统的临界速度为 32 m/s。

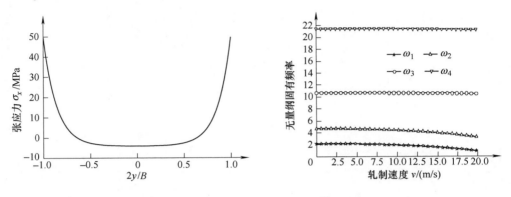

图 4-16　平轧平时张应力分布（左图）和无量纲固有频率（右图）

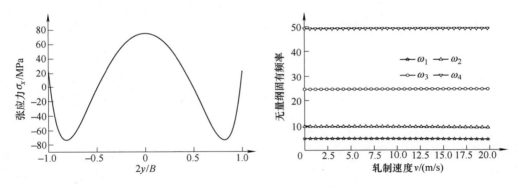

图 4-17　平轧凸时张应力分布（左图）和无量纲固有频率（右图）

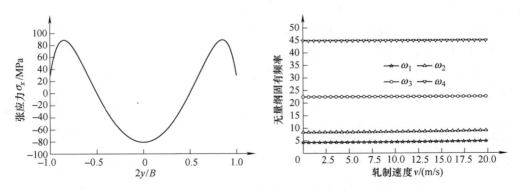

图 4-18　平轧凹时张应力分布（左图）和无量纲固有频率（右图）

从图 4-16 中可以看出，"平轧平"的理想状态，板带材为微中浪。此时，系统的各阶固有频率值如图 4-16 所示，随着轧制速度的增加有减小的趋势。由图 4-21b 可知，在这种情况下，系统是稳定的。说明板带材微小中浪不影响运动板带的稳定性。

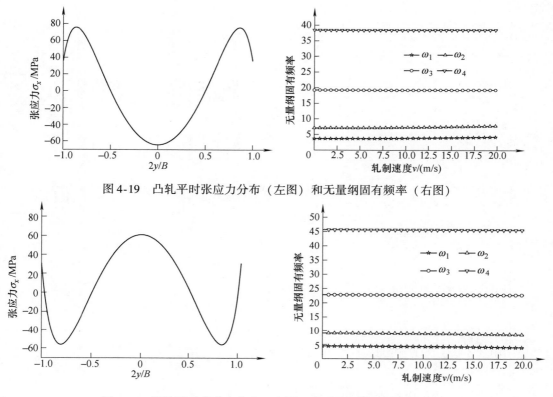

图 4-19　凸轧平时张应力分布（左图）和无量纲固有频率（右图）

图 4-20　凹轧平时张应力分布（左图）和无量纲固有频率（右图）

　　"平轧凸"和"凹轧平"两种情况下，张应力的分布规律类似，带材表现为双边浪，如图 4-17 和图 4-20 所示。这种情况下，系统的各阶固有频率值如图 4-17、图 4-20 所示，随着轧制速度的增加有减小的趋势，曲线变化率很小。由图 4-21c 和图 4-21f 可知，在这种情况下，系统是稳定的。这说明只有板带边部受压应力，中间大部分区域受拉应力时，运动板带依然是稳定的，这与实际情况相符。

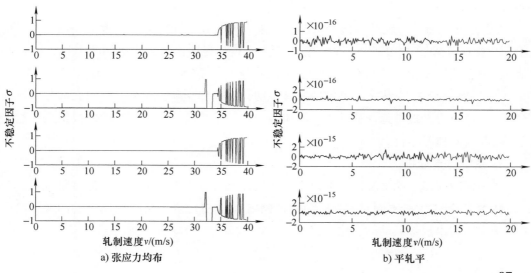

a) 张应力均布　　　　　　　　b) 平轧平

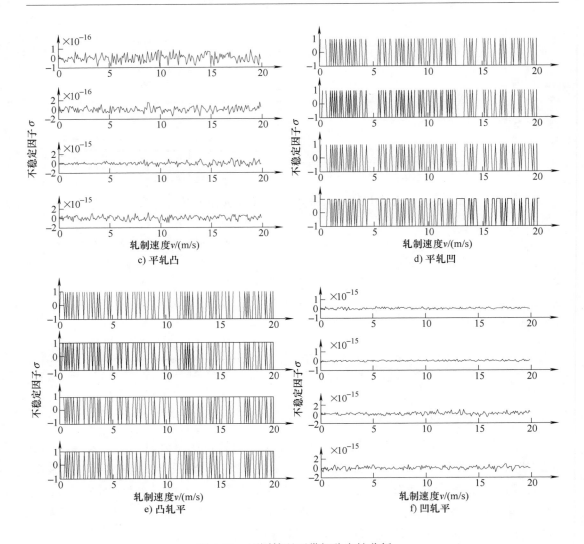

图 4-21　不同情况下带钢稳定性分析

　　"平轧凹"和"凸轧平"两种情况下，张应力的分布规律类似，带材表现为明显中浪，如图 4-18 和图 4-19 所示。这种情况下，系统的各阶固有频率值如图 4-18、图 4-19 所示，随着轧制速度的增加有增大的趋势，曲线变化率很小。由图 4-21d 和图 4-21e 可知，在这种情况下，系统是不稳定的。这说明只有边部受到拉应力，中间大部分区域受压应力，拉应力是板带运动的动力，而压应力是板带运动的阻力，运动的板带是不稳定的，这与实际情况相符。

3. 系统仿真分析

　　根据四阶龙格 - 库塔算法，可以求解非线性微分方程组，可对系统进行时域仿真分析。图 4-22 给出了在不同时刻，运动板带钢第（1，2）阶振型的周期振动图像，由图可以明显地看出板带振动的变化规律。

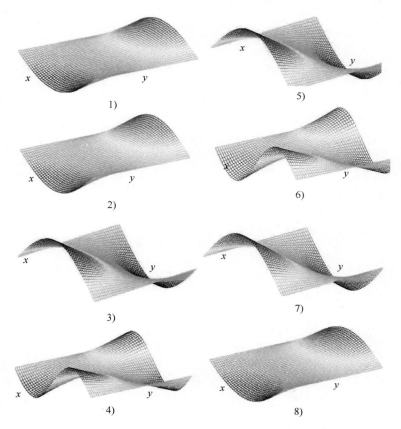

图 4-22 运动板带第 (1, 2) 阶振型的振动周期

第 5 章　面向板形板厚控制的板带轧机动力学模型体系

板形板厚是板带钢生产的关键质量指标。轧机系统是一个复杂的多变量非线性系统，其设备工艺参数和过程控制参数都会影响到轧制过程中带钢的板形板厚质量。建立面向板形板厚控制的轧机系统动力学仿真模型，能够在虚拟环境中模拟轧制生产，仿真分析工艺设备参数波动对于板带钢板形板厚质量的影响，节省人力物力和财力，对于优化轧机系统设备工艺参数和优化轧制工艺策略具有重要意义。

本章从动力学原理出发，结合前面几章内容，将辊系弯曲动力学模型和轧制过程动态模型耦合，建立能够反映轧件板形板凸度特征的轧机系统动力学模型。同时借助轧件三维塑性变形和辊系弹性变形耦合模型，用于补偿轧辊辊形、轧辊热膨胀和轧辊磨损等因素的影响，对动态模型进行修正，进而建立面向板形板厚控制的板带轧机系统动态仿真模型，仿真模型的结构框图如图 5-1 所示。基于所建模型可对轧制过程进行模拟，分析轧制过程中轧机辊系和轧件的动力学特性，以及由于外界扰动和参数变化对带钢板形板厚质量的影响。

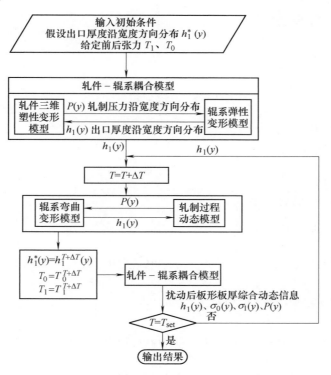

图 5-1　面向板形板厚控制的动态仿真模型结构框图

5.1 辊系弯曲变形与轧制过程动态耦合模型[27]

要建立面向板形板厚控制的板带轧机动态模型，首先要建立轧机辊系弯曲变形模型（第 3 章）和轧制过程动态模型（第 1.1 节）的耦合模型（简称动态耦合模型）。因此，本章在前面各章节的研究基础上，建立二者的耦合模型，并选取合理的数值方法对其进行求解。

5.1.1 模型的建立

动态耦合模型包括轧机辊系弯曲变形动力学模型和轧制过程动态模型，要建立二者耦合模型，首先基于以下几点假设：轧制过程是稳定轧制过程；辊间接触简化为弹性基础，轧辊简化为简支梁；轧件是各向同性材料，轧件的变形采用二维平面变形理论。

根据建立的辊系弯曲变形动力学模型和轧件的平面动力学模型，建立二者的耦合模型，其中辊系弯曲变形动力学模型为轧制过程模型提供位移和速度条件，轧制过程模型为辊系弯曲变形动力学模型提供激振力。两个模型在前面章节中已经分别建立，这里不再赘述，下面给出动态耦合模型。

本章考虑前两阶模式，即 $n = 1, 2$，将两个模型耦合，整理得

$$M\ddot{x} + C\dot{x} + Kx = F \tag{5-1}$$

式中　$x = (S_{11} S_{21} S_{12} S_{22})^{\mathrm{T}}$；

　　　$C = 0$；

$$M = \begin{pmatrix} 1 & 0 & 0 & 0 \\ 0 & 1 & 0 & 0 \\ 0 & 0 & 1 & 0 \\ 0 & 0 & 0 & 1 \end{pmatrix};$$

$$K = \begin{pmatrix} \omega_{11}^2 & 0 & 0 & 0 \\ 0 & \omega_{21}^2 & 0 & 0 \\ 0 & 0 & \omega_{12}^2 & 0 \\ 0 & 0 & 0 & \omega_{22}^2 \end{pmatrix};$$

$$F = \begin{pmatrix} -2 (a_{21} - a_{11})^{-1} \int_0^L (Lm_{\mathrm{w}})^{-1} f_{\mathrm{w}} \sin(k_1 y) \mathrm{d}y \\ 2 (a_{21} - a_{11})^{-1} \int_0^L (Lm_{\mathrm{w}})^{-1} f_{\mathrm{w}} \sin(k_1 y) \mathrm{d}y \\ -2 (a_{22} - a_{12})^{-1} \int_0^L (Lm_{\mathrm{w}})^{-1} f_{\mathrm{w}} \sin(k_2 y) \mathrm{d}y \\ 2 (a_{22} - a_{12})^{-1} \int_0^L (Lm_{\mathrm{w}})^{-1} f_{\mathrm{w}} \sin(k_2 y) \mathrm{d}y \end{pmatrix}。$$

板带出口厚度分布是轧机辊缝形状的直接反映，辊缝形状由轧机轧辊变形的动态特征决定，由此可知，轧机辊系弯曲变形动力学和轧件的分布轧制压力是耦合在一起的，轧制压力分布影响轧机辊缝横向分布，辊缝值的大小也反过来影响轧制压力，二者需要耦合迭代求解。

5.1.2　模型求解流程

轧制过程中，由于外界工作环境和系统本身参数的变化，将引起轧制压力横向分布值变化，导致轧机辊系振动，使轧机辊缝横向分布发生变化，辊缝值的变化又将导致轧制压力横向分布的变化。这样，轧机横向辊缝和轧制力横向分布形成反馈自激振动。实现该计算过程的仿真流程图如图 5-2 所示。

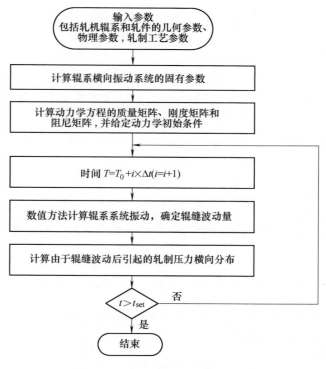

图 5-2　耦合仿真算法流程图

5.1.3　数值方法的选择

所建立的耦合动力学模型是复杂的非线性动力学模型，无法求其解析解，只能通过数值方法计算其动力响应。目前，求解非线性复杂动力学系统的数值方法有直接积分法（包括 Newmark-β 法、Wilson-θ 法等）、龙格－库塔方法和精细积分法。直接积分法要求在每一积分步长内求解一次隐式方程组，需要小积分步长来精确反映外载荷随时间的变化规律，计算过程比较简单；龙格－库塔方法对于处理奇异或病态矩阵问题失效；精细积分法对于病态矩阵问题需要进行等价变换处理，其计算结果与附加刚度的选择关系密切。

式（5-1）经过等价变换，变为如下形式：

$$\dot{X} = HX + F_n(X, \dot{X}, t) \tag{5-2}$$

式中　H——由已知矩阵 M、K、C 计算出来的等价矩阵，这里

$$H = \begin{pmatrix} 0 & 0 & 0 & 0 & 1 & 0 & 0 & 0 \\ 0 & 0 & 0 & 0 & 0 & 1 & 0 & 0 \\ 0 & 0 & 0 & 0 & 0 & 0 & 1 & 0 \\ 0 & 0 & 0 & 0 & 0 & 0 & 0 & 1 \\ \omega_{11}^2 & 0 & 0 & 0 & 0 & 0 & 0 & 0 \\ 0 & \omega_{21}^2 & 0 & 0 & 0 & 0 & 0 & 0 \\ 0 & 0 & \omega_{12}^2 & 0 & 0 & 0 & 0 & 0 \\ 0 & 0 & 0 & \omega_{22}^2 & 0 & 0 & 0 & 0 \end{pmatrix}$$

$$X = (\dot{S}_{11} \dot{S}_{21} \dot{S}_{12} \dot{S}_{22} S_{11} S_{21} S_{12} S_{22})^{\mathrm{T}}$$

通过计算矩阵 H 的条件数，可以判断矩阵是否为病态矩阵。通过分析可知，矩阵 H 是病态矩阵。

综合分析可知，直接积分法最适合解决本章提出的问题，其计算简单易于实现，选择小积分步长可以保证计算精度。

5.1.4　数值方法介绍

Newmark 法是在 Euler 法基础上发展起来的，将系统的位移函数按泰勒级数展开，表示为

$$a_{t+\Delta t} = a_t + \dot{a}_t \Delta t + \frac{1}{2} \ddot{a}_t \Delta t^2 + \frac{1}{6} \dddot{a}_t \Delta t^3 + O(\Delta t^4) \tag{5-3}$$

如果在泰勒级数中只保留一阶导数项，$t + \Delta t$ 时刻的速度项 $\dot{a}_{t+\Delta t}$ 和位移项 $a_{t+\Delta t}$ 均可以由前一步 t 时刻的速度 $\dot{a}_t$ 和位移 a_t 表示，即

$$a_{t+\Delta t} = a_t + \dot{a}_t \Delta t \tag{5-4}$$

$$\dot{a}_{t+\Delta t} = \dot{a}_t + \ddot{a}_t \Delta t \tag{5-5}$$

对于动力学方程 $M\ddot{a} + C\dot{a} + Ka = F$，给定初值 a_0 和 $\dot{a}_0$，可以求出 $t + \Delta t$ 时刻的速度和位移，这种方法称作 Euler 法。Euler 法在位移表达式中只保留了 Δt 的一阶项，位移截断误差是 $O(\Delta t^2)$，计算精度较低。为了提高计算精度，必须在位移和速度表达式中引入更高阶的导数。

Newmark 法引入如下的速度和位移关系

$$\dot{a}_{t+\Delta t} = \dot{a}_t + (1 - \gamma) \ddot{a}_t \Delta t + \gamma \ddot{a}_{t+\Delta t} \Delta t \tag{5-6}$$

$$a_{t+\Delta t} = a_t + \dot{a}_t \Delta t + \left(\frac{1}{2} - \beta\right) \ddot{a}_t \Delta t^2 + \beta \ddot{a}_{t+\Delta t} \Delta t^2 \tag{5-7}$$

参数 γ 和 β 取不同值可以得到不同的方法，如 $\gamma = 1/2$，$\beta = 1/4$ 即为平均加速度法；$\gamma = 1/2$，$\beta = 0$ 即为中心差分法；$\gamma = 1/2$，$\beta = 1/6$ 即为线性加速度法。

在 Newmark 法中，时刻 $t + \Delta t$ 的位移是通过满足时刻 $t + \Delta t$ 的运动方程式（5-8）而得到的，即

$$M\ddot{a}_{t+\Delta t} + C\dot{a}_{t+\Delta t} + Ka_{t+\Delta t} = F_{t+\Delta t} \tag{5-8}$$

为了从上式中导出由已知量求解未知位移 $a_{t+\Delta t}$ 的递推公式，需要在上式中将 $\ddot{a}_{t+\Delta t}$ 和 $\dot{a}_{t+\Delta t}$ 用 $a_{t+\Delta t}$ 及其他已知量来表示，由式（5-6）和式（5-7）可得

$$\ddot{a}_{t+\Delta t} = \frac{1}{\beta \Delta t^2}(a_{t+\Delta t} - a_t) - \frac{1}{\beta \Delta t}\dot{a}_t - \left(\frac{1}{2\beta} - 1\right)\ddot{a}_t \tag{5-9}$$

$$\dot{a}_{t+\Delta t} = \frac{\gamma}{\beta \Delta t}(a_{t+\Delta t} - a_t) + \left(1 - \frac{\gamma}{\beta}\right)\dot{a}_t + \left(1 - \frac{\gamma}{2\beta}\right)\Delta t \ddot{a}_t \tag{5-10}$$

然后将式（5-9）和式（5-10）代入式（5-8）中，得到

$$Ka_{t+\Delta t} = Q_{t+\Delta t} \tag{5-11}$$

式中　$K = K + \dfrac{1}{\beta \Delta t^2}M + \dfrac{\gamma}{\beta \Delta t}C$，

$$Q_{t+\Delta t} = Q_{t+\Delta t} + M\left[\frac{1}{\beta \Delta t^2}a_t + \frac{1}{\beta \Delta t}\dot{a}_t + \left(\frac{1}{2\beta} - 1\right)\ddot{a}_t\right]$$

$$+ C\left[\frac{\gamma}{\beta \Delta t}a_t + \left(\frac{\gamma}{\beta} - 1\right)\dot{a}_t + \left(\frac{\gamma}{2\beta} - 1\right)\Delta t \ddot{a}_t\right]$$

由此可求得 $t + \Delta t$ 时刻的位移，继而可求得 $t + \Delta t$ 时刻的加速度和速度。

由以上分析可知，Newmark 法求解运动方程的步骤为：

1）形成刚度矩阵 K、质量矩阵 M 和阻尼矩阵 C；

2）给定 a_0、$\dot{a}_0$ 并计算 $\ddot{a}_0$；

3）选择时间步长 Δt，参数 β 和 γ，并计算积分常数：

$$c_0 = \frac{1}{\beta \Delta t^2}, \quad c_1 = \frac{\gamma}{\beta \Delta t}, \quad c_2 = \frac{1}{\beta \Delta t}, \quad c_3 = \frac{1}{2\beta} - 1, \quad c_4 = \frac{\gamma}{\beta} - 1,$$

$$c_5 = \left(\frac{\gamma}{2\beta} - 1\right)\Delta t, \quad c_6 = \Delta t(1 - \gamma), \quad c_7 = \gamma \Delta t$$

4）形成有效刚度矩阵 $K = K + c_0 M + c_1 C$；

5）计算时间 $t + \Delta t$ 的有效载荷：

$$Q_{t+\Delta t} = Q_{t+\Delta t} + M(c_0 a_t + c_2 \dot{a}_t + c_3 \ddot{a}_t) + C(c_1 a_t + c_4 \dot{a}_t + c_5 \ddot{a}_t)$$

6）求解 $t + \Delta t$ 的位移 $Ka_{t+\Delta t} = Q_{t+\Delta t}$；

7）计算时间 $t + \Delta t$ 的加速度和速度，加速度为 $\ddot{a}_{t+\Delta t} = c_0(a_{t+\Delta t} - a_t) - c_2 \dot{a}_t - c_3 \ddot{a}_t$，速度为 $\dot{a}_{t+\Delta t} = \dot{a}_t + c_6 \ddot{a}_t + c_7 \ddot{a}_{t+\Delta t}$。

5.2　轧件 - 辊系静态耦合模型

面向板形板厚控制的轧机系统动态模型是基于动力学理论的模型，没有考虑到轧辊

辊形、轧辊磨损和热凸度等相关轧制设备和工艺参数，因此需要修正补偿。轧件 – 辊系静态耦合模型是基于弹塑性力学的模型，能够考虑动态模型难以考虑的因素，是一种相对成熟的板形预设定计算理论，可用于修正补偿动态模型。

轧件 – 辊系静态耦合模型主要包括辊系弹性变形模型和轧件三维塑性变形模型。辊系弹性变形的计算采用分割模型影响函数法，轧件三维塑性变形模型的计算采用流线条元变分法。在板形预设定数学模型中，轧件模型和辊系模型互为条件，需要耦合求解。

5.2.1　辊系弹性变形模型

四辊轧机的辊系受力如图 5-3 所示。图中，$p(y)$ 为单位宽度轧制压力，$q(y)$ 为单位宽辊间接触压力，F_h 为支反力，F_w 为工作辊弯辊力，F_b 为支承辊弯辊力。

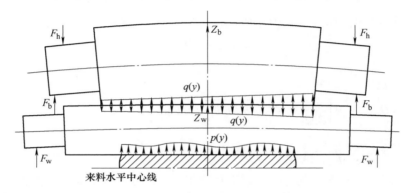

图 5-3　四辊轧机辊系载荷示意图

四辊轧机工作辊存在刚性位移，需要将板带、工作辊、支承辊沿带宽方向分别分割，完成单元划分。为便于支承辊与工作辊之间协调关系的离散化，轧辊在接触区域内的单元划分一一对应或成倍数，如图 5-4 所示。图中，L 为工作辊的辊身长度，L_1、L_2、L_3 分别为工作辊弯辊缸间距、支承辊弯辊间距、左右压下支点间距，L_b 为支承辊辊身长度。

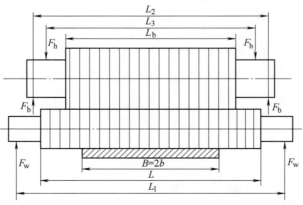

图 5-4　轧机辊系分割示意图

工作辊承受的载荷主要有轧制力、弯辊力和与支承辊的辊间力，产生了弯曲、剪切和弹性压扁变形，以及刚性位移。支承辊承受的载荷主要是工作辊的接触力和机架的反力，产生剪切和弯曲变形、辊间接触变形和刚性位移。

将轧件分为 n 个单元，将工作辊和支承辊辊身长度接触部分各分割为 n_w、n_b 段，将工作辊和支承辊接触部分的单元宽度分别划分为 $\Delta y_w(i)$、$\Delta y_b(i)$，为了处理上的简单可使 $\Delta y_w(i) = \Delta y_b(i)$，则此时辊系单元划分长度也可记为 $\Delta y(i)$，载荷也做同样离散。

根据影响函数法，辊间变形协调条件可分别表示如下

$$\theta_w(i) = \theta_b(i) + z_{bw}(i) + \Delta D_{bw}^0(i) + \Delta D_{bw}^W(i) + \Delta D_{bw}^T(i) \quad (i = 1 \sim n_w) \quad (5\text{-}12)$$

式中　$\theta_w(i)$ ——工作辊单元 i 轴线处的总位移；

$\theta_b(i)$ ——支承辊单元 i 轴线处的挠度；

$z_{bw}(i)$ ——工作辊和支承辊单元 i 之间的弹性压扁；

$\Delta D_{bw}^0(i)$ ——原始磨削辊形造成的工作辊和支承辊单元 i 之间的空载间隙；

$\Delta D_{bw}^W(i)$ ——轧辊磨损造成的工作辊和支承辊单元 i 之间的空载间隙；

$\Delta D_{bw}^T(i)$ ——热辊形造成的工作辊和支承辊单元 i 之间的空载间隙。

计算工作辊与轧件接触区的弹性压扁可以采用半平面弹性体假设的 Hertz 公式和半无限弹性体模型，也可使用中岛修正理论。记工作辊和支承辊间弹性压扁影响系数为 $g_{bw}(i)$，工作辊、支承辊单元 i 之间的弹性压扁 $z_{bw}(i)$ 分别为

$$z_{bw}(i) = g_{bw}(i)q(i) \quad i = 1 \sim n_b \quad (5\text{-}13)$$

支承辊单元 i 的挠度 $\theta_b(i)$ 为

$$\theta_b(i) = g_{F_b}(i)F_b + \sum_{j=1}^{wb} g_b(i,j)q(j)\Delta y_b(i) \quad (i = 1 \sim n_b) \quad (5\text{-}14)$$

式中　$g_{F_b}(i)$ ——支承辊弯辊力对支承辊弯曲影响系数；

$g_b(i, j)$ ——辊间接触力对支承辊挠曲影响系数。

工作辊单元 i 轴线处总位移为

$$\theta_w(i) = g_{F_w}(i)F_w + R_z^w(i) + \sum_{j=1}^{n_w} g_w(i,j)P(j)\Delta y_w(i)$$

$$+ \sum_{j=1}^{n_w} g_w(i,j)q(j)\Delta y_w(i) \quad (i = 1 \sim n_w) \quad (5\text{-}15)$$

式中　$g_{F_w}(i)$ ——工作辊弯辊力对工作辊弯曲影响系数；

$R_z^w(i)$ ——工作辊单元 i 轴线处的刚体位移；

$g_w(i, j)$ ——辊间压力对工作辊挠曲影响系数。

工作辊单元 i 轴线处的刚体位移为

$$R_z^w(i) = \frac{[y(i) - \omega_w](R_{z2}^n - R_{z1}^n) + R_{z1}^n L_n}{L_n} \quad (5\text{-}16)$$

式中　R_{z1}^n ——工作辊辊身坐标原点侧端点轴线处刚体位移；

R_{z2}^n ——工作辊辊身坐标原点相反侧端点轴线处刚体位移；

ϖ_{w}——系数, $\varpi_{\mathrm{w}} = (L_3 - L)/2$。

取轧制力引起的工作辊弹性压扁影响系数为 $g_{\mathrm{ws}}(i, j)$, 轧制力引起的工作辊单元 i 的弹性压扁量为

$$z_{\mathrm{ws}}(i) = g_{\mathrm{ws}}(i,j)p(j)$$
$$i = 1,2,\cdots,n_{\mathrm{w}}; \quad j = 1,2,\cdots,n \tag{5-17}$$

工作辊的力 (力矩) 平衡方程为

$$\sum_{i=1}^{n} p(i)\Delta y_{\mathrm{w}}(i) - \sum_{i=1}^{n_{\mathrm{w}}} q(i)\Delta y_{\mathrm{b}}(i) + 2F_{\mathrm{w}} = 0 \tag{5-18}$$

$$\sum_{i=1}^{n} p(i)\Delta y_{\mathrm{w}}(i)y(i) - \sum_{i=1}^{n_{\mathrm{w}}} q(i)\Delta y_{\mathrm{b}}(i)y(i) + F_{\mathrm{w}}L_1 = 0 \tag{5-19}$$

上面列出了求解辊系变形的相关方程, 由于影响函数的具体表达式已有大量文献, 这里不再赘述。

5.2.2 轧件三维轧制流线条元变分模型[28]

模型推导基于以下几点基本假设: 轧制过程处于稳定轧制状态, 辊缝内轧件为不可压缩刚塑性体, 板带与轧辊间的摩擦力符合库仑摩擦定律, 轧制区剪切形变速度与横纵高方向变形速度相比可忽略。此外考虑到冷轧板带厚度较薄, 变形区假设为在厚度方向上下对称。

5.2.2.1 条元分割、变换与金属横向流动

为了便于计算, 板带的单元划分可与辊系分割模型中工作辊的单元划分在带宽范围内节线数目成倍数。条元分割如图 5-5 所示, 沿横向分割条元数为 n。条元的形态考虑了金属在轧制区的横向变形, 条宽可不等, 金属流动路径在来料咬入位置的 y 向分量为 $y_i (i = 0, 1, \cdots, n)$。

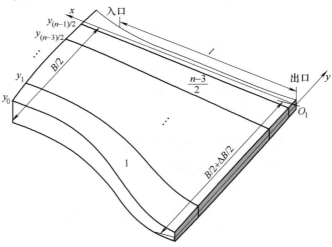

图 5-5　轧制区流线条元

将流线条元映射为水平投影为矩形的条元，映射条元的四个侧面均为垂直于板带表面的平面，如图 5-6 所示。金属流动路径在金属轧出处的 η 向分量为 $\eta_i (i = 0, 1, \cdots, n)$，条元宽度依次为 $s_i (i = 0, 1, \cdots, n)$。

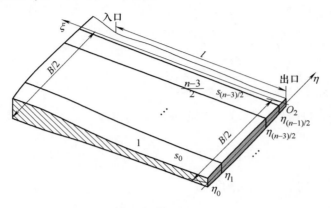

图 5-6　轧制区映射条元划分

将条元横向流动表示为沿金属轧出处横向未知函数 $u(\eta)$ 与沿轧制方向已知函数 f_i 的分离变量的形式

$$W_i = f_i u(\eta) \tag{5-20}$$

条元金属在 $x-y$ 与 $\xi-\eta$ 坐标间映射关系为

$$x = \xi, \quad y = \eta + W_i(\xi, \eta) \tag{5-21}$$

f_i 采用满足咬入与抛出边界条件的模型如下：

$$f_i = 1 - \frac{h_i(\xi) - h_{1i}}{h_{0i} - h_{1i}} \tag{5-22}$$

其中，轧制区内板带厚度纵向分布 $h_i(\xi)$ 近似为

$$h_i(\xi) = h_{1i} + (h_{0i} - h_{1i})\left(\frac{\xi}{l}\right)^2 \tag{5-23}$$

5.2.2.2　张力模型与条元变形速度

板带冷轧板形计算中，前后张力作用不可忽略，采用如下前张力横向分布模型

$$\sigma_1 = \overline{\sigma}_1 + \frac{E}{1-\nu^2}\left[1 + \frac{h_1(\eta)}{\overline{h}_1} - \frac{h_0(\eta)}{\overline{h}_0} - \frac{l_0(\eta)}{\overline{l}_0} + u'(\eta) - \frac{\Delta B}{B}\right] \tag{5-24}$$

式中　$\overline{\sigma}_1$——平均前张应力；

$\overline{h}_0$——来料平均厚度；

$\overline{h}_1$——平均出口厚度；

$\overline{l}_0$——入口板带长度均值。

将 σ_1 对时间求导，可推出轧制区条元金属横向变形速度为

$$\xi_2 = \frac{1}{1 + \dfrac{\partial B_i}{\partial \eta}} \frac{u'(\eta)}{h_{0i} - h_{1i}} \dot{h}_i(\xi) \tag{5-25}$$

轧制区条元金属 z 向变形速度为

$$\xi_3 = \frac{1}{h_i(\xi)}\dot{h}_i(\xi) \tag{5-26}$$

根据前述辊缝内轧件体积不可压缩的基本假设，条元金属纵向变形速度可写为

$$\xi_1 = \left[\frac{1}{1 + \dfrac{\partial B_i}{\partial \eta}}\frac{u'(\eta)}{h_{0i} - h_{1i}} - \frac{1}{h_i(\xi)}\right]\dot{h}_i(\xi) \tag{5-27}$$

5.2.2.3 条元出口横向流动函数求解

结合秒流量相等原理，可得轧制区条元内力功率为

$$N_{\mathrm{bi}} = 2\bar{v}_1\bar{h}_1 k_s \int_{\eta_{i-1}}^{\eta_i} \mathrm{d}\eta \int_{h_{1i}}^{h_{0i}} \sqrt{\frac{G_1^2 - G_1 G_2 + G_2^2}{h_i^2(\xi)}}\mathrm{d}h_i(\xi) \tag{5-28}$$

式中，$\bar{v}_1$——出口横向平均轧制速度。

$$G_1 = \frac{u'(\eta)h_i(\xi)}{h_{0i} - h_{1i}} \tag{5-29}$$

$$G_2 = 1 + \frac{h_{0i} - h_i(\xi)}{h_{0i} - h_{1i}}u'(\eta) \tag{5-30}$$

条元接触面摩擦力功率为

$$N_{fi} = 2\bar{\tau}\bar{v}_1\bar{h}_1$$

$$\int_{\eta_{i-1}}^{\eta_i} \mathrm{d}\eta \int_0^l \sqrt{\left[\frac{1}{h_i(\xi)} - \frac{1}{h_{ni}}\right]^2 + 4\left[\frac{u(\eta)\xi}{h_i(\xi)l^2}\right]^2}\left[1 + u'(\eta)\frac{h_{0i} - h_i(\xi)}{h_{0i} - h_{1i}}\right]\mathrm{d}\xi \tag{5-31}$$

轧制区条元内力功率与条元接触面摩擦力功率求和，并加上板带轧后张力积蓄的弹性功率得板带条元轧制功率，可表示为

$$N_i = \bar{v}_1\bar{h}_1 \int_{\eta_{i-1}}^{\eta_i} F_i[\eta, u(\eta), u'(\eta)]\mathrm{d}\eta \quad (i = 1, 2, \cdots, n) \tag{5-32}$$

式中 $F_i[\eta, u(\eta), u'(\eta)]$ 的表达式如下

$$F_i[\eta, u(\eta), u'(\eta)]$$

$$= 2\bar{\tau}\int_0^1 \frac{C_i[1 + (1 - \varphi^2)u'(\eta)]}{h_{1i} + (h_{0i} - h_{1i})\varphi^2}\sqrt{(\varphi_{ni}^2 - \varphi^2)^2 + 4\varphi^2\left[\frac{u(\eta)}{C_i}\right]^2}\mathrm{d}\varphi +$$

$$\frac{(1 - v^2)[1 + u'(\eta)]}{2E}\left\{\bar{\sigma}_1 + \frac{E}{1 - v^2}\left[1 + \frac{h_1(\eta)}{\bar{h}_1} - \frac{h_0(\eta)}{\bar{h}_0} - \frac{l_0(\eta)}{\bar{l}_0} + u'(\eta) - \frac{\Delta B}{B}\right]\right\}^2 +$$

$$2k_s\frac{h_{0i} - h_{1i}}{h_{mi}}\sqrt{I_1^2 - I_1 I_2 + I_2^2} \tag{5-33}$$

式中　h_{ni}——条元中性面位置厚度；

　　　ξ_{ni}——条元中性面位置纵向坐标；

　　　$\bar{\tau}$——摩擦应力均值。

$$h_{mi} = \frac{h_{0i} + h_{1i}}{2} \tag{5-34}$$

$$C_i = \frac{(h_{0i} - h_{1i})l}{h_{ni}} \tag{5-35}$$

$$\varphi_{ni} = \frac{\xi_{ni}}{l} \tag{5-36}$$

$$I_1 = 1 + \frac{1}{2}u'(\eta) \tag{5-37}$$

$$I_2 = u'(\eta)\frac{h_{mi}}{h_{0i} - h_{1i}} \tag{5-38}$$

若记

$$K_i^2 = \frac{8\bar{\tau}h_{ni}(1 - \nu^2)}{Eh_{mi}(h_{0i} - h_{1i})l\zeta_i} \tag{5-39}$$

由能量最小原理，则可得出口位置横向位移函数近似满足欧拉微分方程

$$u'' - K_i^2 u = 0 \quad (i = 1,2,\cdots,n) \tag{5-40}$$

式（5-39）中，

$$\xi_i = 1 + \frac{2(\bar{\sigma}_1 + \gamma_i)(1 - \nu^2)}{E} + \frac{3k_s h_{ni}(1 - \nu^2)}{2E(h_{0i} - h_{1i})} \tag{5-41}$$

$$\gamma_i = \frac{E}{1 - \nu^2}\left(1 + \frac{h_{1i}}{\bar{h}_1} - \frac{h_{0i}}{\bar{h}_0} - \frac{l_{0i}}{\bar{l}_0}\right) \tag{5-42}$$

结合定解条件

$$\begin{aligned} \eta &= \eta_{i-1}, u = u_{i-1} \\ \eta &= \eta_i, u = u_i \\ &(i = 1,2,\cdots,n) \end{aligned} \tag{5-43}$$

可得

$$\begin{aligned} u(\eta) &= \operatorname{csch}(K_i s_i)\{\operatorname{sh}[K_i(\eta_i - \eta)]u_{i-1} + \operatorname{sh}[K_i(\eta_i - \eta)]u_i\} \\ &(i = 1,2,\cdots,n) \end{aligned} \tag{5-44}$$

5.2.2.4　出口横向流动求解

对变形区条元的功率进行求和，得到板带金属冷轧过程的总功率

$$N_Z = \bar{v}_1\bar{h}_1\sum_{i=1}^{n}\int_{\eta_{i-1}}^{\eta_i}F_i[\eta,u(\eta),u'(\eta)]\mathrm{d}\eta \tag{5-45}$$

根据能量最小原理，得

$$\frac{\partial Nz}{\partial u_j} = 0 \quad (j = 0,1,\cdots,m) \tag{5-46}$$

令

$$e_b = \frac{E}{1 - \nu^2}\frac{1}{B} \tag{5-47}$$

$$\delta_i = \gamma_i - k_s + k_s \frac{h_{0i} - h_{1i}}{h_{mi}} + \frac{1 - \nu^2}{2E}(\overline{\sigma}_1 + \gamma_i)^2 + \frac{2\overline{\tau}(h_{0i} - h_{1i})l}{5h_{mi}h_{ni}} \quad (5\text{-}48)$$

$u_i'(\eta)$ 表达式为

$$u_i'(\eta) = -K_i \mathrm{csch}(K_i s_i)\{\mathrm{ch}[K_i(\eta_i - \eta)]u_{i-1} - \mathrm{ch}[K_i(\eta - \eta_{i-1})]u_i\}$$
$$(i = 1,2,\cdots,n) \quad (5\text{-}49)$$

又有

$$\int_{\eta_{i-1}}^{\eta_i} \mathrm{ch}[K_i(\eta_i - \eta)]\mathrm{d}\eta = \frac{\int_{\eta_{i-1}}^{\eta_i} \mathrm{ch}[K_i(\eta_i - \eta)]\mathrm{d}(K_i\eta - K_i\eta_i)}{K_i} = \frac{\mathrm{sh}(K_i s_i)}{K_i} \quad (5\text{-}50)$$

类似地，有

$$\int_{\eta_{i-1}}^{\eta_i} \mathrm{ch}[K_i(\eta - \eta_{i-1})]\mathrm{d}\eta = \frac{\mathrm{sh}(K_i s_i)}{K_i} \quad (5\text{-}51)$$

$$\int_{\eta_{i-1}}^{\eta_i} \mathrm{ch}^2[K_i(\eta_i - \eta)]\mathrm{d}\eta = \frac{\mathrm{sh}(2K_i s_i)}{4K_i} + \frac{s_i}{2} \quad (5\text{-}52)$$

$$\int_{\eta_{i-1}}^{\eta_i} \mathrm{ch}[K_i(\eta_i - \eta)]\mathrm{ch}[K_i(\eta - \eta_{i-1})]\mathrm{d}\eta$$
$$= \frac{s_i\mathrm{ch}(K_i s_i)}{2} + \frac{\mathrm{sh}(K_i s_i)}{2K_i} \quad (5\text{-}53)$$

$$\int_{\eta_{i-1}}^{\eta_i} \mathrm{ch}^2[K_i(\eta - \eta_{i-1})]\mathrm{d}\eta = \frac{\mathrm{sh}(2K_i S_i)}{4K_i} + \frac{s_i}{2} \quad (5\text{-}54)$$

$$\int_{\eta_{i-1}}^{\eta_i} \mathrm{sh}^2[K_i(\eta_i - \eta)]\mathrm{d}\eta = \frac{\mathrm{sh}(2K_i s_i)}{4K_i} - \frac{s_i}{2} \quad (5\text{-}55)$$

$$\int_{\eta_{i-1}}^{\eta_i} \mathrm{sh}[K_i(\eta_i - \eta)]\mathrm{sh}[K_i(\eta - \eta_{i-1})]\mathrm{d}\eta$$
$$= \frac{s_i\mathrm{ch}(K_i s_i)}{2} - \frac{\mathrm{sh}(K_i s_i)}{2K_i} \quad (5\text{-}56)$$

$$\int_{\eta_{i-1}}^{\eta_i} \mathrm{ch}[K_i(\eta_i - \eta)]\mathrm{sh}[K_i(\eta_i - \eta)]\mathrm{sh}[K_i(\eta_i - \eta)]\mathrm{d}\eta$$
$$= \frac{\mathrm{sh}^3(K_i s_i)}{3K_i} \quad (5\text{-}57)$$

$$\int_{\eta_{i-1}}^{\eta_i} \mathrm{ch}[K_i(\eta_i - \eta)]\mathrm{sh}[K_i(\eta_i - \eta)]\mathrm{sh}[K_i(\eta - \eta_{i-1})]\mathrm{d}\eta$$
$$= \frac{\mathrm{sh}(2K_i s_i) - 2\mathrm{sh}(K_i s_i)}{6K_i} \quad (5\text{-}58)$$

$$\int_{\eta_{i-1}}^{\eta_i} \mathrm{ch}[K_i(\eta_i - \eta)]\mathrm{sh}[K_i(\eta - \eta_{i-1})]\mathrm{sh}[K_i(\eta - \eta_{i-1})]\mathrm{d}\eta$$
$$= \frac{\mathrm{sh}(2K_i s_i) - 2\mathrm{sh}(K_i s_i)}{3K_i} \quad (5\text{-}59)$$

$$\int_{\eta_{i-1}}^{\eta_i} \text{ch}[K_i(\eta - \eta_{i-1})]\text{sh}[K_i(\eta_i - \eta)]\text{sh}[K_i(\eta_i - \eta)]\text{d}\eta$$

$$= \frac{\text{sh}(2K_iS_i) - 2\text{sh}(K_is_i)}{3K_i} \tag{5-60}$$

$$\int_{\eta_{i-1}}^{\eta_i} \text{ch}[K_i(\eta - \eta_{i-1})]\text{sh}[K_i(\eta_i - \eta)]\text{sh}[K_i(\eta - \eta_{i-1})]\text{d}\eta$$

$$= \frac{\text{sh}(2K_is_i) - 2\text{sh}(K_is_i)}{6K_i} \tag{5-61}$$

$$\int_{\eta_{i-1}}^{\eta_i} \text{ch}[K_i(\eta - \eta_{i-1})]\text{sh}[K_i(\eta - \eta_{i-1})]\text{sh}[K_i(\eta - \eta_{i-1})]\text{d}\eta$$

$$= \frac{\text{sh}^3(K_is_i)}{3K_i} \tag{5-62}$$

$$\int_{\eta_{i-1}}^{\eta_i} \text{ch}^3[K_i(\eta_i - \eta)]\text{d}\eta = \frac{\text{sh}^3(K_is_i) + 3\text{sh}(K_is_i)}{3K_i} \tag{5-63}$$

$$\int_{\eta_{i-1}}^{\eta_i} \text{ch}^2[K_i(\eta_i - \eta)]\text{ch}[K_i(\eta - \eta_{i-1})]\text{d}\eta = \frac{\text{sh}(2K_is_i) + \text{sh}(K_is_i)}{3K_i} \tag{5-64}$$

$$\int_{\eta_{i-1}}^{\eta_i} \text{ch}^3[K_i(\eta - \eta_{i-1})]\text{d}\eta = \frac{\text{sh}^3(K_is_i) + 3\text{sh}(K_is_i)}{3K_i} \tag{5-65}$$

$$\int_{\eta_{i-1}}^{\eta_i} \text{ch}[K_i(\eta_i - \eta)]\text{ch}^2[K_i(\eta - \eta_{i-1})]\text{d}\eta = \frac{\text{sh}(2K_is_i) + \text{sh}(K_is_i)}{3K_i} \tag{5-66}$$

且注意到有下式成立

$$\int_{\eta_{i-1}}^{\eta_i} \text{sh}^2[K_i(\eta - \eta_{i-1})]\text{d}\eta = \int_{\eta_{i-1}}^{\eta_i} \text{sh}^2[K_i(\eta_i - \eta)]\text{d}\eta \tag{5-67}$$

又令

$$\alpha_{1i} = \frac{1}{2}\left(-k_s\frac{h_{1i}}{h_{mi}} + 2k_s\frac{h_{mi}}{h_{0i} - h_{1i}} + 2\bar{\sigma}_1 + 2\gamma_i + \frac{E}{1 - \nu^2}\right)\alpha_{2i}$$

$$+ \frac{4\bar{\tau}h_{ni}}{h_{mi}(h_{0i} - h_{1i})l}\left[\frac{\text{cth}(K_is_i)}{K_i} - \frac{s_i}{\text{sh}^2(K_is_i)}\right] \tag{5-68}$$

$$\alpha_{2i} = K_i\text{cth}(K_is_i) + \frac{K_i^2 s_i}{\text{sh}^2(K_is_i)} \tag{5-69}$$

$$\alpha_{3i} = \frac{1}{2}\left(-k_s\frac{h_{1i}}{h_{mi}} + 2k_s\frac{h_{mi}}{h_{0i} - h_{1i}} + 2\bar{\sigma}_1 + 2\gamma_i + \frac{E}{1 - \nu^2}\right)\alpha_{4i}$$

$$+ \frac{4\bar{\tau}h_{ni}}{h_{mi}(h_{0i} - h_{1i})l}\left[\frac{s_i\text{cth}(K_is_i)}{\text{sh}(K_is_i)} - \frac{1}{K_i\text{sh}(K_is_i)}\right] \tag{5-70}$$

$$\alpha_{4i} = -\frac{K_i^2 s_i\text{cth}(K_is_i) + K_i}{\text{sh}(K_is_i)} \tag{5-71}$$

结合式（5-51）~式（5-66），可推出方程组

$$
\left\{
\begin{aligned}
&- \left[\delta_1 + \left(e_b + \frac{\overline{\sigma}_1 + \gamma_1}{B}\right)(u_0 - u_m) + \frac{e_b}{2B}(u_0 - u_m)^2\right] + \left[\alpha_{11} + \alpha_{21}e_b(u_0 - u_m)\right]u_0 \\
&+ \left[\alpha_{31} + \alpha_{41}e_b(u_0 - u_m)\right]u_1 + \frac{1}{B}\sum_{i=1}^{n}\left[\gamma_i(u_i - u_{i-1}) + \lambda_{1i}u_{i-1}^2 - \lambda_{2i}u_{i-1}u_i + \lambda_{1i}u_i^2\right] \\
&+ \beta_{2j}u_{j-1}^2 - \beta_{3j}u_{j-1}u_j + \left[\beta_{1(j+1)} - \beta_{1j}\right]u_j^2 + \beta_{3(j+1)}u_ju_{j+1} - \beta_{2(j+1)}u_{j+1}^2 = 0 \\
&\qquad\qquad\qquad\qquad\qquad\vdots \\
&\delta_j - \delta_{j+1} + \frac{\gamma_j - \gamma_{j+1}}{B}(u_0 - u_m) + \left[\alpha_{1j} + \alpha_{4j}e_b(u_0 - u_m)\right]u_{j-1} \\
&+ \left\{\alpha_{1j} + \alpha_{1(j+1)} + \left[\alpha_{2j} + \alpha_{2(j+1)}\right]e_b(u_0 - u_m)\right\}u_j + \left[\alpha_{3(j+1)} + \alpha_{4(j+1)}e_b(u_0 - u_m)\right]u_{j+1} \\
&+ \beta_{11}u_0^2 + \beta_{31}u_0u_1 - \beta_{21}u_1^2 \\
&\qquad\qquad\qquad\qquad\qquad\vdots \\
&\delta_m + \left(e_b + \frac{\overline{\sigma}_1 + \gamma_1}{B}\right)(u_0 - u_m) + \frac{e_b}{2B}(u_0 - u_m)^2 + \left[\alpha_{3m} + \alpha_{4m}e_b(u_0 - u_m)\right]u_{m-1} \\
&+ \left[\alpha_{1m} + \alpha_{2m}e_b(u_0 - u_m)\right]u_m - \frac{1}{B}\sum_{i=1}^{n}\left[\gamma_i(u_i - u_{i-1}) + \lambda_{1i}u_{i-1}^2 - \lambda_{2i}u_{i-1}u_i + \lambda_{1i}u_i^2\right] \\
&+ \beta_{2m}u_{m-1}^2 - \beta_{3m}u_{m-1}u_m - \beta_{1m}u_m^2 - \frac{1}{B}\left[\overline{\sigma}_1 + e_b(u_0 - u_m)\right](u_m - u_0) = 0 \\
&\qquad\qquad\qquad\qquad (j = 1,2,\cdots,n-1)
\end{aligned}
\right.
\tag{5-72}
$$

其中

$$
\beta_{1i} = -\frac{5\overline{\tau}h_{ni}}{3h_{mi}(h_{0i} - h_{1i})l} - \frac{EK_i^2\left[\mathrm{sh}^2(K_is_i) + 3\right]}{2(1 - \nu^2)\mathrm{sh}^2(K_is_i)}
\tag{5-73}
$$

$$
\beta_{2i} = -\frac{5\overline{\tau}h_{ni}}{h_{mi}(h_{0i} - h_{1i})l}\frac{\mathrm{sh}(2K_is_i) - 2\mathrm{sh}(K_is_i)}{6\mathrm{sh}^3(K_is_i)} + \frac{EK_i^2\left[\mathrm{sh}(2K_is_i) + \mathrm{sh}(K_is_i)\right]}{2(1 - \nu^2)\mathrm{sh}^3(K_is_i)}
\tag{5-74}
$$

$$
\beta_{3i} = \frac{5\overline{\tau}h_{ni}}{h_{mi}(h_{0i} - h_{1i})l}\frac{\mathrm{sh}(2K_is_i) - 2\mathrm{sh}(K_is_i)}{6\mathrm{sh}^3(K_is_i)} + \frac{EK_i^2\left[\mathrm{sh}(2K_is_i) + \mathrm{sh}(K_is_i)\right]}{(1 - \nu^2)\mathrm{sh}^3(K_is_i)}
\tag{5-75}
$$

$$
\lambda_{1i} = \frac{EK_i^2}{1 - \nu^2}\left[\frac{\mathrm{sh}(2K_is_i)}{4K_i\mathrm{sh}^2(K_is_i)} + \frac{S_i}{2\mathrm{sh}^2(K_is_i)}\right]
\tag{5-76}
$$

$$
\lambda_{2i} = \frac{EK_i\left[K_is_i\mathrm{cth}(K_is_i) + 1\right]}{(1 - \nu^2)\mathrm{sh}(K_is_i)}
\tag{5-77}
$$

对上述方程进行求解，可求得出口位置横向流动大小分布，进而可求出前张力分布和条元平均轧制压力。

5.2.3 耦合模型求解流程

由于轧件三维塑性轧制模型和辊系弹性变形模型互为条件，需要耦合求解。轧件三维轧制模型的任务是确定单位宽度轧制压力 $p(y)$ 和前、后张力 $\sigma_1(y)$、$\sigma_0(y)$ 等的横向分布。辊系变形模型的任务是在已知单位宽度轧制压力横向分布的条件下，确定单位宽度工作辊与支承辊之间的接触压力 $q(y)$ 的横向分布，以及负载辊缝形状即出口板厚 $h_1(y)$ 的横向分布。在耦合计算过程中，辊系弹性变形模型为轧件三维轧制模型提供负载辊缝横向分布，即出口厚度 $h_1(y)$，而轧件三维轧制模型为辊系弹性变形模型提供单位宽度轧制压力 $p(y)$ 的横向分布。其计算框图如图 5-7 所示。

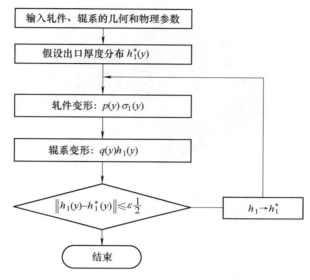

图 5-7 轧件三维轧制模型和辊系弹性变形模型耦合计算流程图

5.3 面向板形板厚控制的板带轧机系统动态仿真[29]

根据前面所建模型编程计算，对轧制过程进行动态仿真。以某冷连轧机组第二机架轧机为模拟对象，选取某一轧制过程，仿真用到的主要参数见表 5-1。

表 5-1 模型仿真参数表

工作辊直径/mm	560	轧辊弹性模量/GPa	210
支承辊直径/mm	1550	轧辊材料密度/(kg·m⁻³)	7.8×10^3
辊身长度/mm	2030	压下缸中心距/mm	3090
入口厚度/mm	1.638	工作辊弯辊缸间距/mm	2880
出口厚度/mm	1.225	轧件屈服强度/MPa	578
前张力/MPa	140	后张力/MPa	126
仿真时间步/s	0.015	—	—

基于前述模型假设，所建模型的仿真程序能够模拟轧制过程中以下参量的动态变化情况：工作辊和支承辊横向（沿辊身长度方向）的动态变化，也即工作辊和支承辊的弯曲变形随时间的变化规律；辊缝横向分布随时间的变化规律，也即板凸度的动态变化规律；轧制压力分布随时间的变化情况；板形的动态变化。

图 5-8 是轧制压力分布随时间的变化情况。由计算可知，轧制压力为 9716 kN，这与实测值 10220 kN 十分接近，验证了所建模型的正确性。其中图 5-8a 为轧制压力沿宽度方向分布随时间的变化，图 5-8b 为板宽中点处一点轧制压力随时间的变化。由图可知，轧制压力开始波动较大，逐渐趋于平稳。

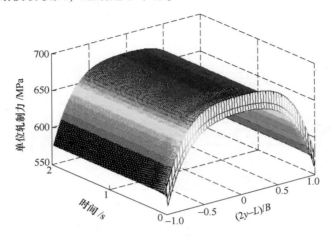

a) 三维图形显示

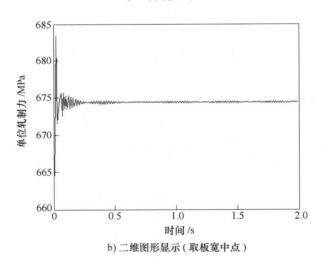

b) 二维图形显示（取板宽中点）

图 5-8　轧制压力分布随时间变化图

图 5-9 和图 5-10 给出了工作辊和支承辊在分布轧制压力作用下随时间的变化图像，其中图 a 为三维图像，图 b 为辊身长度中点随时间变化的二维图像。由图可以看出，工作辊和支承辊挠曲呈二次曲线，且随时间波动呈衰减趋势。工作辊的挠度大约为 70 μm，支承辊挠度约为 11 μm。稳定轧制过程中，轧制条件较为理想，因此工作辊和支承辊的振动程度不大；工作辊和支承辊的运动随时间呈周期衰减变化，逐渐趋于稳定。

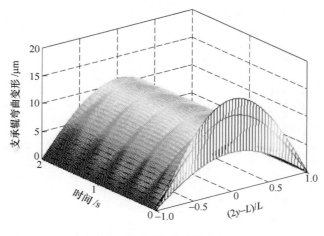

a) 三维图形显示

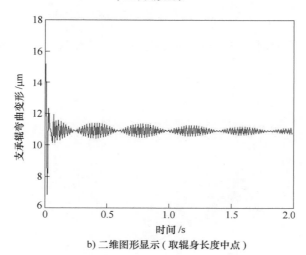

b) 二维图形显示（取辊身长度中点）

图 5-9　支承辊弯曲变形随时间变化图

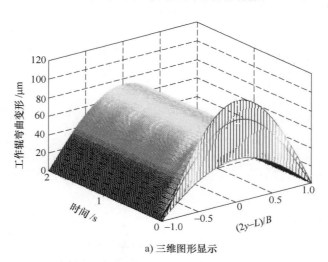

a) 三维图形显示

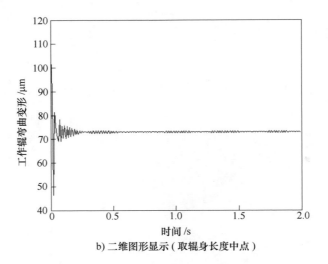

b) 二维图形显示（取辊身长度中点）

图 5-10　工作辊弯曲变形随时间变形图

图 5-11 给出了带钢出口厚度分布随时间的变化情况，其中图 5-11a 为出口厚度沿

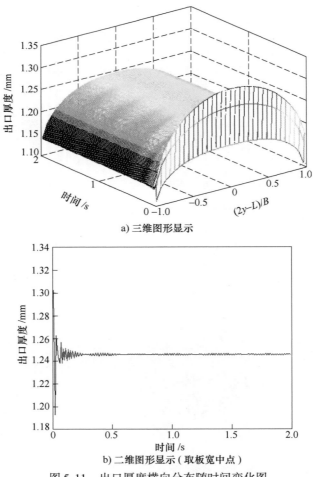

a) 三维图形显示

b) 二维图形显示（取板宽中点）

图 5-11　出口厚度横向分布随时间变化图

板宽的横向分布随时间变化情况，图 5-11b 为板宽中点厚度值随时间变化情况。工作辊和支承辊的振动情况直接影响辊缝的横向分布，也即体现在出口厚度横向分布的变化。因此，出口厚度横向分布更加直观地反映了辊系弯曲变形动力学的情况，也是人们最为关心的板带材质量指标之一。由图可知，出口厚度横向分布随时间变化逐渐趋于稳定。

图 5-12 给出了带钢前张应力分布随时间的变化情况，其中图 5-12a 为前张应力沿板宽的横向分布随时间变化情况，图 5-12b 为板宽中点前张应力值随时间变化情况。前张应力横向分布反映了带钢的板形，由图可知，本例中在该轧制条件下，假设来料带钢有凸度，那么轧后带材的板形呈微中浪，前张应力分布随时间变化，开始时波动较大，后逐渐衰减趋于稳定。板宽方向上各点的前张应力值随时间的变化趋势和图 5-12b 类似，这里以图 5-12b 为例进行说明。

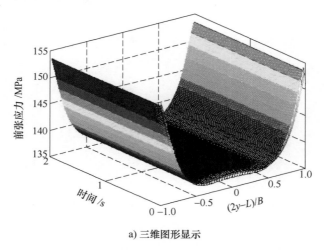

a) 三维图形显示

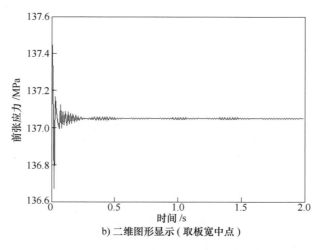

b) 二维图形显示（取板宽中点）

图 5-12　前张应力横向分布随时间变化图

　　本章建立的面向板形板厚控制的轧机系统动态模型考虑了轧机辊系和辊缝内金属的动态性能，忽略了轧制过程中运动板带钢动态分布张应力对辊缝内金属及辊系的反作用，模型尚有完善的空间。通过所建模型进行仿真，可较真实地模拟轧制过程，分析轧制过程中轧机结构和带钢板形板厚动态特性，开发新产品和新工艺；也可进行虚拟试验，为新设备的开发和系统的改造提供技术支持，降低成本和风险。

第6章　板带轧机系统刚柔耦合动力学模型体系

　　板带轧机的工作稳定性取决于系统的动力学特性，其中轧机辊系沿垂直、水平方向的刚性运动和轧辊沿轴线方向的弯曲变形运动是影响板带厚度和板形质量的主要因素。特别对于大型板带轧机而言，轧辊的弯曲变形运动与带钢的板形密切相关。轧机系统中刚体运动与柔性体变形运动的同时发生及其相互耦合作用是柔性多体系统耦合动力学的主要特征，这个特征使得轧辊的弯曲变形运动区别于传统的结构动力学：轧辊在轧制过程中发生弯曲变形运动的同时，也会随轧机系统产生沿垂直、水平方向的刚性振动；几种运动形式相互影响、耦合作用，令轧机系统成为一个多变量、非线性的复杂动态系统。因此综合考虑轧机系统沿垂直、水平方向的刚性振动和轧辊沿轴线方向的弯曲变形运动之间的耦合效应，是进行板带轧机柔性多体系统耦合动力学建模的基础。深入分析轧机系统刚性振动对轧辊弯曲变形运动的影响，为提高轧辊运动精度，实现带钢板形动态控制提供理论依据。

　　基于辊系刚柔耦合特性的轧机系统动力学仿真模型应包括以下几个模型：轧机辊系刚性振动耦合动力学模型；轧机辊系刚柔耦合动力学模型；轧制变形区耦合动力学模型。各个模型之间相互联系，相互影响，构成有机整体。变形区轧制力学模型以及轧制变形区耦合动力学模型确定单位轧制压力的横向分布规律。根据轧机辊系刚柔耦合动力学模型和刚性振动耦合动力学模型可以求得随辊系刚性运动而变化的轧辊横向模态函数各时刻的表达式，并将该模态函数代入轧机辊系–轧件多参数耦合动力学模型中，确定各时刻系统的质量矩阵、刚度矩阵和阻尼矩阵。通过动力学分析，求得各时刻轧机系统刚性振动和弯曲振动的动态响应特性，即可得到反映板形板厚特性的综合动态信息。

6.1　轧机辊系刚柔耦合动力学模型[30]

　　轧辊是由轴承座支撑，置于两片牌坊之间的弹性连续体，工作辊和支承辊之间相互耦合，工作辊与板带材沿宽度方向直接接触，其振动特性直接影响板带材的板形质量。将轧机辊系看作弹性结构系统，采用解析法进行动力学研究，所研究的四辊轧机辊系物理模型如图 6-1 所示，为了便于求解分析，认为工作辊与支承辊之间为弹性接触，并对轧机辊系做如下假设：

　　1）轧辊是各向同性的等截面梁；

　　2）忽略轧辊转动惯量和剪切变形的影响；

　　3）工作辊和支承辊之间为弹性接触，并设弹性系数为 K_{wb}；

4）认为轧辊为平面梁，忽略沿轧辊轴线方向的纵向位移以及由水平载荷引起的轧辊沿轧制线方向的弹性变形。

6.1.1 轧辊运动学描述

轧机辊系的运动包括支承辊、工作辊的刚性运动和弹性变形运动。轧制过程中，引起轧机辊系刚性振动的因素主要有轧制过程的不稳定性，液压压下系统的动态响应以及轧机传动侧主传动系统动特性。考虑辊系操作侧和传动侧机械结构和液压压下系统动态响应的不同，辊系两侧沿垂直方向的刚性运动将会产生一定程度的不同；同理可知轧辊两侧沿轧制方向的刚性运动也会产生一定程度的不同，如图6-2所示。

为了研究辊系刚性运动对轧辊弹性变形运动的影响，需要准确地描述考虑辊系操作侧和传动侧动态特性的轧辊空间刚性运动。由于针对轧机系统刚性振动的研究通常采用集中质量法，即将系统简化成多自由度弹簧质量模型，而忽略了轧辊操作侧和传动侧动态特性的差异[31,32]。为了描述轧辊沿轴线方向的刚性运动特性，本章分别考虑操作侧和传动侧刚性运动，将轧辊的刚性运动进行等效分解，如图6-3所示。

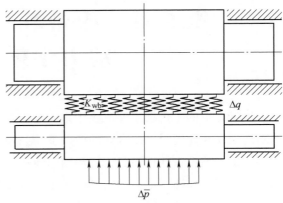

图6-1 四辊轧机辊系物理模型

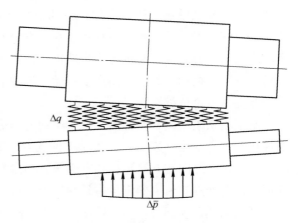

图6-2 轧辊横向刚性运动示意图

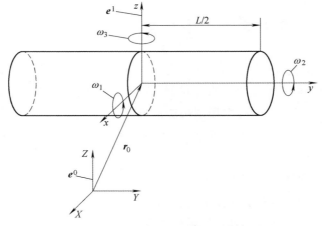

图6-3 轧辊刚性运动的等效分析

图 6-3 中，对轧辊辊身进行等效刚性运动分析。定义 e^0 为惯性坐标系，在轧辊未变形时固结在中线的非惯性系定义为浮动坐标系 e^1。其中，r_0 是利用轧机系统多自由度弹簧质量模型求得的轧辊刚性运动位移，$r_0 = \begin{bmatrix} r_{01} & r_{02} & r_{03} \end{bmatrix}^T$，$r_{01}$、$r_{02}$、$r_{03}$ 分别为轧辊刚性位移 r_0 沿 X、Y、Z 轴的运动分量。考虑轧辊操作侧和传动侧刚性运动的不同，分别引入绕 x 轴和 z 轴的转动角速度 ω_1、ω_3，这样轧辊沿轴线方向的刚性运动特征可以等效为轧辊的刚性运动与轧辊绕 x 轴和 z 轴转动的叠加。同时考虑轧辊的转动，引入绕 y 轴的转动角速度 ω_2。故可定义 ω 为系统的角速度列阵，且有

$$\omega = \begin{bmatrix} \omega_1 & \omega_2 & \omega_3 \end{bmatrix}^T \tag{6-1}$$

以半辊身长度的轧辊为研究对象，取其非中线上的任意一点 P，如图 6-4 所示。P 点与其对应中线上点的位移矢量记为 u，则点 P 相对于浮动坐标系变形前后的矢径分别为 ρ_0、ρ，r 为点 P 经变形后到达 P' 相对于惯性系的绝对矢径。

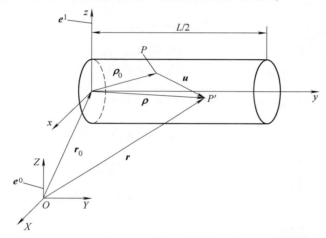

图 6-4　轧辊的运动学描述

由图 6-4 可知，矢径 r 可以表示为

$$r = r_0 + \rho_0 + u \tag{6-2}$$

将式（6-2）对时间求二阶导数，可得点 P 运动的加速度表达式为

$$\ddot{r} = \ddot{u} + 2\tilde{\omega}\dot{u} + (\dot{\tilde{\omega}} + \tilde{\omega}\tilde{\omega})u + \Delta \tag{6-3}$$

式中

$$\Delta = \dot{\tilde{\omega}}(r_0 + \rho_0) + \tilde{\omega}\tilde{\omega}(r_0 + \rho_0) + \ddot{r}_0 + 2\tilde{\omega}\dot{r}_0 \tag{6-4}$$

式中，u 可用来表征轧辊上任意一点的弹性变形运动，且有

$$u = \begin{bmatrix} u_1 & u_2 & u_3 \end{bmatrix}^T$$

由式（6-1）可知，式（6-3）、式（6-4）中的 $\tilde{\omega}$ 可以表示为

$$\tilde{\omega} = \begin{bmatrix} 0 & -\omega_3 & \omega_2 \\ \omega_3 & 0 & -\omega_1 \\ -\omega_2 & \omega_1 & 0 \end{bmatrix} \tag{6-5}$$

6.1.2 轧辊动能的变分

根据轧机辊系的假设可知辊身上任意一点的位移场为 $\boldsymbol{u} = \begin{bmatrix} u_1 & u_2 & u_3 \end{bmatrix}^{\mathrm{T}}$，可得

$$
\begin{cases}
u_1 = 0 \\
u_2 = -z\dfrac{\partial w(y,t)}{\partial y} - \dfrac{1}{2}\displaystyle\int_0^y \left[\dfrac{\partial w(y,t)}{\partial \xi}\right]^2 \mathrm{d}\xi \\
u_3 = w(y,t)
\end{cases}
\tag{6-6}
$$

令 $u_2 = w_c$，w_c 为轧辊的耦合变形项。

则系统动能的变分可表示为

$$
\delta T = -\int_m (\ddot{\boldsymbol{r}})^{\mathrm{T}} \delta \boldsymbol{u}\, \mathrm{d}m
\tag{6-7}
$$

将式（6-6）带入式（6-7）中，可得

$$
\delta T = \delta T_0 + \delta T_c
\tag{6-8}
$$

式中 δT_0——不考虑耦合变形项时惯性力所做的虚功；

δT_c——耦合变形项 w_c 与轧辊刚性运动耦合产生的惯性力所做的虚功。

$$
\delta T_0 = -\int_m \left[\ddot{w} - (\omega_1^2 + \omega_2^2)w + (\omega_2\omega_3 + \dot{\omega}_1)y + \ddot{r}_{03} + 2(\omega_1\dot{r}_{02} - \omega_2\dot{r}_{01})\right]\delta w\, \mathrm{d}m
\tag{6-9}
$$

$$
\delta T_c = -\int_m \left[2\omega_1\dot{w}_c + (\omega_2\omega_3 + \dot{\omega}_1)w_c\right]\delta w\, \mathrm{d}m
$$

$$
\quad -\int_m \begin{bmatrix}\ddot{w}_c - 2\omega_1\dot{w} - (\omega_1^2 + \omega_3^2)w_c + (\omega_2\omega_3 - \dot{\omega}_1)w \\ -(\omega_1^2 + \omega_3^2)y + \ddot{r}_{02} + 2(\omega_3\dot{r}_{01} - \omega_1\dot{r}_{03})\end{bmatrix}\delta w_c\, \mathrm{d}m
\tag{6-10}
$$

6.1.3 轧辊变形能的变分

基于欧拉–伯努利梁模型，忽略切应变引起的变形能，考虑线弹性模型，则轧辊辊身的应变能表达式为

$$
\Pi = \int_0^{L/2} A\left[\int_0^{\varepsilon_y} \sigma_y \mathrm{d}\varepsilon_y\right]\mathrm{d}y
\tag{6-11}
$$

式中 σ_y、ε_y——分别为 y 方向的正应力和正应变，

考虑应力应变关系，并将式（6-6）代入上式，轧辊辊身应变能表达式变为

$$
\Pi = \frac{1}{2}\int_0^{L/2} EA\varepsilon_y^2 \mathrm{d}y = \frac{1}{2}\int_0^{L/2} EI\left(\frac{\partial^2 w}{\partial y^2}\right)^2 \mathrm{d}y
\tag{6-12}
$$

对式（6-12）变分可得

$$
\delta\Pi = \int_0^{L/2} EI\frac{\partial^4 w}{\partial y^4}\delta w\, \mathrm{d}y
\tag{6-13}
$$

6.1.4 轧机辊系刚柔耦合运动微分方程

由 Hamilton 最小作用原理可知

$$\int_{t_1}^{t_2} (\delta T - \delta\Pi + \delta W)\,\mathrm{d}t = 0 \tag{6-14}$$

式中 δW——考虑外载荷增量 f 所做的虚功。

将式（6-8）～式（6-10），式（6-13）代入式（6-14）中，则有

$$\int_{t_1}^{t_2} \int_0^{B/2} \Big\{ -\gamma A \big[\ddot{w} - (\omega_1^2 + \omega_2^2)w + (\omega_2\omega_3 + \dot{\omega}_1)y + \ddot{r}_{03} + 2(\omega_1\dot{r}_{02} - \omega_2\dot{r}_{01}) \big]\delta w$$

$$-\gamma A \big[2\omega_1\dot{w}_{\mathrm{c}} + (\omega_2\omega_3 + \dot{\omega}_1)w_{\mathrm{c}} \big]\delta w$$

$$-\gamma A \begin{bmatrix} \ddot{w}_{\mathrm{c}} - 2\omega_1\dot{w} - (\omega_1^2 + \omega_3^2)w_{\mathrm{c}} + (\omega_2\omega_3 - \dot{\omega}_1)w \\ - (\omega_1^2 + \omega_3^2)y + \ddot{r}_{02} + 2(\omega_3\dot{r}_{01} - \omega_1\dot{r}_{03}) \end{bmatrix}\delta w_{\mathrm{c}}$$

$$-EI\frac{\partial^4 w}{\partial y^4}\delta w + f\delta w \Big\}\,\mathrm{d}y\mathrm{d}t = 0 \tag{6-15}$$

由传统结构动力学可知，耦合变形项 w_{c} 对弹性梁模态振型的求解影响较小，为了简化计算，忽略耦合变形项的作用，由式（6-15）可知轧辊动力学微分方程为

$$EI\frac{\partial^4 w}{\partial y^4} + \gamma I(\omega_1^2 + \omega_3^2)\frac{\partial^2 w}{\partial y^2} + \gamma A\big[\ddot{w} - (\omega_1^2 + \omega_2^2)w$$

$$+ (\omega_2\omega_3 + \dot{\omega}_1)y + \ddot{r}_{03} + 2(\omega_1\dot{r}_{02} - \omega_2\dot{r}_{01})\big] = f \tag{6-16}$$

参考图 6-1 所示的物理模型，定义单位宽轧制压力和辊间压力的变化量为 $\Delta\bar{p}$ 和 Δq，则根据弹性基础梁假定，工作辊和支承辊之间辊间压力 Δq 的变化量应与辊间压扁量 $(w_1 + Z_3 - w_2 - Z_2)$ 成正比。辊间压扁量由工作辊柔性变形量 w_1、支撑辊柔性变形量 w_2、工作辊垂直方向刚性振动位移 Z_3 和支撑辊垂直方向刚性振动位移 Z_2 决定。其中，刚性振动模型参考 2.2 节建立的轧机系统多维耦合动力学模型，并假设轧机辊系上下结构对称，本节只考虑上辊系和机架。

$$\Delta q = -K_{\mathrm{wb}}(w_1 + Z_3 - w_2 - Z_2) \tag{6-17}$$

依据上述轧辊受力和变形分析，将式（6-17）代入式（6-16）中，可得工作辊的变形运动微分方程为

$$EI_1\frac{\partial^4 w_1}{\partial y^4} + \gamma_1 I_1(\omega_{11}^2 + \omega_{13}^2)\frac{\partial^2 w_1}{\partial y^2} + \gamma_1 A_1\ddot{w}_1 + \big[K_{\mathrm{wb}} - \gamma_1 A_1(\omega_{11}^2 + \omega_{12}^2)\big]w_1 - K_{\mathrm{wb}}w_2$$

$$+K_{\mathrm{wb}}z_3 - K_{\mathrm{wb}}z_2 + \gamma_1 A_1\big[(\omega_{12}\omega_{13} + \dot{\omega}_{11})y + \ddot{r}_{03}^a + 2(\omega_{11}\dot{r}_{02}^a - \omega_{12}\dot{r}_{01}^a)\big] = -\Delta\bar{p} \tag{6-18}$$

同理可得支承辊的变形运动微分方程为

$$EI_2\frac{\partial^4 w_2}{\partial y^4} + \gamma_2 I_2(\omega_{21}^2 + \omega_{23}^2)\frac{\partial^2 w_2}{\partial y^2} + \gamma_2 A_2\ddot{w}_2$$

$$+\big[K_{\mathrm{wb}} - \gamma_2 A_2(\omega_{21}^2 + \omega_{22}^2)\big]w_2 - K_{\mathrm{wb}}w_1$$

$$-K_{\mathrm{wb}}Z_3 + K_{\mathrm{wb}}Z_2 + \gamma_2 A_2\big[(\omega_{22}\omega_{23} + \dot{\omega}_{21})y + \ddot{r}_{03}^b + 2(\omega_{21}\dot{r}_{02}^b - \omega_{22}\dot{r}_{01}^b)\big] = 0 \tag{6-19}$$

式中

$$\boldsymbol{r}_0^a = \begin{pmatrix} r_{01}^a & r_{02}^a & r_{03}^a \end{pmatrix}^{\mathrm{T}}$$——工作辊刚性运动位移；

$$\boldsymbol{r}_0^b = \begin{pmatrix} r_{01}^b & r_{02}^b & r_{03}^b \end{pmatrix}^{\mathrm{T}}$$——支承辊刚性运动位移；

$$\boldsymbol{\omega}_1 = (\omega_{11} \quad \omega_{12} \quad \omega_{13})^{\mathrm{T}} = \left(\frac{1-a_1}{1+a_1}\frac{2}{L}\dot{Z}_3 \quad \dot{\varphi} \quad \frac{1-a_1}{1+a_1}\frac{2}{L}\dot{X}_1\right)^{\mathrm{T}}$$ ——工作辊角速度列阵，$a_1 = 4.7/4$；

$$\boldsymbol{\omega}_2 = (\omega_{21} \quad \omega_{22} \quad \omega_{23})^{\mathrm{T}} = \left(\frac{1-a_2}{1+a_2}\frac{2}{L}\dot{Z}_2 \quad 0 \quad 0\right)^{\mathrm{T}}$$ ——支承辊角速度列阵，$a_2 = 4.7/4$。

6.2 变形区轧制力学模型

6.2.1 单位宽轧制压力变化量

由于同时考虑轧辊弯曲变形运动和刚性运动的作用，本章首先对第1.2节建立的热轧变形区轧制力学模型进行修正，确定单位宽轧制压力增量表达式。

由式（2-45）可知，热轧过程单位轧制压力可表示为

$$\bar{p} = (2k - \sigma_m)Q_p\sqrt{R\Delta h} \tag{6-20}$$

$$Q_p = \left[0.8 + 0.5\frac{x'_n}{h_1} - \frac{h_m h_1}{3Bx'_n}\left(\frac{x'_n}{h_1} - 0.2\right)^3\right] \tag{6-21}$$

式中　$h_m = \frac{2\bar{h}_1 + \bar{h}_0}{3}$；

$\bar{h}_0$——轧件宽度方向上平均入口厚度；

$\bar{h}_1$——轧件宽度方向上平均出口厚度；

x'_n——轧件出口断面到中性面的距离。

动态轧制过程中，轧制参数随辊缝的变化而变化，对式（6-20）求全微分，得到轧辊运动时的单位轧制压力变化

$$\Delta\bar{p} = \frac{\partial\bar{p}}{\partial\sigma_0}\mathrm{d}\sigma_0 + \frac{\partial\bar{p}}{\partial\sigma_1}\mathrm{d}\sigma_1 + \frac{\partial\bar{p}}{\partial l}\mathrm{d}l_0 + \frac{\partial\bar{p}}{\partial l}\mathrm{d}l_1 + \frac{\partial\bar{p}}{\partial x'_n}\mathrm{d}x'_n + \frac{\partial\bar{p}}{\partial B}\mathrm{d}B$$
$$= \Delta\bar{p}_{\sigma_0} + \Delta\bar{p}_{\sigma_1} + \Delta\bar{p}_{l_0} + \Delta\bar{p}_{l_1} + \Delta\bar{p}_{x'_n} + \Delta\bar{p}_B \tag{6-22}$$

6.2.2 影响平均单位压力变化量的各因素分析

板带轧制过程如图6-5所示，工作辊沿着垂直方向以速度$\dot{h}_1$运动，沿着水平方向以速度$\dot{X}_1$运动。由轧制原理接触弧的抛物线假设，变形区轧件厚度可以表示为

$$h = h_1 + \frac{(x - x_{ex})^2}{R} \tag{6-23}$$

式中　R——轧辊半径；

x_{ex}——轧辊中心线到轧件出口位置的距离。

考虑轧辊的运动，则轧件出口厚度为

$$h_1 = \overline{h}_1 + 2w_1 + 2Z_3 \tag{6-24}$$

式中　$\overline{h}_1$——轧件出口厚度的横向平均值；

　　　w_1——工作辊的变形运动位移；

　　　Z_3——工作辊沿垂直方向的刚性运动位移。

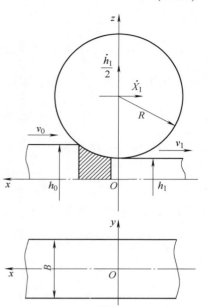

如图6-6所示，在轧辊垂直运动和水平运动的综合作用下，传统轧件变形过程中的金属秒流量相等原理不再适用，则任意截面位置 x 处的金属秒流量方程可修正为

$$vh = v_0 h_0 - (l - x)\dot{h}_1 - (h_0 - h)\dot{X}_1 \tag{6-25}$$

6.2.2.1　轧件宽度增量的影响

研究轧件宽度的变化，关键在于确定金属沿轧辊轴线方向的横向流动。令 $u(y, t)$ 表示变形区出口横向位移，则轧件出口宽度的增量为

$$\Delta B = 2u \tag{6-26}$$

6.2.2.2　张力增量的影响

图6-5　板带轧制过程示意图

轧件的入口截面速度可由式（6-25）表示为

$$v_0 = \frac{1}{h_0}\left[v_1 h_1 + (l - x_{ex})\dot{h}_1 + (h_0 - h_1)\dot{X}_1 \right] \tag{6-27}$$

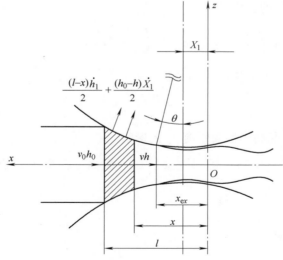

图6-6　变形区内金属流动示意图

由图6-6可知，轧辊中心线到轧件出口位置的距离 x_{ex} 可用下式表示：

$$x_{ex} \approx \frac{R}{2(v_r + \dot{X}_1)}\dot{h}_1 + X_1 \tag{6-28}$$

将式（6-24）、式（6-28）代入式（6-27）中，轧件入口截面速度可写为

$$v_0 = v_{0m} + \Delta v_0 \qquad (6\text{-}29)$$

式中

$$\Delta v_0 = \frac{1}{h_0}\left(2v_1w_1 + l\dot{h}_1 + 2v_1Z_3 + h_0\dot{X}_1 - \frac{R}{2(v_r + \dot{X}_1)}\dot{h}_1^2 - \dot{h}_1X_1 - h_1\dot{X}_1\right) \qquad (6\text{-}30)$$

由上式可知入口板带长度的变化量为

$$\Delta L'_{S0} = \int_0^t \Delta v_0 \mathrm{d}t \approx \frac{2l}{h_0}(w_1 + Z_3) - \frac{2v_1}{h_0\omega_1^2}(\dot{w}_1 + \dot{Z}_3) + X_1 \qquad (6\text{-}31)$$

则后张应力增量为

$$\Delta\sigma_0 = -\frac{E}{1 - \nu^2}\left[\frac{2l}{Lh_0}(w_1 + Z_3) - \frac{2v_1}{L_S h_0\omega_1^2}(\dot{w}_1 + \dot{Z}_3) + \frac{X_1}{L_S}\right] \qquad (6\text{-}32)$$

认为总前张力保持不变，则前张应力为

$$\sigma_1 = \frac{T_1}{B_1 h_1} = \frac{\overline{T}_1}{(B + \Delta B)(\overline{h}_1 + 2w_1 + 2Z_3)}$$

$$\approx \frac{\overline{T}_1}{B\overline{h}_1}\left(1 - \frac{\Delta B}{B} - \frac{2w_1}{\overline{h}_1} - \frac{2Z_3}{\overline{h}_1}\right) = \overline{\sigma}_1 + \Delta\sigma_1 \qquad (6\text{-}33)$$

考虑到 $\Delta B = 2u$，则前张应力增量为

$$\Delta\sigma_1 = -\frac{2\overline{\sigma}_1}{\overline{h}_1}w_1 - \frac{2\overline{\sigma}_1}{\overline{h}_1}Z_3 - \frac{2\overline{\sigma}_1}{B}u \qquad (6\text{-}34)$$

6.2.2.3 接触弧长度增量的影响

入口端接触弧长度的变化量

$$\Delta l_0 = -\sqrt{\frac{R}{\Delta\overline{h}}}(w_1 + Z_3) \qquad (6\text{-}35)$$

出口端接触弧长度的变化量

$$\Delta l_1 = x_{ex} \approx \frac{R}{v_r}(\dot{w}_1 + \dot{Z}_3) + X_1 \qquad (6\text{-}36)$$

6.2.2.4 出口断面到中性面距离 x'_n 的影响

由式（6-23）、式（6-25）可得变形区任一截面上，金属沿断面高度的平均流动速度

$$v = \frac{v_0 h_0 - (l - x)\dot{h}_1 - (h_0 - h)\dot{X}_1}{h_1 + \dfrac{(x - x_{ex})^2}{R}} \qquad (6\text{-}37)$$

由轧制原理，中性面处的金属流动速度与轧辊转动速度 v_r 的水平分量相等，即

$$\frac{v_0 h_0 - (l - x_n)\dot{h}_1 - (h_0 - h_n)\dot{X}_1}{h_1 + \dfrac{(x_n - x_{ex})^2}{R}} = v_r\cos\theta_n \qquad (6\text{-}38)$$

且中性角可以简化为

$$\theta_n \approx \sin\theta_n = x_n / R \tag{6-39}$$

则

$$\cos\theta_n \approx 1 - \frac{\theta_n^2}{2} = 1 - \frac{x_n^2}{2R^2} \tag{6-40}$$

将式 (6-39)、式 (6-40) 代入式 (6-38) 中，并注意到 $x'_n = x_n - x_{ex}$，可求得出口断面到中性面距离增量

$$\Delta x'_n = \frac{2R}{l}(w_1 + Z_3) \tag{6-41}$$

将式 (6-26)、式 (6-32)、式 (6-34)、式 (6-35)、式 (6-36) 和式 (6-41) 代入式 (6-22) 中，可得单位宽轧制压力增量表达式

$$\Delta\bar{p} = k_{\bar{p}}(w_1 + Z_3) + c_{\bar{p}}(\dot{w}_1 + \dot{Z}_3) + k'_{\bar{p}}X_1 + g_{\bar{p}}u \tag{6-42}$$

式中

$$k_{\bar{p}} = Q_p \frac{lE\sqrt{R\Delta\bar{h}}}{L_S h_0(1-\nu^2)} + Q_p \frac{\overline{\sigma}_1\sqrt{R\Delta\bar{h}}}{\overline{h}_1} - (k-\sigma_m)Q_p\sqrt{\frac{R}{\Delta\bar{h}}} + 2R(k-\sigma_m)$$
$$\left[0.5\frac{1}{\overline{h}_1} + \frac{h_m\overline{h}_1}{3Bx'^2_n}\left(\frac{x'_n}{\overline{h}_1} - 0.2\right)^3 - \frac{h_m}{Bx'^2_n}\left(\frac{x'_n}{\overline{h}_1} - 0.2\right)^2\right] \tag{6-43}$$

$$k'_{\bar{p}} = \frac{0.5EQ_p\sqrt{R\Delta\bar{h}}}{L_S(1-\nu^2)} + (k-\sigma_m)Q_p \tag{6-44}$$

$$c_{\bar{p}} = -0.5Q_p\frac{2v_1E\sqrt{R\Delta\bar{h}}}{L_S h_0\omega_1^2(1-v^2)} + \frac{R(k-\sigma_m)Q_p}{v_r} \tag{6-45}$$

$$g_{\bar{p}} = Q_p\sqrt{R\Delta\bar{h}}\frac{\overline{\sigma}_1}{B} + (k-\sigma_m)\sqrt{R\Delta\bar{h}}\frac{h_m\overline{h}_1}{3B^2x'_n}\left(\frac{x'_n}{\overline{h}_1} - 0.2\right)^3 \tag{6-46}$$

将式 (6-42) 代入式 (6-18) 中，则工作辊的变形运动微分方程可简化为

$$EI_1\frac{\partial^4 w_1}{\partial y^4} + \gamma_1 I_1(\omega_{11}^2 + \omega_{13}^2)\frac{\partial^2 w_1}{\partial y^2} + \gamma_1 A_1\ddot{w}_1 + c_{\bar{p}}\dot{w}_1$$
$$+ [K_{wb} - \gamma_1 A_1(\omega_{11}^2 + \omega_{12}^2) + k_{\bar{p}}]w_1$$
$$= K_{wb}w_2 + K_{wb}Z_2 - (K_{wb} + k_{\bar{p}})Z_3 - c_{\bar{p}}\dot{Z}_3 - k'_{\bar{p}}X_1 - g_{\bar{p}}u \tag{6-47}$$

同理可得简化后的支承辊变形运动微分方程

$$EI_2\frac{\partial^4 w_2}{\partial y^4} + \gamma_2 I_2(\omega_{21}^2 + \omega_{23}^2)\frac{\partial^2 w_2}{\partial y^2} + \gamma_2 A_2\ddot{w}_2$$
$$+ [K_{wb} - \gamma_2 A_2(\omega_{21}^2 + \omega_{22}^2)]w_2$$
$$- K_{wb}w_1 - K_{wb}Z_3 + K_{wb}Z_2 = 0 \tag{6-48}$$

由式 (6-47) 可知，轧辊变形动特性与轧件出口横向位移 $u(y, t)$ 有关，因此需建立轧制变形区的耦合动力学模型，对 $u(y, t)$ 进行求解。

6.3 轧制变形区耦合动力学模型[30,33]

6.3.1 轧件横向位移与变形速度

连家创教授曾针对板带轧制三维变形提出了入口、出口厚度横向按四次函数分布的变分法，并对变形区出口横向位移函数进行求解。本节参考板带轧制三维变形的变分法，考虑轧制过程中的辊系动态特性，建立轧制变形区位移场模型。

如图 6-7 所示的轧制变形区及坐标系中，变形区内金属横向位移 U 是坐标 x 和 y 的函数，可将等效变形区内横向位移函数写为如下形式：

$$U(y,t) = u(y,t)\left(1 - \frac{\bar{h} - \bar{h}_1}{\bar{h}_0 - \bar{h}_1}\right) \quad (6\text{-}49)$$

式中　$u(y, t)$——变形区出口横向位移，是 y 和 t 的函数；

　　$\bar{h}_0$，$\bar{h}_1$——轧件入口、出口厚度横向平均值；

　　$\bar{h}$——变形区内板厚横向平均值。

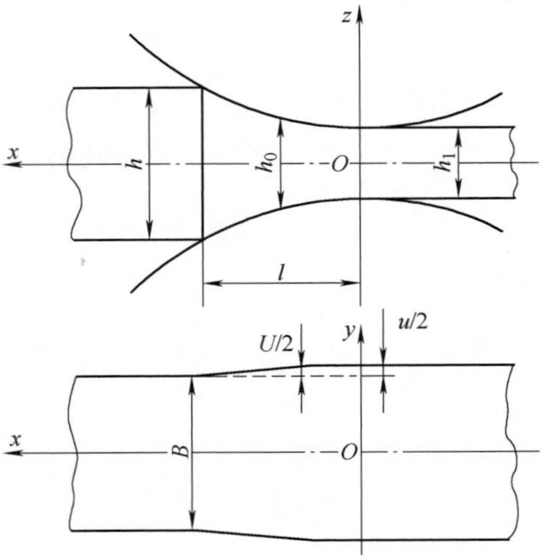

图 6-7　变形区几何尺寸

在变形区入口处，$\bar{h} = \bar{h}_0$，$U = 0$；在变形区出口处，$\bar{h} = \bar{h}_1$，$U = u(y, t)$；在变形区内，U 随轧件厚度的变化而变化，即式（6-48）满足入口、出口的横向位移边界条件。

变形区内金属的横向流动速度 v_y 为

$$v_y = \frac{\partial U(y,t)}{\partial t} = \frac{\partial u(y,t)}{\partial t}\left(1 - \frac{\bar{h} - \bar{h}_1}{\bar{h}_0 - \bar{h}_1}\right) - \frac{u(y,t)}{\bar{h}_0 - \bar{h}_1}\frac{\mathrm{d}\bar{h}}{\mathrm{d}t} \quad (6\text{-}50)$$

则变形区内轧件的横向应变速度 $\dot{\varepsilon}_y$ 为

$$\dot{\varepsilon}_y = \frac{\partial v_y}{\partial y} = u_{ty}\left(1 - \frac{\bar{h} - \bar{h}_1}{\bar{h}_0 - \bar{h}_1}\right) - \frac{u_y}{\bar{h}_0 - \bar{h}_1}\frac{\mathrm{d}\bar{h}}{\mathrm{d}t} \approx -\frac{u_y}{\bar{h}_0 - \bar{h}_1}\frac{\mathrm{d}\bar{h}}{\mathrm{d}t} \quad (6\text{-}51)$$

用 $\dot{\varepsilon}_z$ 表示轧件厚度方向的应变速度

$$\dot{\varepsilon}_z = \frac{\partial v_z}{\partial z} \approx \frac{1}{\bar{h}}\frac{\mathrm{d}\bar{h}}{\mathrm{d}t} \quad (6\text{-}52)$$

式中　v_z——轧件高度方向的应变速度。

由体积不变条件 $\dot{\varepsilon}_x + \dot{\varepsilon}_y + \dot{\varepsilon}_z = 0$，可得轧制方向应变速度 $\dot{\varepsilon}_x$ 为

$$\dot{\varepsilon}_x = -(\dot{\varepsilon}_y + \dot{\varepsilon}_z) = \left(\frac{u_y}{\bar{h}_0 - \bar{h}_1} - \frac{1}{\bar{h}}\right)\frac{\mathrm{d}\bar{h}}{\mathrm{d}t} \quad (6\text{-}53)$$

6.3.2 板带轧制时总变形功

板带轧制时的变形功率 N 等于变形区塑性变形功 N_p、接触表面相对滑动摩擦功 N_f 和张力积蓄的弹性功 N_e 三项功率之和

$$N = N_p + N_f + N_e \tag{6-54}$$

变形区内金属塑性变形功为

$$N_p = k \int_0^t \int_0^{B/2} \int_0^{\bar{h}} \int_0^l H dx dy dz dt \tag{6-55}$$

式中　H——切应变速度强度；

　　　σ_s——变形抗力。

切应变速度强度为

$$H = \sqrt{\frac{2}{3}} \sqrt{(\dot{\varepsilon}_x - \dot{\varepsilon}_y)^2 + (\dot{\varepsilon}_y - \dot{\varepsilon}_z)^2 + (\dot{\varepsilon}_z - \dot{\varepsilon}_x)^2 + \frac{3}{2}(\dot{\gamma}_{xy}^2 + \dot{\gamma}_{yz}^2 + \dot{\gamma}_{zx}^2)} \tag{6-56}$$

忽略切应变速度 $\dot{\gamma}_{xy}^2$、$\dot{\gamma}_{yz}^2$、$\dot{\gamma}_{zx}^2$，同时考虑体积不变条件 $\dot{\varepsilon}_x + \dot{\varepsilon}_y + \dot{\varepsilon}_z = 0$，可得

$$H = 2\sqrt{\dot{\varepsilon}_x^2 - \dot{\varepsilon}_y \dot{\varepsilon}_z} \tag{6-57}$$

轧件与轧辊接触表面相对滑动摩擦功 N_f 为

$$N_f = 2\bar{\tau} \int_0^t \int_0^{B/2} \int_0^l \sqrt{v_{sx}^2 + v_{sy}^2} dy dx dt \tag{6-58}$$

式中　$\bar{\tau}$——接触表面平均摩擦应力；

　　v_{sx}, v_{sy}——金属相对轧辊表面的纵向和横向滑动速度。

$$\begin{cases} v_{sx} = \bar{v}_x - \bar{v}_n = \bar{v}_1 \bar{h}_1 \left(\dfrac{1}{\bar{h}} - \dfrac{1}{\bar{h}_n}\right) \\ v_{sy} = v_y \end{cases} \tag{6-59}$$

式中　$\bar{v}_1$——出口处纵向流动速度的横向平均值；

　　　$\bar{v}_n$——中性面处纵向流动速度的横向平均值；

　　　$\bar{h}_n$——中性面板厚横向平均值。

轧后张应力积蓄的弹性功为

$$N_e = \bar{v}_1 \bar{h}_1 \frac{1-\nu^2}{2E} \int_0^{B/2} \int_0^t \sigma_1^2(y) dy dt \tag{6-60}$$

式中　E、ν——板带的弹性模量和泊松比；

　　$\sigma_1(y)$——轧件出口断面上的前张应力，可表示为

$$\sigma_1(y) = \bar{\sigma}_1 + \frac{E}{1-\nu^2}\left(1 + \frac{\Delta h_1}{\bar{h}_1} - \frac{\Delta L_S(y)}{L_S} + u_y - \frac{2u\left(\frac{B}{2}\right)}{B}\right) \tag{6-61}$$

式中　$\bar{\sigma}_1$——横向平均前张应力。

6.3.3 轧制变形区耦合动力学方程

将上述三项功率相加，考虑式（6-23）、式（6-24），并注意到

$$\frac{\mathrm{d}\bar{h}}{\mathrm{d}t} = \frac{\mathrm{d}\bar{h}}{\mathrm{d}x}\frac{\mathrm{d}x}{\mathrm{d}t} = \frac{\mathrm{d}\bar{h}}{\mathrm{d}x}\bar{v}_x = \frac{\bar{v}_1\bar{h}_1}{\bar{h}}\frac{\mathrm{d}\bar{h}}{\mathrm{d}x} \tag{6-62}$$

为简化计算，用 $\bar{h}_m = \dfrac{1}{2}(\bar{h}_0 + \bar{h}_1)$ 近似代替 $\bar{h}$，可得总变形功为

$$N = \bar{v}_1\bar{h}_1 \int_0^t \int_0^{B/2} F(y,t,u,u_y,u_t)\,\mathrm{d}y\mathrm{d}t \tag{6-63}$$

式中

$$F(y,t,u,u_y,u_t) = 2k\frac{\bar{h}_0 - \bar{h}_1}{\bar{h}_m}\sqrt{1 - u_y\frac{h_m}{\bar{h}_0 - \bar{h}_1} + \left(u_y\frac{\bar{h}_m}{\bar{h}_0 - \bar{h}_1}\right)^2}$$

$$+ 2\bar{\tau}\int_0^1 \frac{C}{\bar{h}_1 + (\bar{h}_0 - \bar{h}_1)\varphi^2}$$

$$\sqrt{(\varphi_n^2 - \varphi^2)^2 + 4\left[u_t\frac{(1 - \varphi^2)\bar{h}l}{2\bar{v}_1\bar{h}_1 C} - u\frac{\varphi}{C}\right]^2}\,\mathrm{d}\varphi$$

$$+ \frac{1 - \nu^2}{2E}\left[\bar{\sigma}_1 + \frac{E}{1 - \nu^2}\left(1 + \frac{2w_1}{\bar{h}_1} - \frac{\Delta L_S(y)}{L_S} + u_y - \frac{2u\left(\frac{B}{2}\right)}{B}\right)\right]^2 \tag{6-64}$$

式中

$$C = \frac{\bar{h}_0 - \bar{h}_1}{\bar{h}_n}l, \quad \varphi = \frac{x}{l}, \quad \varphi_n = \frac{x_n}{l} \tag{6-65}$$

由 Hamilton 最小作用原理可知，$u(y,t)$ 必须满足下列微分方程

$$\frac{\partial}{\partial y}\left(\frac{\partial F}{\partial u_y}\right) + \frac{\partial}{\partial t}\left(\frac{\partial F}{\partial u_t}\right) - \frac{\partial F}{\partial u} = 0 \tag{6-66}$$

对式（6-63）求导，注意到 $u_y\dfrac{\bar{h}_m}{\bar{h}_0 - \bar{h}_1}$ 同 1 相比很小，近似可得

$$\frac{\partial}{\partial y}\left(\frac{\partial F}{\partial u_y}\right) \approx \left[\frac{3k\bar{h}_m}{2\bar{h}_0 - \bar{h}_1} + \frac{E}{1 - \nu^2}\right]u_{yy} + \frac{E}{1 - \nu^2}\left[\frac{2w_1'}{\bar{h}_1} - \frac{\Delta L_{S0}'(y)}{L_0}\right] \tag{6-67}$$

$$\frac{\partial}{\partial t}\left(\frac{\partial F}{\partial u_t}\right) = \frac{2\bar{\tau}\bar{h}_n\bar{h}_m lI_1(u)}{\bar{v}_1^2\bar{h}_1^2(\bar{h}_0 - \bar{h}_1)}u_{tt} + \frac{4\bar{\tau}\bar{h}_n I_2(u)}{\bar{v}_1\bar{h}_1(\bar{h}_0 - \bar{h}_1)}u_t \tag{6-68}$$

$$\frac{\partial F}{\partial u} = \frac{8\bar{\tau}\bar{h}_n I_3(u)}{\bar{h}_m(\bar{h}_0 - \bar{h}_1)l}u + \frac{4\bar{\tau}\bar{h}_n I_2(u)}{\bar{v}_1\bar{h}_1(\bar{h}_0 - \bar{h}_1)}u_t \tag{6-69}$$

式中

$$I_1(u) = \int_0^1 \frac{(1 - \varphi^2)^2}{\dfrac{\bar{h}_1 + (\bar{h}_0 - \bar{h}_1)\varphi^2}{\bar{h}_m}\sqrt{(\varphi_n^2 - \varphi^2)^2 + 4\left[u_t\dfrac{(1 - \varphi^2)\bar{h}l}{2\bar{v}_1\bar{h}_1 C} - u\dfrac{\varphi}{C}\right]^2}}\,\mathrm{d}\varphi \tag{6-70}$$

$$I_2(u) = -\int_0^1 \frac{\varphi(1 - \varphi^2)}{\dfrac{\bar{h}_1 + (\bar{h}_0 - \bar{h}_1)\varphi^2}{\bar{h}_m}\sqrt{(\varphi_n^2 - \varphi^2)^2 + 4\left[u_t\dfrac{(1 - \varphi^2)\bar{h}l}{2\bar{v}_1\bar{h}_1 C} - u\dfrac{\varphi}{C}\right]^2}}\,\mathrm{d}\varphi \tag{6-71}$$

$$I_3(u) = \int_0^1 \frac{\varphi^2}{\dfrac{\bar{h}_1 + (\bar{h}_0 - \bar{h}_1)\varphi^2}{\bar{h}_m} \sqrt{(\varphi_n^2 - \varphi^2)^2 + 4\left[u_t \dfrac{(1-\varphi^2)\bar{h}l}{2\bar{v}_1\bar{h}_1 C} - u\dfrac{\varphi}{C}\right]^2}} d\varphi \quad (6\text{-}72)$$

$I_1(u)$、$I_2(u)$、$I_3(u)$ 的取值主要取决于 $\dfrac{u}{C}$ 和 $\dfrac{u_t}{C}$，为简化计算，取其平均值

$$I_1(u) \approx 1, \quad I_2(u) \approx -0.4, \quad I_3(u) \approx 0.5 \quad (6\text{-}73)$$

将式（6-67）~式（6-73）代入式（6-66）中并整理可得

$$\frac{2\bar{\tau}\bar{h}_n\bar{h}_m l}{\bar{v}_1^2\bar{h}_1^2(\bar{h}_0 - \bar{h}_1)}u_{tt} + \left[\frac{3k\bar{h}_m}{2\bar{h}_0 - \bar{h}_1} + \frac{E}{1-\nu^2}\right]u_{yy} - \frac{4\bar{\tau}\bar{h}_n}{\bar{h}_m(\bar{h}_0 - \bar{h}_1)l}u$$

$$= \frac{E}{1-\nu^2}\left[\frac{\Delta L_0'(y)}{L_0} - \frac{2w_1'}{h_1}\right] \quad (6\text{-}74)$$

将式（6-31）代入上式，式（6-74）变为

$$\frac{2\bar{\tau}\bar{h}_n\bar{h}_m l}{\bar{v}_1^2\bar{h}_1^2(\bar{h}_0 - \bar{h}_1)}u_{tt} + \left[\frac{3k\bar{h}_m}{2\bar{h}_0 - \bar{h}_1} + \frac{E}{1-\nu^2}\right]u_{yy} - \frac{4\bar{\tau}\bar{h}_n}{\bar{h}_m(\bar{h}_0 - \bar{h}_1)l}u$$

$$= \frac{E}{1-\nu^2}\left[\left(\frac{2l}{L\bar{h}_0} - \frac{2}{\bar{h}_1}\right)w_{1y} - \frac{2v_1}{L\bar{h}_0\omega_1^2}w_{1yt}\right] \quad (6\text{-}75)$$

6.4　基于辊系刚柔耦合特性的轧机系统动力学模型

6.4.1　轧机辊系刚柔耦合动力学模型

综合式（6-47）、式（6-48）、式（6-75）可得考虑轧辊刚性振动的板带轧机辊系 - 轧件多参数耦合动力学模型

$$\begin{cases} EI_1\dfrac{\partial^4 w_1}{\partial y^4} + \gamma_1 I_1(\omega_{11}^2 + \omega_{13}^2)\dfrac{\partial^2 w_1}{\partial y^2} + \gamma_1 A_1 \ddot{w}_1 + c_{\bar{p}}\dot{w}_1 + \left[K_{wb} - \gamma_1 A_1(\omega_{11}^2 + \omega_{12}^2) + k_{\bar{p}}\right]w_1 \\ \qquad = K_{wb}w_2 + K_{wb}Z_2 - (K_{wb} + k_{\bar{p}})Z_3 - c_{\bar{p}}\dot{Z}_3 - k_{\bar{p}}'X_1 - g_{\bar{p}}u \\[2mm] EI_2\dfrac{\partial^4 w_2}{\partial y^4} + \gamma_2 I_2(\omega_{21}^2 + \omega_{23}^2)\dfrac{\partial^2 w_2}{\partial y^2} + \gamma_2 A_2 \ddot{w}_2 + \left[K_{wb} - \gamma_2 A_2(\omega_{21}^2 + \omega_{22}^2)\right]w_2 \\ \qquad = K_{wb}w_1 + K_{wb}Z_3 - K_{wb}Z_2 \\[2mm] \dfrac{2\bar{\tau}\bar{h}_n\bar{h}_m l}{\bar{v}_1^2\bar{h}_1^2(\bar{h}_0 - \bar{h}_1)}u_{tt} + \left[\dfrac{3k\bar{h}_m}{2\bar{h}_0 - \bar{h}_1} + \dfrac{E}{1-\nu^2}\right]u_{yy} - \dfrac{4\bar{\tau}\bar{h}_n}{\bar{h}_m(\bar{h}_0 - \bar{h}_1)l}u \\ \qquad = \dfrac{E}{1-\nu^2}\left[\left(\dfrac{2l}{L_S\bar{h}_0} - \dfrac{2}{\bar{h}_1}\right)w_{1y} - \dfrac{2v_1}{L_S\bar{h}_0\omega_1^2}w_{1yt}\right] \end{cases}$$

$$(6\text{-}76)$$

对上式采用 Galerkin 模态离散截断方法来离散，分别求解辊系弯曲变形和轧件出口横向位移的模态函数。

6.4.2　工作辊横向振动模态函数

考虑轧辊半辊身长度为悬臂梁的情形，工作辊和支承辊两端的边界条件可写为

$$w_1(0,t) = \frac{\partial w_1(0,t)}{\partial y} = 0, \frac{\partial^2 w_1(B/2,t)}{\partial y^2} = \frac{\partial^3 w_1(B/2,t)}{\partial y^3} = 0 \quad (6\text{-}77)$$

$$w_2(0,t) = \frac{\partial w_2(0,t)}{\partial y} = 0, \frac{\partial^2 w_2(B/2,t)}{\partial y^2} = \frac{\partial^3 w_2(B/2,t)}{\partial y^3} = 0 \quad (6\text{-}78)$$

求解工作辊的模态振型，需对式（6-75）中第一式的齐次方程进行求解

$$EI_1 \frac{\partial^4 w_1}{\partial y^4} + \gamma_1 I_1(\omega_{11}^2 + \omega_{13}^2)\frac{\partial^2 w_1}{\partial y^2} + \gamma_1 A_1 \ddot{w}_1 + c_{\bar{p}}\dot{w}_1$$

$$+ [K_{wb} - \gamma_1 A_1(\omega_{11}^2 + \omega_{12}^2) + k_{\bar{p}}]w_1 = 0 \quad (6\text{-}79)$$

利用分离变量法求解齐次方程的解，令

$$w_1(y,t) = W_1(y)T_1(t) \quad (6\text{-}80)$$

式中　$W_1(y)$——工作辊横向振动的模态函数。

将式（6-80）代入式（6-79）中，分离变量可得

$$\frac{d^4 W_1(y)}{dy^4} + \eta_1 \frac{d^2 W_1(y)}{dy^2} + \eta_2 W_1(y) = 0 \quad (6\text{-}81)$$

$$\frac{d^2 T_1(t)}{dt^2} + \frac{c_{\bar{p}}}{\gamma_1 A_1}\frac{dT_1(t)}{dt} + \omega_1^2 T_1(t) = 0 \quad (6\text{-}82)$$

式中　$\eta_1 = \dfrac{\gamma_1(\omega_{11}^2 + \omega_{13}^2)}{E}$;

$\eta_2 = \alpha^2 - \beta^2$;

$\alpha^2 = \dfrac{K_{wb} - \gamma_1 A_1(\omega_{11}^2 + \omega_{12}^2) + k_{\bar{p}}}{EI_1}$;

$\beta^2 = \omega_1^2/c^2$;

$c = \sqrt{EI_1/\gamma_1 A_1}$;

ω_1——工作辊横向振动的频率。

工作辊横向振动模态函数的解析解由微分方程（6-81）和边界条件（6-77）决定，采用 Frobenius 方法来求解，设方程的四个线性无关解为

$$v_{1r}(y) = \sum_{k=r}^{\infty} a_{rk}y^k \quad r = 0,1,2,3 \quad (6\text{-}83)$$

式中　a_{rk}——待定系数。

将式（6-83）代入式（6-81），可得 a_{rk} 的递推式为

$$a_{rk} = -\frac{\eta_2}{k(k-1)(k-2)(k-3)}a_{r(k-4)} - \frac{\eta_1}{k(k-1)}a_{r(k-2)} \quad (6\text{-}84)$$

注意到，当 $k < r$ 时，$a_{rk} = 0$，且当 k 充分大时，a_{rk} 的级数绝对收敛。若令 $a_{rr} = 1$，由上述递推关系可得

$$v_{10}(y) = 1 - \frac{\eta_1}{2}y^2 + \frac{\eta_1^2 - \eta_2}{24}y^4 + \cdots \tag{6-85}$$

$$v_{11}(y) = y - \frac{\eta_1}{6}y^3 + \frac{\eta_1^2 - \eta_2}{120}y^5 + \cdots \tag{6-86}$$

$$v_{12}(y) = y^2 - \frac{\eta_1}{12}y^4 + \frac{\eta_1^2 - \eta_2}{360}y^6 + \cdots \tag{6-87}$$

$$v_{13}(y) = y^3 - \frac{\eta_1}{20}y^5 + \frac{\eta_1^2 - \eta_2}{840}y^7 + \cdots \tag{6-88}$$

则式（6-81）的通解可设为

$$W_1(y) = \sum_{r=0}^{3} c_r v_{1r}(y) \tag{6-89}$$

将边界条件（6-77）中的第一个关系式代入式（6-89），可得

$$c_0 = c_1 = 0$$

所以有

$$W_1(y) = c_2 v_{12}(y) + c_3 v_{13}(y) \tag{6-90}$$

将式（6-87）、（6-88）代入式（6-90）中，可得工作辊横向振动模态振型的解析解为

$$W_1(y) = c_2\left(y^2 - \frac{\eta_1}{12}y^4 + \frac{\eta_1^2 - \eta_2}{360}y^6 + \cdots\right) + c_3\left(y^3 - \frac{\eta_1}{20}y^5 + \frac{\eta_1^2 - \eta_2}{840}y^7 + \cdots\right) \tag{6-91}$$

由边界条件（6-77）中的第二个关系式可知

$$\begin{bmatrix} v_{12yy}(B/2) & v_{13yy}(B/2) \\ v_{12yyy}(B/2) & v_{13yyy}(B/2) \end{bmatrix} \begin{Bmatrix} c_2 \\ c_3 \end{Bmatrix} = 0 \tag{6-92}$$

式（6-92）有非零解的条件为

$$\begin{vmatrix} v_{12yy}(B/2) & v_{13yy}(B/2) \\ v_{12yyy}(B/2) & v_{13yyy}(B/2) \end{vmatrix} = 0 \tag{6-93}$$

将式（6-91）代入上式，即可求出悬臂梁的横向振动频率 ω_1。再由式（6-91）可得工作辊横向振动模态振型的解析解为

$$W_1(y) = \eta y^2 + y^3 - \eta\frac{\eta_1}{12}y^4 - \frac{\eta_1}{20}y^5 + \eta\frac{\eta_1^2 - \eta_2}{360}y^6 \tag{6-94}$$

式中

$$\eta = -\frac{6 + 3B - 3\eta_1\left(\frac{B}{2}\right)^2 - \eta_1\left(\frac{B}{2}\right)^3}{2 - \eta_1 B - \eta_1\left(\frac{B}{2}\right)^2 + \frac{\eta_1^2 - \eta_2}{3}\left(\frac{B}{2}\right)^3 + \frac{\eta_1^2 - \eta_2}{12}\left(\frac{B}{2}\right)^4} \tag{6-95}$$

6.4.3　支承辊横向振动模态函数

求解支承辊的模态振型，需对式（6-76）中第二式的齐次方程进行求解

$$EI_2 \frac{\partial^4 w_2}{\partial y^4} + \gamma_2 I_2 (\omega_{21}^2 + \omega_{23}^2) \frac{\partial^2 w_2}{\partial y^2} + \gamma_2 A_2 \ddot{w}_2 + \left[K_{wb} - \gamma_2 A_2 (\omega_{21}^2 + \omega_{22}^2) \right] w_2 = 0 \quad (6\text{-}96)$$

利用分离变量法求解齐次方程，令

$$w_2(y,t) = W_2(y) T_2(t) \quad (6\text{-}97)$$

同理采用 Frobenius 方法可以解得两端静力约束为简支的支承辊模态振型的解析解为

$$W_2(y) = \lambda y^2 + y^3 - \lambda \frac{\lambda_1}{12} y^4 - \frac{\lambda_1}{20} y^5 + \lambda \frac{\lambda_1^2 - \lambda_2}{360} y^6 \quad (6\text{-}98)$$

式中

$$\lambda = -\frac{6 + 3B - 3\lambda_1 \left(\frac{B}{2}\right)^2 - \lambda_1 \left(\frac{B}{2}\right)^3}{2 - \lambda_1 B - \lambda_1 \left(\frac{B}{2}\right)^2 + \frac{\lambda_1^2 - \lambda_2}{3} \left(\frac{B}{2}\right)^3 + \frac{\lambda_1^2 - \lambda_2}{12} \left(\frac{B}{2}\right)^4} \quad (6\text{-}99)$$

6.4.4　轧机系统多变量耦合动力学分析

假设轧件出口一阶位移模式为

$$u(y,t) = -\sin \frac{\pi y}{B} T_3(t), \quad y = [0, B/2] \quad (6\text{-}100)$$

将式（6-94），（6-98），（6-100）代入式（6-76）并进行 Galerkin 积分，则可得辊系 – 轧件耦合动力学控制方程

$$\begin{cases} M_1' \ddot{T}_1 + C_1 \dot{T}_1 + K_{11}' T_1 + K_{12}' T_2 + K_{13}' T_3 - K_{wb} Z_2 + K_{wb}' Z_3 + k_{\bar{p}}' X_1 + c_{\bar{p}}' \dot{Z}_3 = 0 \\ M_2' \ddot{T}_2 + K_{22}' T_2 + K_{21}' T_1 + K_{wb} Z_2 - K_{wb} Z_3 = 0 \\ M_3' \ddot{T}_3 + K_{33}' T_3 + C_{31} \dot{T}_1 + K_{31}' T_1 = 0 \end{cases} \quad (6\text{-}101)$$

式中

$$\begin{cases} M_1' = \gamma_1 A_1 \int_0^{B/2} W_1^2 \mathrm{d}y, \ C_1 = c_{\bar{p}} \int_0^{B/2} W_1^2 \mathrm{d}y \\ K_{11}' = \int_0^{B/2} \{ EI_1 W_1 W_{1yyyy} + \gamma_1 I_1 (\omega_{11}^2 + \omega_{13}^2) W_1 W_{1yy} \\ \qquad + \left[K_{wb} - \gamma_1 A_1 (\omega_{11}^2 + \omega_{12}^2) + k_{\bar{p}} \right] W_1^2 \} \mathrm{d}y \\ K_{12}' = -K_{wb} \int_0^{B/2} W_1 W_2 \mathrm{d}y, \ K_{13}' = g_{\bar{p}} \int_0^{B/2} W_1 \sin \frac{\pi y}{B} \mathrm{d}y, \ K_{wb}' = K_{wb} + k_{\bar{p}} \end{cases} \quad (6\text{-}102)$$

$$\begin{cases} M_2' = \gamma_2 A_2 \int_0^{B/2} W_2^2 \mathrm{d}y \\ K_{22}' = \int_0^{B/2} \{ EI_2 W_2 W_{2yyyy} + \gamma_2 I_2 (\omega_{21}^2 + \omega_{23}^2) W_2 W_{2yy} \\ \qquad + \left[K_a - \gamma_2 A_2 (\omega_{21}^2 + \omega_{22}^2) \right] W_2^2 \} \mathrm{d}y \\ K_{21}' = -K_{wb} \int_0^{B/2} W_1 W_2 \mathrm{d}y \end{cases} \quad (6\text{-}103)$$

$$
\left\{
\begin{aligned}
M'_3 &= \frac{2\overline{\tau}\,\overline{h}_n\overline{h}_m l}{v_1^2\overline{h}_1^2(\overline{h}_0 - \overline{h}_1)}\int_0^{B/2}\left(\sin\frac{\pi y}{B}\right)^2\mathrm{d}y \\
K'_{33} &= -\int_0^{B/2}\left[\left(\frac{3k\overline{h}_m}{2\overline{h}_0 - \overline{h}_1} + \frac{E}{1 - \nu^2}\right)\left(\frac{\pi}{B}\right)^2\left(\sin\frac{\pi y}{B}\right)^2 + \frac{4\overline{\tau}\,\overline{h}_n}{\overline{h}_m(\overline{h}_0 - \overline{h}_1)l}\left(\sin\frac{\pi y}{B}\right)^2\right]\mathrm{d}y \\
C_{31} &= \int_0^{B/2}\frac{E}{1 - \nu^2}\frac{2v_1}{L_S\overline{h}_0\omega_1^2}\sin\frac{\pi y}{B}W_{1y}\mathrm{d}y \\
K'_{31} &= \int_0^{B/2}\frac{E}{1 - \nu^2}\left(\frac{2}{\overline{h}_1} - \frac{2l}{L_S\overline{h}_0}\right)\sin\frac{\pi y}{B}W_{1y}\mathrm{d}y
\end{aligned}
\right.
\tag{6-104}
$$

由式（6-101）可知，辊系变形运动与轧机系统刚性振动耦合作用，结合第 2.2 节轧机多维耦合动力学模型的上辊系结构模型

$$
M\ddot{S} + C\dot{S} + KS = 0 \tag{6-105}
$$

式中

$$
S = \begin{bmatrix} Z_1 & Z_2 & Z_3 & X_1 & \varphi \end{bmatrix}^{\mathrm{T}} \tag{6-106}
$$

$$
M = \begin{pmatrix}
M_1 & 0 & 0 & 0 & 0 \\
0 & M_2 & 0 & 0 & 0 \\
0 & 0 & M_3 & M_{xz} & M_{z\varphi} \\
0 & 0 & M_{xz} & M_3 & M_{x\varphi} \\
0 & 0 & M_{z\varphi} & M_{x\varphi} & M_{\varphi\varphi}^w
\end{pmatrix}
\tag{6-107}
$$

$$
K = \begin{pmatrix}
K_{11} & K_{12} & 0 & 0 & 0 \\
K_{21} & K_{22} & K_{23} & 0 & 0 \\
0 & K_{32} & K_{33} & K_{34} & K_{35} \\
0 & 0 & K_{43} & K_{44} & K_{45} \\
0 & 0 & K_{53} & K_{54} & K_{55}
\end{pmatrix}
\tag{6-108}
$$

$$
C = \begin{pmatrix}
0 & 0 & 0 & 0 & 0 \\
0 & 0 & 0 & 0 & 0 \\
0 & 0 & C_3 & 0 & 0 \\
0 & 0 & C_4 & 0 & 0 \\
0 & 0 & C_5 & 0 & 0
\end{pmatrix}
\tag{6-109}
$$

式中

$$
\left\{
\begin{aligned}
&K_{11} = K_1 + K_2,\ K_{12} = -K_2 \\
&K_{21} = -K_2,\ K_{22} = K_2 + K_3,\ K_{23} = -K_3 \\
&K_{32} = -K_3,\ K_{33} = K_3 + K_4 + K_{zz} - K_{\mathrm{P}}^z,\ K_{34} = K_{xz} - K_{\mathrm{P}}^x,\ K_{35} = -K_{\mathrm{P}}^\varphi \\
&K_{43} = K_{xz} - K_F^z,\ K_{44} = K_6 + K_{xx} - K_F^x,\ K_{45} = -K_F^\varphi \\
&K_{53} = -K_M^z,\ K_{54} = -K_M^x,\ K_{55} = K_5 - K_M^\varphi \\
&C_3 = -C_{\mathrm{P}}^z,\ C_4 = -C_F^z,\ C_5 = -C_M^z
\end{aligned}
\right.
$$

式中，

$$M_{xz} = -M_3\sin\phi\cos\phi, K_{xz} = -K_3\sin\phi\cos\phi, K_{xx} = K_3\sin\phi\sin\phi, K_{zz} = K_3\cos\phi\cos\phi,$$

$$K_P^z = -\frac{2\eta\sigma_{1m}}{h_{1m}} - (k - \sigma_m)BQ_P\sqrt{\frac{D_w}{2\Delta h_m}} - 2(k - \sigma_m)\frac{B}{h_0}\left(\frac{\pi l}{8\varepsilon} + \frac{D_w}{2(2-\varepsilon)^2}\right),$$

$$K_P^x = 0,$$

$$K_P^\varphi = \eta\frac{ED_w(1+f)}{2L_S}\left(\frac{h_{1m}}{h_0}+1\right), \quad \eta = -0.5BQ_P\sqrt{\frac{D_w}{2}(h_0 - h_1)},$$

$$K_F^z = -B\sigma_{1m},$$

$$K_F^x = -\frac{EB}{2L_S}(h_0 + h_{1m}), \quad K_F^\varphi = 0, \quad C_P^z = \frac{2\eta E v_{1m}}{L_S h_0 \omega^2} + \frac{(k - \sigma_m)BQ_P D_w}{2v_{1m}},$$

$$C_F^z = -\frac{EB v_{1m}}{L_S \omega^2}$$

式中下标带有 m 的参量为沿宽度方向的均值。

综合考虑式（6-100）、（6-104），可得轧机系统多变量耦合动力学控制方程

$$M'\ddot{S}' + C'\dot{S}' + K'S' = 0 \tag{6-110}$$

式中

$$S' = \begin{bmatrix} Z_1 & Z_2 & Z_3 & X_1 & \varphi & T_1 & T_2 & T_3 \end{bmatrix}^T \tag{6-111}$$

$$M' = \begin{pmatrix}
M_1 & 0 & 0 & 0 & 0 & 0 & 0 & 0 \\
0 & M_2 & 0 & 0 & 0 & 0 & 0 & 0 \\
0 & 0 & M_3 & M_{xz} & M_{z\varphi} & 0 & 0 & 0 \\
0 & 0 & M_{xz} & M_3 & M_{x\varphi} & 0 & 0 & 0 \\
0 & 0 & M_{z\varphi} & M_{x\varphi} & M_{\varphi\varphi}^w & 0 & 0 & 0 \\
0 & 0 & 0 & 0 & 0 & M_1' & 0 & 0 \\
0 & 0 & 0 & 0 & 0 & 0 & M_2' & 0 \\
0 & 0 & 0 & 0 & 0 & 0 & 0 & M_3'
\end{pmatrix} \tag{6-112}$$

$$C' = \begin{pmatrix}
0 & 0 & 0 & 0 & 0 & 0 & 0 & 0 \\
0 & 0 & 0 & 0 & 0 & 0 & 0 & 0 \\
0 & 0 & C_3 & 0 & 0 & 0 & 0 & 0 \\
0 & 0 & C_4 & 0 & 0 & 0 & 0 & 0 \\
0 & 0 & C_5 & 0 & 0 & 0 & 0 & 0 \\
0 & 0 & c_{\bar{P}} & 0 & 0 & C_1 & 0 & 0 \\
0 & 0 & 0 & 0 & 0 & 0 & 0 & 0 \\
0 & 0 & 0 & 0 & 0 & C_{31} & 0 & 0
\end{pmatrix} \tag{6-113}$$

$$K' = \begin{pmatrix} K_{11} & K_{12} & 0 & 0 & 0 & 0 & 0 & 0 \\ K_{21} & K_{22} & K_{23} & 0 & 0 & 0 & 0 & 0 \\ 0 & K_{32} & K_{33} & K_{34} & K_{35} & 0 & 0 & 0 \\ 0 & 0 & K_{43} & K_{44} & K_{45} & 0 & 0 & 0 \\ 0 & 0 & K_{53} & K_{54} & K_{55} & 0 & 0 & 0 \\ 0 & -K_{wb} & K'_{wb} & k'_{p} & 0 & K'_{11} & K'_{12} & K'_{13} \\ 0 & K_{wb} & -K_{wb} & 0 & 0 & K'_{21} & K'_{22} & 0 \\ 0 & 0 & 0 & 0 & 0 & K'_{31} & 0 & K'_{33} \end{pmatrix} \tag{6-114}$$

以某厂 1580t 机架热连轧机 F2 机架发生振动时工作机座的动力学特性为研究对象，观察其各种动特性曲线。其主要参数见表 6-1。

表 6-1　热连轧 F2 机架主要参数

入口厚度/mm	17	弹性模量/(N/m^2)	2.1×10^{11}
出口厚度/mm	8	轧辊材料密度/(kg/m^3)	7.8×10^3
板带宽度/mm	1220	支承辊直径/mm	1512
机架间距/mm	5500	轧件出口速度/(m/s)	3.2
工作辊直径/mm	793	—	—

图 6-8 ~ 图 6-12 分别为工作机座、支承辊和工作辊沿垂直、水平方向刚性振动和转动的动特性曲线；图 6-13 ~ 图 6-14 分别为支承辊和工作辊的弯曲振动动特性曲线；图 6-15 为变形区金属的横向位移动特性曲线。

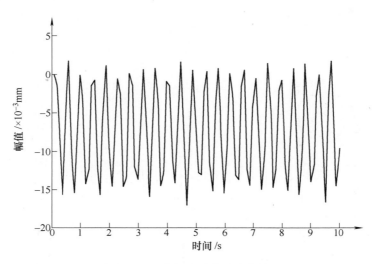

图 6-8　工作机座动态响应曲线

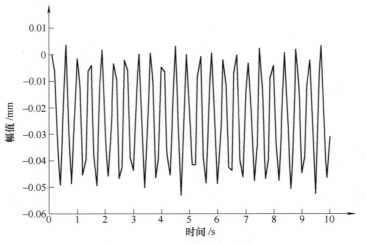

图 6-9　支承辊垂直振动响应曲线

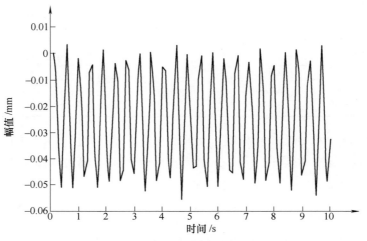

图 6-10　工作辊垂直振动响应曲线

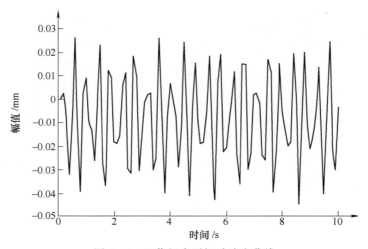

图 6-11　工作辊水平振动响应曲线

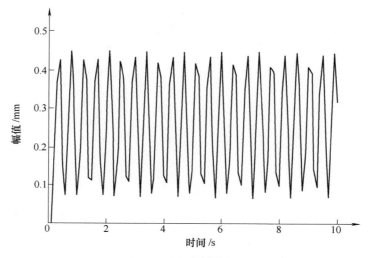

图 6-12　工作辊扭转振动响应曲线

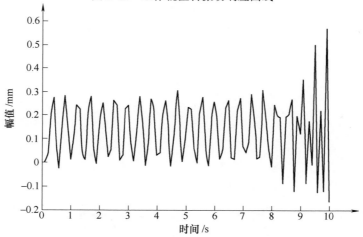

图 6-13　工作辊弯曲振动响应曲线

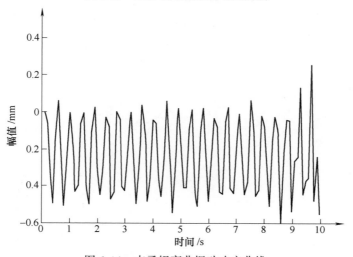

图 6-14　支承辊弯曲振动响应曲线

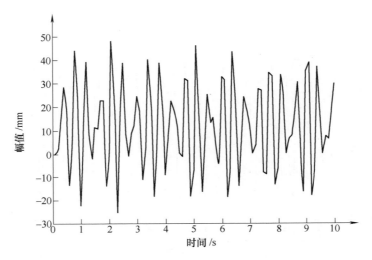

图 6-15　轧件出口横向位移动特性曲线

第 7 章　板带轧机传动系统动力学模型体系

主传动系统是板带轧机的动力源，主要由电动机、减速器、主轴、分速箱、接轴和辊系组成。由于接轴抗扭刚度最小，容易产生较大的扭转变形，加之接轴中存在弧形齿连接结构，弧形齿连接结构由于自身的传动特性（内齿和外齿之间存在摩擦运动），在工作一段时间后使用精度降低，产生动态啮合冲击激励和附加力矩激励等动态载荷，大大降低了轧机传动系统的稳定性[34]。而且，诸多文献和振动测试都表明由弧形齿接轴引起的轧机振动问题非常普遍。另外，传动系统中由于辊系与接轴和轧制变形区连接，辊系受到来自接轴和变形区动态载荷的干扰，引起辊系出现振动问题，也会降低轧机传动系统的稳定性。传动系统中其他部件刚度大且承受外界干扰力小，生产过程中基本上处于稳定工作状态。接轴和辊系的动态特性决定了轧机传动系统动态特性。在建立传动系统动力学模型时要重点研究接轴和辊系的动态结构和动态载荷特性。目前已有的轧机主传动系统模型都忽略了弧形齿接轴的动特性，对弧形齿接轴工作时产生的动态激励关注较少。本章将重点介绍考虑弧形齿动特性的轧机传动系统建模方法，并结合 2.3 节中的辊系摆动动力学模型，进而建立完善的板带轧机传动系统动力学模型体系。

7.1　弧形齿接轴稳态力学模型

弧形齿接轴在先进的冷、热轧带钢连轧机和线、棒、管材轧机上应用广泛。其优点主要有：在运转过程中接轴的角速度几乎是恒定的，有利于提高轧制速度和产品质量；润滑条件和密封性好，使用寿命长；换辊时容易与辊系对准，装卸简单；制造过程中不需要青铜等非铁金属，节约成本；轴间倾角较小时，能够承载较大的载荷。图 7-1 为弧形齿接轴实物图，右侧弧形齿联轴器联接轧辊，左侧弧形齿联轴器联接分速箱齿轮轴，连接左右弧形齿的为接轴。弧形齿联轴器包括齿套（内齿）和外齿轮结构。其中齿套为直齿结构，外齿轮为弧形齿结构，如图 7-2 所示。

图 7-1　某热轧机组 F2 轧机弧形齿接轴

建立弧形齿接轴动力学模型时，首先需要建立弧形齿接轴中内外齿之间的啮合模型，包括啮合点、啮合力等参数模型。本节将采用几何分析法建立啮合模型，根据外齿轮和内齿套的齿轮几何形状，求解齿面间隙分布，其中齿面间隙最小的位置则为该啮合齿对的齿面啮合点。根据齿面啮合点位置和赫兹接触理论，求解各个啮合齿对的啮合力，建立外齿轮和内齿套的啮合模型。

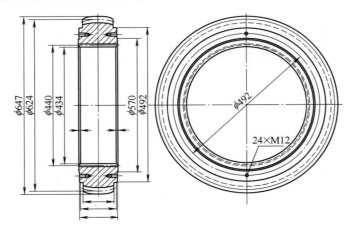

图 7-2　弧形齿结构

7.1.1　弧形齿接轴齿间间隙计算

本节采用空间坐标系和转换矩阵的方法，求解内齿套和外齿轮之间的间隙分布情况。建立如下坐标系：(x_n, y_n, z_n) 为与内齿固结的动坐标系，坐标原点位于内齿中心；(x_w, y_w, z_w) 为与外齿固结的动坐标系，坐标原点位于外齿中心；(X_n, Y_n, Z_n) 为内齿静坐标系，坐标原点位于内齿中心，当内齿轮转角 φ_n 为 0 时，(x_n, y_n, z_n) 与 (X_n, Y_n, Z_n) 重合；(X_w, Y_w, Z_w) 为与外齿轮固结的静坐标系，坐标原点位于外齿轮中心，当外齿轮转角 φ_w 为 0 时，(X_w, Y_w, Z_w) 与重合。另外弧形齿接轴稳态工作时，内齿套和外齿轮坐标原点重合。内外齿轮坐标系如图 7-3 所示。

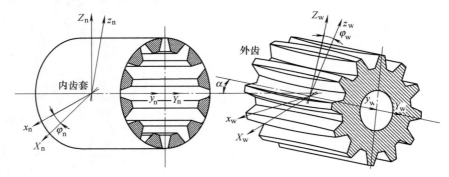

图 7-3　内齿套和外齿轮坐标系

根据建立的坐标系，可求解出内齿套的动态坐标系与内齿套静态坐标系的转换矩阵为

$$N_D^S = \begin{pmatrix} \cos\varphi_n & 0 & -\sin\varphi_n \\ 0 & 1 & 0 \\ \sin\varphi_n & 0 & \cos\varphi_n \end{pmatrix} \tag{7-1}$$

式中　φ_n——内齿套动态坐标系与静态坐标系的夹角。

根据建立的坐标系，求解出外齿轮动态坐标系与内齿套静态坐标系的转换矩阵

$$WN_D^S = WN_S W_D^S \tag{7-2}$$

式中　WN_S——外齿轮静态坐标系与内齿套静态坐标系的转换矩阵

$$WN_S = \begin{pmatrix} 1 & 0 & 0 \\ 0 & \cos\alpha & \sin\alpha \\ 0 & -\sin\alpha & \cos\alpha \end{pmatrix} \tag{7-3}$$

式中　α——为内齿套与外齿轮的轴间倾角。

W_D^S 为外齿轮动态坐标系与外齿轮套静态坐标系的转换矩阵

$$W_D^S = \begin{pmatrix} \cos\varphi_w & 0 & -\sin\varphi_w \\ 0 & 1 & 0 \\ \sin\varphi_w & 0 & \cos\varphi_w \end{pmatrix} \tag{7-4}$$

式中　φ_w——外齿轮套动态坐标系与静态坐标系的夹角。

由于内齿套和外齿轮存在轴间倾角，内齿套和外齿轮每一对相互啮合的齿之间的间隙是不同的。为计算每对啮合的齿对之间的间隙，现将外齿轮的齿面进行单元划分，如图 7-4 所示。结点在外齿面上沿 x 轴和 y 轴均匀分布，分成 $p \times n$ 份细密的方格[35]。

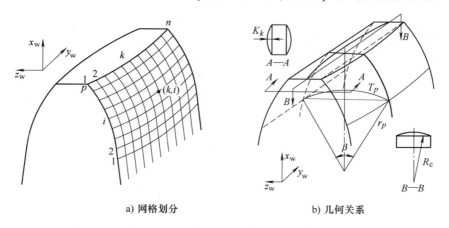

a) 网格划分　　　　　　　　　b) 几何关系

图 7-4　弧形齿轮廓示意图

采用几何分析法，首先计算外齿轮齿面各个结点的参数。为了便于数值分析，做以下简化：①假设弧形齿采用圆弧鼓度曲线；②假定内外齿接触面摩擦力符合库仑摩擦；③假定内外齿面接触符合赫兹接触理论。

外齿齿形如图 7-4b 所示，由于外齿是弧形齿，其鼓度修形会对其齿形参数造成影响。所以要对未修形的节圆半径 r_p 和压力角 α 进行参数修正。修正后节面 k 处的节圆半

径 r_{kp} 及压力角 α_{kp} 分别为

$$r_{kp} = r_p - R_c \left[1 - \cos\left(\sin^{-1} \frac{|y_k|}{R_c} \right) \right] \tag{7-5}$$

$$\alpha_{kp} = \cos^{-1} \frac{r_p \cos\alpha}{r_{kp}} \tag{7-6}$$

式中　R_c——外齿径向鼓度半径；

　　　y_k——外齿齿面上节面 k 距齿面中心的轴向距离。

轴向节面 k 位置处齿厚修形量为

$$K_k = \frac{r_{kp}}{r_p} \tan\alpha (R_c - \sqrt{R_c^2 - y_k^2}) \tag{7-7}$$

轴向节面 k 位置处对应节圆的齿厚为

$$T_{kp} = T_p - 2K_k \tag{7-8}$$

结点 (i, k) 对应的齿厚为

$$T_{ki} = r_{ki} \left[\frac{T_p}{r_{kp}} - 2(\tan\alpha_{ki} - \alpha_{ki} - \tan\alpha_{kp} + \alpha_{kp}) \right] \tag{7-9}$$

式中　r_{ki}——结点 (i, k) 处的半径；

　　　α_{ki}——结点 (i, k) 处的压力角；

　　　T_p——节圆处的齿厚；

　　　T_{ki}——结点 (i, k) 处对应的齿厚。

另外，根据几何关系可得到结点 (i, k) 的半径 r_{ki} 表达式

$$r_{ki} = \frac{x_{wki}}{\cos(\beta_{ki}/2)} \tag{7-10}$$

$$r_{ki} = \frac{r_b}{\cos\alpha_{ki}} \tag{7-11}$$

式中　x_{wki}——结点 (i, k) 在 (x_w, y_w, z_w) 坐标系中 x 轴的投影；

　　　β_{ki}——结点 (i, k) 对应的圆心角，$\beta_{ki} = T_{ki}/r_{ki}$；

　　　r_b——基圆半径。

由式（7-10）和式（7-11）组成未知变量为 α_{ki} 和 r_{ki} 的方程组，采用优化算法求出 α_{ki} 和 r_{ki}。

外齿面结点 (i, k) 在 (x_w, y_w, z_w) 坐标系中坐标值为

$$\begin{cases} x_{wki} = r_{ki}\cos(\beta_{ki}/2) \quad x_{wki} = r_{ki}\cos(\beta_{ki}/2) \\ y_{wki} = y_k \\ z_{wki} = r_{ki}\sin(\beta_{ki}/2) \end{cases} \tag{7-12}$$

将外齿齿面结点 (i, k) 从 (x_w, y_w, z_w) 坐标系向 (X_n, Y_n, Z_n) 坐标系投影，得到结点在 (X_n, Y_n, Z_n) 坐标系中的坐标

$$\begin{pmatrix} X_{wki}^{n} \\ Y_{wki}^{n} \\ Z_{wki}^{n} \end{pmatrix} = WN_{D}^{S} \begin{pmatrix} x_{wki} \\ y_{wki} \\ z_{wki} \end{pmatrix} \tag{7-13}$$

式中　X_{wki}^{n}——外齿齿面结点 (i, k) 在 (X_n, Y_n, Z_n) 坐标系中 X_n 方向的投影；

Y_{wki}^{n}——外齿齿面结点 (i, k) 在 (X_n, Y_n, Z_n) 坐标系中 Y_n 方向的投影；

Z_{wki}^{n}——外齿齿面结点 (i, k) 在 (X_n, Y_n, Z_n) 坐标系中 Z_n 方向的投影。

外齿齿面结点 (i, k) 相对于内齿套轴线的距离为该结点的圆半径 r_{nki}。如果内外齿在该结点处发生接触，则内齿面上与之接触的啮合点距轴线的距离一定也等于 r_{nki}，则内齿面上主要参数为

$$r_{nki} = \sqrt{(X_{wki}^{n})^2 + (Z_{wki}^{n})^2} \tag{7-14}$$

$$\beta_{nki} = \frac{T_{np}}{r_p} - 2(\tan\alpha_{nki} - \alpha_{nki} - \tan\alpha + \alpha) \tag{7-15}$$

$$\alpha_{nki} = \cos^{-1}\left(\frac{r_b}{r_{nki}}\right) \tag{7-16}$$

内齿面上对应位置在 (x_n, y_n, z_n) 坐标系上的坐标为

$$\begin{cases} x_{nki} = r_{nki}\cos(\beta_{nki}/2) \\ y_{nki} = Y_{wki}^{n} \\ z_{nki} = r_{nki}\sin(\beta_{nki}/2) \end{cases} \tag{7-17}$$

通过坐标变换得到在 (X_n, Y_n, Z_n) 坐标系上的坐标。

$$\begin{pmatrix} X_{nki}^{n} \\ Y_{nki}^{n} \\ Z_{nki}^{n} \end{pmatrix} = N_{D}^{S} \begin{pmatrix} x_{nki} \\ y_{nki} \\ z_{nki} \end{pmatrix} \tag{7-18}$$

根据外齿轮和内齿套齿面各结点在 (X_n, Y_n, Z_n) 坐标系中的坐标，计算结点 (i, k) 处的内外齿面沿周向的齿面间隙

$$\mathrm{clearance}(k, i, \varphi_n, \varphi_w) = r_{nki}\left[\tan^{-1}\frac{Z_{nki}^{n}}{X_{nki}^{n}} - \tan^{-1}\frac{Z_{wki}^{n}}{X_{wki}^{n}}\right] \tag{7-19}$$

根据式（7-19）求出齿面上各个结点的齿面周向间隙，其中齿面周向间隙最小的结点则是在此状态下该齿面的啮合位置。

7.1.2　弧形齿接轴啮合力和附加力矩计算

7.1.2.1　啮合力计算

弧形齿接轴啮合力主要与齿轮啮合刚度和齿轮变形有关。齿轮啮合刚度由齿轮的结构参数决定。为便于计算齿轮啮合刚度，本节将弧形齿在齿面载荷作用下发生弯曲变形近似等效为变截面梁受集中力作用的力学模型，如图 7-5 所示。

假设啮合点位置为 A，根据集中力作用下的变截面梁变形理论，可得该啮合点位置的弯曲挠度 δ_A 为

$$\delta_A = \frac{12P_{AT}l_A^2}{EB\left(T_f - T_A\right)^2}\left(\ln T_A - \ln T_f - \frac{T_A}{T_f} + \frac{l_A}{T_f} - \frac{l_A T_A}{T_f^2}\right)$$

（7-20）

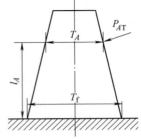

式中　P_{AT}——啮合力 P_A 在啮合截面上的周向力分量：

$$P_{AT} = P_A\cos\left(\alpha_A - \frac{T_p}{2r_{kp}} + \mathrm{inv}\alpha_A - \mathrm{inv}\alpha_p\right) \quad (7\text{-}21)$$

式中　α_A——A 处的啮合力压力角；

　　　T_A——A 处的齿厚。

图 7-5　轮齿等效受力截面图

则齿轮的啮合刚度为

$$K = \frac{P_{AT}}{\delta_A} \tag{7-22}$$

根据啮合刚度和齿轮啮合过程中的几何关系和力学关系，建立如下方程组

$$\begin{cases} \delta_i = \dfrac{P_{iT}}{K_i} \\[2mm] g_i = \delta_i + c_i \\[2mm] M = \displaystyle\sum_{i=1}^{Z} P_{iT}r_{nki} \end{cases} \tag{7-23}$$

式中　δ_i、P_{iT}、K_i——啮合齿对 i 的齿面变形量、啮合力周向力分量和啮合刚度，如果 $\delta_i > 0$，说明第 i 齿发生接触，如果 $\delta_i < 0$，则 $P_i = 0$；

　　　g_i、c_i——啮合齿对 i 的啮合齿面接近量和齿面间隙，对于同一对啮合的齿轮，其上的所有齿对的齿面接近量相等；

　　　M——弧形齿所传递的扭转力矩，即为轧制力矩。

通过求解方程组，可求得弧形齿接轴上各个齿对的齿面变形量和啮合力。

7.1.2.2　附加力矩计算

在 $(X_n,\ Y_n,\ Z_n)$ 坐标系中，由于弧形齿接轴内齿套和外齿轮之间存在着轴间倾角，齿面啮合点的位置将偏离齿面的中心（图 7-6 中虚线位置），从而导致齿面啮合力形成绕 Z_n 轴的附加力矩和绕 X_n 轴的附加力矩。由于弧形齿对称位置处的齿上啮合点齿宽方向的坐标总是相反，所以所有齿上绕 Z_n 轴的附加力矩和绕 X_n 轴的附加力矩是相互叠加的。

绕 Z_n 轴的附加力矩为

$$M_Z = \sum_{i=1}^{52} P_{Xi}Y_{ni} \tag{7-24}$$

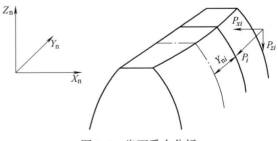

图 7-6　齿面受力分析

式中　P_{Xi}——第 i 啮合齿对的啮合力 P_i 在 X_n 轴上的投影；

$\quad\quad Y_{ni}$——第 i 啮合齿对的啮合点位置在 Y_n 轴上的投影。

绕 X_n 轴的附加力矩为

$$M_X = \sum_{i=1}^{52} P_{Zi} Y_{ni} \tag{7-25}$$

式中　P_{Zi}——第 i 啮合齿对的啮合力在 Z_n 轴上的投影。

另外，由于弧形齿接轴转动过程伴随着摆动和翻转运动，内齿和外齿的啮合点的位置不断地变化，外齿齿面发生较大幅度的往复运动，发生接触的齿面产生摩擦力。由于内齿面和外齿面的相对运动主要是沿轴向（Y_n 向），因此，近似认为齿面摩擦力的方向为轴线方向，产生绕 Z_n 轴的附加摩擦力矩。

则由摩擦力产生的绕 Z_n 轴的附加摩擦力矩为

$$M_f = \sum_{i=1}^{52} \mu_f P_{Ai} X_{ni} \tag{7-26}$$

式中　P_{Ai}——第 i 啮合齿对的啮合力；

$\quad\quad \mu_f$——齿面摩擦因数，与弧形齿的润滑系统有关；

$\quad\quad X_{ni}$——第 i 啮合齿对的啮合点位置在 X_n 轴上的投影。

7.1.3　仿真分析

针对某厂 2160 机组 F2 轧机辊系和弧形齿接轴结构，基于建立的弧形齿接轴的稳态力学模型，对其弧形齿接轴进行仿真分析。

首先根据接轴和辊系的图样确定弧形齿接轴实际工作中的轴间倾角值，如图 7-7 所示。该轧机传动系统的上、下齿轮轴中心线基准高分别为 +1385 mm 和 +485 mm；轧制线标高为 +935 mm；工作辊的最大直径和最小直径分别为 760 mm 和 850 mm；接轴长

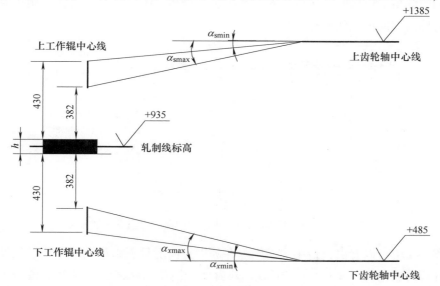

图 7-7　弧形齿接轴轴间倾角工作区间示意图

度为 3765 mm。该轧机轧制的产品出口厚度区间约为 6~33 mm。由于轧机的上、下传动系统结构沿轧制线标高对称，则上、下弧形齿接轴的轴间倾角区间为

$$最小轴间倾角 \ \alpha_{min} = \frac{1385 - (935 + 425 + 16.5)}{3765} \times \frac{180°}{3.14} = 0.13°$$

$$最大轴间倾角 \ \alpha_{max} = \frac{1385 - (935 + 380 + 3)}{3765} \times \frac{180°}{3.14} = 1.02°$$

弧形齿接轴轴间倾角的工作角度区间为 0.13°~1.02°。影响轴间倾角的主要因素有工作辊直径和 F2 道次的轧机出口厚度，工作辊直径和轧机出口厚度越小，弧形齿接轴的轴间倾角越大。

弧形齿接轴的内齿和外齿的主要结构参数见表 7-1。

表 7-1 弧形齿接轴的详细参数

外齿参数	数值	内齿参数	数值
模数/mm	12	模数/mm	12
齿数	52	齿数	52
压力角/(°)	20	压力角/(°)	20
齿顶高系数	1.0	齿顶高系数	0.5
齿根高系数	0.75	齿根高系数	1.0
变位系数	+0.5	变位系数	+0.5
齿宽/mm	110	齿宽/mm	130
径向鼓度半径/mm	440	径向鼓度半径/mm	0
负载力矩/N·m	6.5×10^5	负载力矩/N·m	6.5×10^5

7.1.3.1 最小周向间隙分析

影响内齿和外齿啮合的最小周向间隙的主要因素为轴间倾角。本节根据实际弧形齿接轴的轴间倾角工作区间，选取了 6 组数据进行分析。图 7-8 为不同轴间倾角时最小周向间隙随外齿周向位置的变化规律。

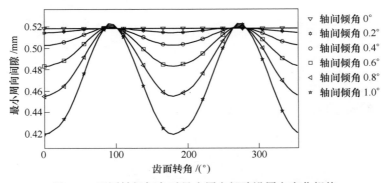

图 7-8 不同轴间倾角时最小周向间隙沿周向变化规律

从图 7-8 中可以看出，最小周向间隙在圆周方向上呈现出周期性变化，周期为半圆周。当外齿的转角为 $\varphi = 90°$ 和 $270°$ 时，外齿处于纯摆动状态，最小间隙值最大。当外齿的转角为 $\varphi = 0°$ 和 $180°$ 时，外齿处于纯翻转状态，最小间隙值最小。由于最小间隙值

越小的位置，其啮合齿轮对越优先啮合。因此，纯翻转区域附近的齿轮对承载的负载较大。另外，轴间倾角 $\alpha = 0°$ 时，最小周向间隙在整个圆周上分布均匀。随着轴间倾角 α 增大，最小周向间隙在圆周上的变化幅度也在不断增大，这将会增加各齿对齿面啮合力分布的不均匀性，加重齿轮的偏载。

由于存在摆动和翻转运动行为，内齿和外齿啮合点位置的轴向（y 轴）偏距沿圆周方向不断变化，如图 7-9 所示。在外齿的转角为 $\varphi = 0°$ 和 $180°$ 时，外齿处于纯翻转状态，此时轴向偏距绝对值最大。由于此例分析的外齿为主动齿，所以，$\varphi = 0°$ 时，轴向偏距为 y 轴负方向最大值，$\varphi = 180°$ 时，轴向偏距为 y 轴正方向最大值。在外齿的转角为 $\varphi = 90°$ 和 $270°$ 时，外齿处于纯摆动状态，此时轴向偏距为 0。另外，随着轴间倾角的增大，轴向偏距变化幅度越大。轴向偏距的存在引起弧形齿接轴传动过程中出现附加力矩，轴向偏距越大，附加力矩越大，轧机系统的稳定性越低。

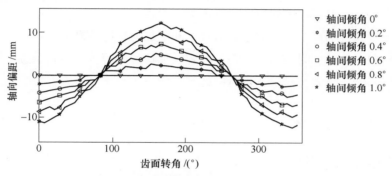

图 7-9　不同轴间倾角时轴向偏距沿周向变化规律

7.1.3.2　啮合力和附加力矩分析

图 7-10 为不同轴间倾角时啮合力沿周向变化规律图。从图 7-10 中可以看出，啮合力沿周向呈现对称分布，因此各齿对啮合力在 X_n 和 Z_n 轴上的合力为 0。另外，轴间倾角的存在使接轴出现了偏载现象，载荷集中在纯翻转区附近的齿对上，而纯摆动区域附近的齿对载荷较小，甚至为 0，未参与啮合传动。而且轴间倾角越大，参与啮合的齿对越少，偏载现象越严重。当轴间倾角为 1° 时，偏载造成齿轮承受的最大啮合力比均匀受

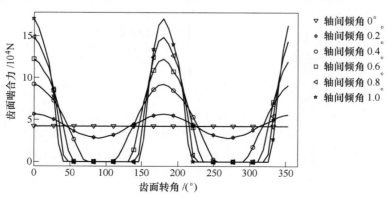

图 7-10　不同轴间倾角时啮合力沿周向变化规律

载时增大了 4 倍。增大的啮合力将会加速齿轮的磨损，严重降低齿轮的使用寿命和接轴工作的稳定性。

图 7-11 为不同轴间倾角时附加力矩变化规律图。附加力矩包括两类，一类是由于啮合点的轴向偏距引起的，一类是由齿间的摩擦力引起的。可以看出两类附加力矩都随着轴间倾角增大而增大。这是由于轴间倾角的增大，一方面增大了轴向偏距，同时也增大了齿轮的啮合力和齿面摩擦力。另外，相比于轴向偏距引起的附加力矩，齿面摩擦力引起的附加力矩更大，对弧形齿接轴的稳定运行影响更严重。

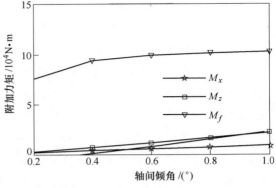

图 7-11　不同轴间倾角时附加力矩变化规律

通过对弧形齿接轴最小轴向间隙、啮合力和附加力矩的仿真分析可知，接轴的轴间倾角使接轴出现了偏载、附加力矩等现象，容易加速齿轮等关键设备磨损，降低设备的使用寿命。轴间倾角越大，对设备运行的稳定性影响越严重。

7.2　弧形齿接轴动态力学模型[6]

7.2.1　动态啮合力和附加力矩模型

目前，关于弧形齿接轴的动特性研究主要集中在稳态运行时的弧形齿载荷规律。实际中，当轧机传动系统发生扭振、弧形齿表面出现磨损或者存在安装误差时，弧形齿接轴将处在动态非稳定工作状态，其产生的动态载荷将引起轧制过程发生剧烈振动。基于建立的弧形齿接轴稳态力学模型，本节通过对外齿引入动态位移和动态负载力矩，研究外齿在不同的动态位移和负载时的啮合载荷变化规律。

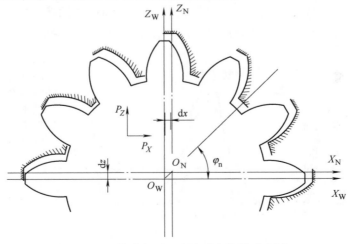

图 7-12　外齿相对于内齿动态位移示意图

假设内齿固定，外齿存在垂直（Z_n）和水平（X_n）方向的动态位移，其在（X_n，Y_n，Z_n）坐标系中的位移分别为 dx 和 dz。此时式（7-13）修正为

$$\begin{pmatrix} X_{wki}^{nd} \\ Y_{wki}^{nd} \\ Z_{wki}^{nd} \end{pmatrix} = WN_D^S \begin{pmatrix} x_{wki} \\ y_{wki} \\ z_{wki} \end{pmatrix} + \begin{pmatrix} dx \\ 0 \\ dz \end{pmatrix} \tag{7-27}$$

式中　X_{wki}^{nd}、Y_{wki}^{nd}、Z_{wki}^{nd}——具有动态位移的外齿齿面结点（i，k）在（X_n，Y_n，Z_n）坐标系中 X_n 方向、Y_n 方向和 Z_n 方向的投影。

由于轧制过程中轧制变形区不稳定，以及咬钢抛钢过程中存在的轧制力矩波动等现象，引入弧形齿接轴的动态负载力矩 dM，则式（7-25）修正为

$$M + dM = \sum_{i=1}^{52} P_i r_{nki} \tag{7-28}$$

根据式（7-14）~式（7-28）便可求解出外齿在不同的动态位移和负载力矩时的啮合力、附加力矩的变化规律。

由于外齿相对于内齿存在动态位移，此时外齿各轮齿的啮合力在圆周方向上呈现非对称分布状态，各轮齿在 X_n 轴和 Z_n 轴上的投影合力分别为 P_X 和 P_Z

$$P_X = \sum_{i=1}^{52} P_{Xi} \tag{7-29}$$

$$P_Z = \sum_{i=1}^{52} P_{Zi} \tag{7-30}$$

7.2.2　动态位移对啮合力和附加力矩的影响

由于稳态时外齿几何形状绕（X_N，Y_N，Z_N）坐标原点对称，动态位移（dx，dz）对啮合力和附加力矩的影响在（X_N，Y_N，Z_N）坐标系中也具有对称关系，即第一象限与第三象限之间有对称关系，第二象限与第四象限成对称关系。图7-13 为轴间倾角 $\alpha = 0.8°$ 时从第一象限和第三象限中随机选取一组绕原点对称的动态位移时的啮合力分布规律，表7-2 为对应的啮合力和附加力矩参数值。通过对图7-13 和表7-2 分析可知，绕原点对称的动态位移，其啮合力大小在圆周上也呈现绕原点对称的关系，其在 X_N 轴和 Z_N 轴的合力呈现大小相同、方向相反的关系，而附加力矩则呈现大小和方向都相同的关系。

表 7-2　$dx = 0.05$、$dz = 0.03$ 与 $dx = -0.05$、$dz = -0.03$ 时齿轮啮合力和附加力矩计算结果

参数	P_X/N	P_Z/N	$M_X/N \cdot mm$	$M_Z/N \cdot mm$	$M_f/N \cdot mm$
$dx = 0.05$ $dz = 0.03$	-1.17×10^6	-1.69×10^6	1.02×10^7	1.44×10^7	9.83×10^7
$dx = -0.05$ $dz = -0.03$	1.17×10^6	1.69×10^6	1.02×10^7	1.44×10^7	9.83×10^7

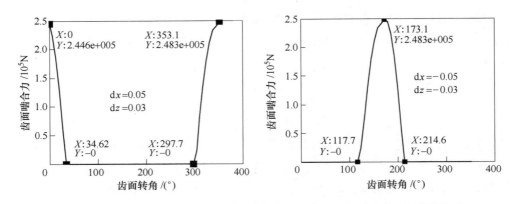

图7-13　dx = 0.05、dz = 0.03 与 dx = −0.05、dz = −0.03 时啮合力的分布规律

因此，只要分析动态位移（dx，dz）在（X_N，Y_N，Z_N）坐标系的第一象限和第二象限的影响规律便可。本节选取了当 $\alpha = 0.8°$ 时，dx = [−0.2，0.2] 和 dz = [0，0.2]区间的动态位移进行分析。

图7-14所示为不同动态位移对 P_X 的影响规律。dx 和 dz 都对 P_X 有影响，说明弧形齿接轴在 X_N 方向和 Z_N 方向上存在着刚度耦合现象。相比于 dz 对 P_X 的影响，dx 对 P_X影响更大。图7-14b 给出了 dx 与 P_X 之间关系图，可见 P_X 与 dx 呈现反向关系，P_X 能够抑制 dx 的增大，相当于系统的正刚度。当 dx 和 dz 都较小的时候，对 P_X 影响的斜率较大，说明此时弧形齿接轴的刚度较大，系统接近于线性。而当 dx 和 dz 较大时候，对 P_X影响的斜率不断降低，系统的非线性特性表现得越来越明显。

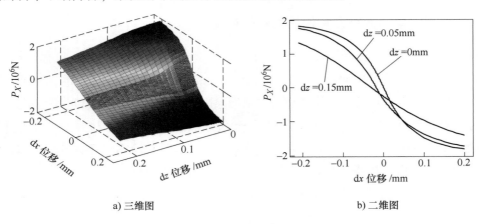

a) 三维图　　　　　　　　　　　　b) 二维图

图7-14　不同动态位移时 P_X 变化规律

图7-15所示为不同动态位移对 P_Z 的影响规律。同样 dx 和 dz 都对 P_Z 有影响，说明弧形齿接轴在 X_N 方向和 Z_N 方向上存在着刚度耦合现象。相比于 dx 对 P_Z 的影响，dz对 P_Z 影响更大。图7-15b 给出了 dz 与 P_Z 之间关系图，可见 P_Z 与 dz 呈现反向关系，P_Z能够抑制 dz 的增大，相当于系统的正刚度。当 dx 和 dz 都较小的时候，对 P_Z 影响的斜率较大，说明此时弧形齿接轴的刚度较大，系统接近于线性的。而当 dx 和 dz 较大时候，对 P_Z 影响的斜率渐渐趋于 0，系统的非线性特性表现得越来越明显。

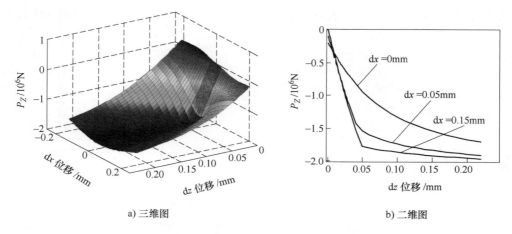

a) 三维图

b) 二维图

图 7-15 不同动态位移时 P_Z 变化规律

图 7-16 为不同动态位移对 M_X 的影响规律。dx 和 dz 都对 M_X 有影响，且影响规律比较复杂，非线性现象明显。根据 M_X 的表达式，可知 M_X 由各啮合齿对的轴向偏距和 P_{Zi} 决定。当出现动态位移时，使啮合齿对的 P_{Zi} 沿周向分布发生变化，包括参与啮合齿对数发生变化、啮合力发生变化以及啮合的齿对对应的轴向间距发生变化，影响因素较多，变化规律复杂。由图 7-16b 可知，$dx > 0$ 时，随着 dz 的增大，M_X 先增大后减小，其拐点位置约位于 $dx = dz$ 位置处。当 $dx < 0$ 时，随着 dz 的增大，M_X 先减小后增大或趋于稳定，同样其拐点位置约位于 $dz = dx$ 位置处。

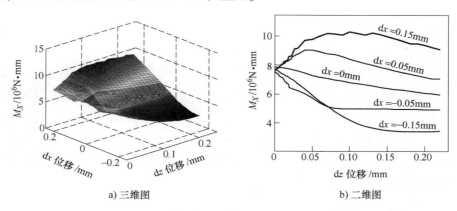

a) 三维图

b) 二维图

图 7-16 不同动态位移时 M_X 变化规律

图 7-17 为不同动态位移对 M_Z 的影响规律。可以看出动态位移 dx 对 M_Z 的影响较大，这是由于 M_Z 主要受到 P_X 的影响，因此 dx 对其影响较大。另外，M_Z 随着 $|dx|$ 的增大而降低，M_Z 随着 dz 的增大先降低后增大。从图 7-17b 可以看出当 dz 较大时，M_Z 随 dx 变化的幅度降低。整体也表现出比较明显的非线性现象。

图 7-18 为不同动态位移对 M_f 的影响规律。分布规律与 M_Z 类似。dx 对其影响较大。而且 M_f 随着 $|dx|$ 的增大而降低，M_f 随着 dz 的增大先降低后增大。从图 7-18b 可以

看出在 dx 和 dz 较小时，M_Z 随动态位移变化斜率较大。整体也具有明显的非线性现象。

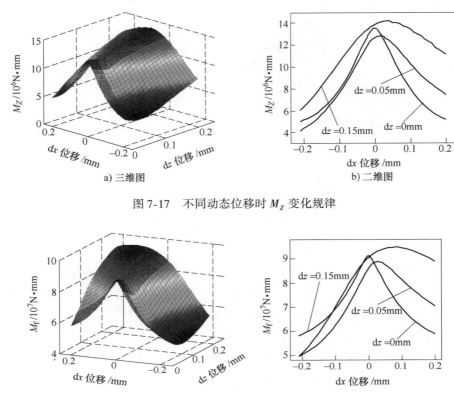

a) 三维图   b) 二维图

图 7-17　不同动态位移时 M_Z 变化规律

a) 三维图   b) 二维图

图 7-18　不同动态位移时 M_f 变化规律

通过对啮合力和附加力矩的分析可知，当动态位移较小时，啮合力和附加力矩变化斜率较大。这是由于动态位移较小时，随着动态位移变化，参与啮合的齿和齿数变化较大，引起系统刚度发生较大变化，因此，引起啮合力和附加力矩较大变化。而当动态位移增大到一定程度的时候，参与啮合的齿和齿数基本上趋于稳定，所以，当动态位移较大的时候，啮合力和附加力矩变化较小。总的来说，弧形齿接轴系统具有很强的非线性，其刚度随着动态位移变化而改变。

7.2.3　动态负载力矩对啮合力和附加力矩的影响

本章取 5 组负载力矩 M 进行分析，分别为 4.33×10^5 N·m，5.20×10^5 N·m，6.06×10^5 N·m，6.93×10^5 N·m，7.79×10^5 N·m。仿真结果如图 7-19 所示。

由图 7-19 可知，随着负载力矩的增大，各啮合齿对的啮合力增大，动态啮合力和动态附加力矩的数值便越大。另外，对 P_X 和 P_Z 而言，当动态位移较小时，动态位移对啮合力的影响较大；当动态位移较大时，负载力矩对啮合力的影响明显，为主导因素。而对 M_X、M_Z 和 M_f 附加力矩，负载力矩对其的影响大于动态位移，尤其是摩擦力引起的附加力矩，主要与负载力矩有关。本章的负载力矩即为轧制力矩，由于轧制力矩在咬钢、抛钢、打滑和扭振时会发生较大波动，轧制力矩波动引起附加力矩的变化，进而作用于辊系，引起轧机辊系发生波动。可见，负载力矩的稳定性对轧机系统稳定运行至关重要。

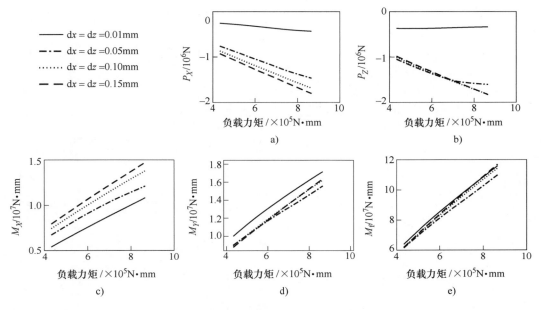

图 7-19　负载力矩对啮合力和附加力矩的影响规律

7.2.4　轴间倾角对动态啮合力和附加力矩的影响

本节选取了 4 组动态位移参数，分析了轴间倾角 α 对啮合力和附加力矩的影响。仿真结果如图 7-20 所示。

从图 7-20 中可以看出，对啮合力 P_X 和 P_Z 而言，轴间倾角对其影响比较复杂，而且影响程度较小，影响啮合力 P_X 和 P_Z 的主导因素是动态位移。对 M_X、M_Z 和 M_f 附加力矩，轴间倾角对其影响较大，附加力矩随着轴间倾角的增大而增大。尤其对于由轴向偏距引起的附加力矩 M_X 和 M_Z，其变化程度较大。这是由于轴间倾角的增大，会增加弧形齿啮合的偏载程度，使载荷向纯翻转区域附近集中，而纯翻转区域的轴向偏距较大，从而增加了附加力矩。总的来说，较大的轴间倾角会引起弧形齿接轴产生较大附加力矩，影响弧形齿接轴和轧机系统的稳定运行。

通过动态位移、负载力矩和轴间倾角对啮合力和附加力矩的影响规律的研究，P_X 和 P_Z 受动态位移的影响较大，受力方向与动态位移方向相反，能够抑制动态位移增大，体现系统的正刚度。而且刚度与动态位移有关，非线性特征明显，弧形齿接轴具有自平衡功能。而 M_X、M_Z 和 M_f 附加力矩除了动态位移的影响外，轴间倾角和负载力矩对其影响也很明显。轴间倾角越大，负载力矩越大，弧形齿接轴的附加力矩越大，轧机系统的稳定性越低。另外，从动态位移的分析可知，弧形齿接轴的垂直（Z_n 向）或者水平

（X_n 向）位移引起水平或者垂直的啮合力和附加力矩变化，垂直和水平方向运动相互耦合，加之负载力矩（扭转）的变化也会引起弧形齿接轴的垂直和水平的啮合力和附加力矩发生变化，因此，弧形齿接轴在垂直、水平和扭转方向的运动是相互耦合的。

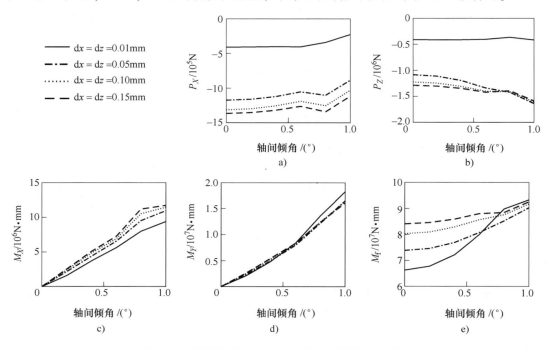

图 7-20　轴间倾角对啮合力和附加力矩的影响规律

7.3　考虑弧形齿动特性的轧机传动系统动力学[6]

7.3.1　动力学模型建立

从上节的分析可知弧形齿接轴具有垂直 – 水平 – 扭转相互耦合的动态特性，目前针对弧形齿接轴研究的都是静态特性，无法反映真实的弧形齿接轴的动态特性。而且目前对轧机传动系统的研究主要集中在扭转方向上的扭振[36]，忽略了弧形齿接轴的垂直和水平方向的运动特征，本节则将 7.2 节建立的弧形齿接轴的动态特性引入轧机的传动系统中，建立考虑弧形齿动特性的轧机传动系统垂直 – 水平 – 扭转耦合动力学模型，从而更加真实地研究传动系统的动态特性。

轧机传动系统电动机、减速器、分速箱的主要振动形式为扭振[36]，而且其抗扭刚度远大于弧形齿接轴的扭振刚度，因此将轧机传动系统的扭转质量和刚度等效到弧形齿接轴两侧。本节主要研究的是考虑弧形齿动特性的传动系统动力学模型，忽略辊系的垂直和水平振动，即假设接轴输出端垂直方向和水平方向固定。考虑弧形齿接轴的垂直和水平方向的摆动（平动和转动）运动形式，建立新的轧机传动系统动态模型，如图 7-21 所示。

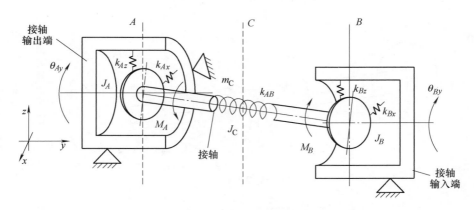

图 7-21　轧机传动系统简化结构示意图

图 7-21 中，接轴输出端连接轧机辊系，接轴输入端连接分速箱齿轮，转矩从分速箱齿轮通过弧形齿接轴传递到辊系，带动轧辊转动。θ_{Ay}、J_A 分别为接轴输出端的转动位移和等效转动惯量（辊系到接轴输出端）；θ_{By}、J_B 分别为接轴输入端的转动位移和等效转动惯量（电动机到接轴输入端）；k_{Az}、k_{Ax} 分别为接轴输出端弧形齿（内齿）垂直方向和水平方向的啮合刚度，由 P_{Az}、P_{Ax} 计算得出；k_{Bz}、k_{Bx} 分别为接轴输入端弧形齿（内齿）垂直方向和水平方向的啮合刚度，由 P_{Bz}、P_{Bx} 计算得出；M_A、M_B 分别为接轴输出端和输入端弧形齿承载的转矩或者负载力矩；J_C、k_{AB} 分别为接轴的转动质量和转动刚度；m_C 为接轴的平动质量。

由于接轴输入端和分速箱之间的抗扭刚度以及输出端与轧辊之间的抗扭刚度都远大于接轴的扭振刚度。因此，传动系统中主要扭转位移差为接轴输入端与输出端扭转位移差。另外，考虑到接轴输入端与电动机之间的转动惯量和转动刚度都较大，假设接轴输入端扭转位移与电动机扭转位移相同，且稳定运行，即 $\dot{\theta}_{By} = \ddot{\theta}_{By} = 0$。

根据图 7-21 轧机传动系统简图和图 7-22 弧形齿接轴受力图，令 x 轴正方向和 z 轴正方向分别为 x 方向和 z 方向平动的正方向；令 x 轴正方向和 z 轴负方向分别为 yoz 平面转动的正方向和 xoy 平面转动的正方向。由系统的动态平衡条件列出考虑弧形齿动特性的轧机主传动系统运动微分方程：

$$
\begin{cases}
m_C \ddot{x}_C + c_1 \dot{x}_C = P_{Ax} + P_{Bx} \\
m_C \ddot{z}_C + c_2 \dot{z}_C = P_{Az} + P_{Bz} \\
J_C \ddot{\theta}_{Cx} + c_3 \dot{\theta}_{Cx} = P_{Bx} l_s - P_{Ax} l_s + \Delta M_{Az} - \Delta M_{Bz} + \Delta M_{Af} + \Delta M_{Bf} \\
J_C \ddot{\theta}_{Cz} + c_4 \dot{\theta}_{Cz} = P_{Bz} l_s - P_{Az} l_s + \Delta M_{Ax} + \Delta M_{Bx} \\
J_A \ddot{\theta}_{Ay} + c_5 \dot{\theta}_{Ay} + k_{AB} \theta_{Ay} = \Delta M_{Ay} \\
- k_{AB} \theta_{Ay} = \Delta M_{By}
\end{cases}
\tag{7-31}
$$

式中　$c_1 \cdots c_5$——轧机系统结构阻尼，一般机械系统取阻尼比为 0.02，根据阻尼比求解各阻尼。

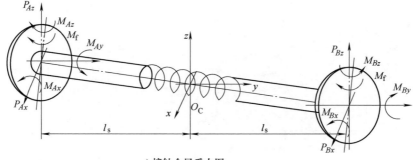

a) 接轴全局受力图

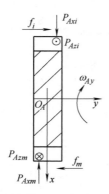

b) 接轴输入端在x–y截面上受力图

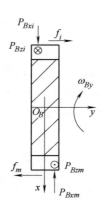

c) 接轴输出端在x–y截面上受力图

图 7-22　弧形齿接轴受力图

其中，接轴输出端 A 的主要力学参数表达式为

$$P_{Ax} = \sum_{i=1}^{52} P_{Axi}$$

$$P_{Az} = \sum_{i=1}^{52} P_{Azi}$$

$$M_{Az} = \sum_{i=1}^{52} |P_{Axi}y_{Ai}|，\text{对 } o_A z \text{ 轴的力矩，方向为 } z \text{ 轴负方向。}$$

$$M_{Ax} = \sum_{i=1}^{52} |P_{Azi}y_{Ai}|，\text{对 } o_A x \text{ 轴的力矩，方向为 } x \text{ 轴正方向。}$$

$$M_{Af} = \sum_{i=1}^{52} |f_i x_{Ai}|，\text{对 } o_A z \text{ 轴的摩擦力矩，方向为 } z \text{ 轴负方向。}$$

接轴输入端 B 的主要力学参数表达式为

$$P_{Bx} = \sum_{i=1}^{52} P_{Bxi}$$

$$P_{Bz} = \sum_{i=1}^{52} P_{Bzi}$$

$$M_{Bz} = \sum_{i=1}^{52} |P_{Bxi}y_{Bi}|，\text{对 } o_B z \text{ 轴的力矩，方向为 } z \text{ 轴正方向。}$$

$$M_{Bx} = \sum_{i=1}^{52} |P_{Bzi}y_{Bi}|，对 o_Bz 轴的力矩，方向为 x 轴正方向。$$

$$M_{Bf} = \sum_{i=1}^{52} |f_i x_{Bi}|，对 o_Bz 轴的摩擦力矩，方向为 z 轴负方向。$$

7.3.2　轧机传动系统固有特性分析

根据图样计算出轧机传动系统的相关结构参数，计算结果见表 7-3。

表 7-3　轧机传动系统结构参数

$J_A/$ kg·m²	$J_C/$ kg·m²	m_c/kg	$k_{Ax}/$ (N/m)	$k_{Az}/$ (N/m)	$k_{Bx}/$ (N/m)	$k_{Bz}/$ (N/m)	$k_{AB}/$ (N·m/rad)	l_s/m
4825	6303	5336	由 P_{Ax} 计算	由 P_{Az} 计算	由 P_{Bx} 计算	由 P_{Bz} 计算	5.5×10^7	1.883

首先分析考虑弧形齿接轴动特性的轧机传动系统固有特性，由于建立的轧机传动系统运动微分方程中的弧形齿结构参数无法用函数表达出来，为研究其固有特性，可通过对轧机传动系统加载冲击位移，激发系统的自由振动，从而判断出系统的固有特性。

图 7-23 是接轴在初始平动冲击位移为 $x_C = -0.1$ mm，$z_C = -0.1$ mm，初始扭转冲击位移为 $\theta_A = -5 \times 10^{-4}$ rad 时的轧机传动系统时域和频域仿真结果图。在系统平动和扭转位移冲击激励下，轧机发生了自由衰减振动，系统的固有特性表现出来，尤其接轴平动和扭转的固有特性。从时域图中可以看出，弧形齿接轴摆动（平动和转动）衰减速度远大于扭振衰减速度，说明摆动频率远高于扭振频率。从频域图中可以看出，弧形齿接轴在 x 方向和 z 方向的平动优势频率分别为 507 Hz 和 500 Hz，同时伴随着 780 Hz 频率振动；绕 z 轴和绕 x 轴的转动优势频率分别为 564 Hz 和 587 Hz，伴随着 997 Hz 频率振动；绕 y 轴扭振优势频率为 16.7 Hz。另外，上节动态位移对啮合力和附加力矩的影响中指出，弧形齿接轴的啮合力和附加力矩（反映系统的刚度）与振动位移相关。

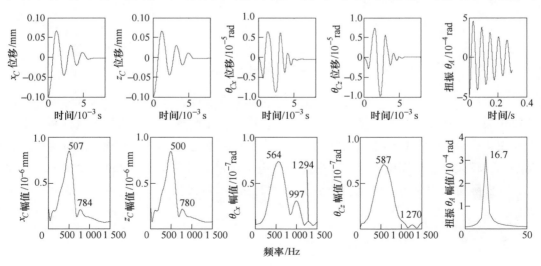

图 7-23　平动和扭转冲击位移时轧机传动系统响应图

因此，在该振动位移（平动位移为 $-0.1 \sim 0.06$ mm、转动位移为 $-1 \times 10^{-5} \sim 1 \times 10^{-5}$ rad）时弧形齿接轴摆动固有频率在 500 Hz 和 575 Hz 附近，扭振固有频率处在 16.7 Hz。绕 y 轴扭振固有频率与摆动固有频率相差较大，当接轴扭转发生自激振动时，不会引起接轴摆动发生共振现象，系统比较稳定。

图 7-24 是接轴在初始转动冲击位移为 $\theta_{Cx} = -2 \times 10^{-5}$ rad，$\theta_{Cz} = -2 \times 10^{-5}$ rad 时的轧机传动系统时域和频域仿真结果图。在系统转动位移冲击激励下，发生了自由衰减振动，系统的固有特性表现出来，尤其接轴转动的固有特性。从时域图中可以看出，弧形齿接轴转动衰减速度大于平动衰减速度，说明接轴的转动频率高于平动频率。从频域图中可以看出，弧形齿接轴在 x 方向和 z 方向的平动优势频率为 $600 \sim 650$ Hz；绕 z 轴和绕 x 轴的转动优势频率为 1050 Hz，伴随着 300 Hz 频率振动；同样，表明在该振动位移（平动位移为 $-1 \times 10^{-5} \sim 1 \times 10^{-5}$ mm、转动位移为 $-2 \times 10^{-5} \sim 2 \times 10^{-5}$ rad）时弧形齿接轴摆动固有频率在 600 Hz ~ 650 Hz 和 1050 Hz 附近。相比于图 7-23 时的振动位移，该振动位移较小。振动位移较小时弧形齿接轴的啮合力和附加力矩变化趋势较大，也就是系统刚度较大，因此，图 7-24 的固有频率大于图 7-23 时的固有频率。

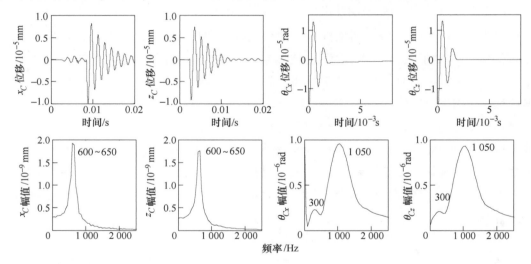

图 7-24　转动冲击位移时轧机传动系统响应图

通过以上分析可知，轧机传动系统呈现明显的非线性，接轴摆动的固有频率与振动位移相关。振动位移越小，系统的刚度越大，固有频率则越大。接轴摆动固有频率主要处在 $500 \sim 650$ Hz 和 1050 Hz 附近，接轴扭转固有频率处在 16.7 Hz 附近，与摆动固有频率相差较大。但在轧机传动系统中会存在电动机谐波频率成分（$300 \sim 1200$ Hz），因此，在实际生产中要防止电动机谐波频率对轧机传动系统的干扰，避免接轴发生共振现象。

7.3.3　轧机传动系统动态仿真分析

轧机传动系统中常见的振动形式为受迫振动和自激振动。为此，本节引入弧形齿周期性的啮合冲击，仿真分析轧机传动系统的受迫振动；引入负阻尼参数，仿真分析轧机传动系统扭转自激振动。

7.3.3.1　轧机传动系统受迫振动仿真分析

在传动系统中引入弧形齿周期性的啮合冲击后，则此时轧机传动系统振动模型为

$$
\begin{cases}
m_C\ddot{x}_C + c_1\dot{x}_C = P_{Ax} + P_{Bx} + F_{Ax} + F_{Bx} \\
m_C\ddot{z}_C + c_2\dot{z}_C = P_{Az} + P_{Bz} + F_{Az} + F_{Bz} \\
J_C\ddot{\theta}_{Cx} + c_3\dot{\theta}_{Cx} = P_{Bx}l_s - P_{Ax}l_s + F_{Ax}l_s - F_{Bx}l_s + \Delta M_{Az} - \Delta M_{Bz} + \Delta M_{Af} + \Delta M_{Bf} \\
J_C\ddot{\theta}_{Cz} + c_4\dot{\theta}_{Cz} = P_{Bz}l_s - P_{Az}l_s - F_{Az}l_s + F_{Bz}l_s + \Delta M_{Ax} + \Delta M_{Bx} \\
J_A\ddot{\theta}_{Ay} + c_5\dot{\theta}_{Ay} + k_{AB}\theta_{Ay} = \Delta M_{Ay} + M_{Fy} \\
- k_{AB}\theta_{Ay} = \Delta M_{By}
\end{cases} \tag{7-32}
$$

式中　F_{Ax}、F_{Az}——啮合冲击产生的 A 处 x 方向和 z 方向的啮合冲击分量；

　　　F_{Bx}、F_{Bz}——啮合冲击产生的 B 处 x 方向和 z 方向的啮合冲击分量；

　　　M_{Fx}——啮合冲击引起的扭转方向冲击力矩。

考虑到啮合力沿 x 轴和 z 轴分布的对称性，本节假设啮合冲击力在 x 方向和 z 方向分量相等，接轴输出端（A 处）和输入端（B 处）产生啮合冲击相等。并根据弧形齿结构参数和轧制速度，可得弧形齿啮合频率约为 55 Hz，则

$$F_{Ax} = F_{Az} = AA\sin(2\pi \times 55 \times t)$$
$$F_{Bx} = F_{Bz} = AA\sin(2\pi \times 55 \times t)$$

扭转方向啮合冲击分量较小，取 $M_{Fy} = 0.1 \times AA\sin(2\pi \times 55 \times t)$

式中　AA——弧形齿啮合冲击力幅值。

在初始位移和速度为 0，$\alpha = 0.8°$，$AA = 500000\text{N}$ 情况下，得到发生弧形齿啮合冲击时传动系统的动态响应，如图 7-25 所示。

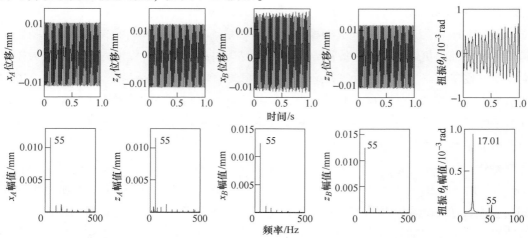

图 7-25　弧形齿啮合冲击时传动系统的动态响应

从图 7-25 中可知，弧形齿啮合冲击引起接轴发生了受迫振动，x 方向和 z 方向的振动程度相近，振动频率以啮合频率为主。由于弧形齿接轴的非线性，频率中还存在着啮合频率的倍频成分，二倍频和三倍频较大，与测试信号中的频率成分相一致。另外在扭振中以扭转固有频率为主，啮合冲击频率为辅。这是由于轧制变形区负阻尼引起了传动系统的扭振，对传动系统影响更大，与测试信号中轧机接轴的扭振频率分布相一致。接轴啮合冲击的存在会引起接轴发生振动，降低轧机传动系统稳定性。

7.3.3.2 轧机传动系统自激振动仿真分析

在传动系统的扭振中引入负阻尼参数 c_6，来表征轧制变形区的负阻尼，并取 $c_6 = -1.2c_5$，此时传动系统的扭振方程变为式（7-33）。在初始位移为 $\theta_A = -0.0005$ rad，$\alpha = 0.8°$ 情况下，得到发生摩擦自激振动时传动系统的动态响应，如图 7-26 所示。

$$J_A \ddot{\theta}_{Ay} + (c_5 + c_6)\dot{\theta}_{Ay} + k_{AB}(\theta_{Ay} - \theta_{By}) = \Delta M_{Ay} \tag{7-33}$$

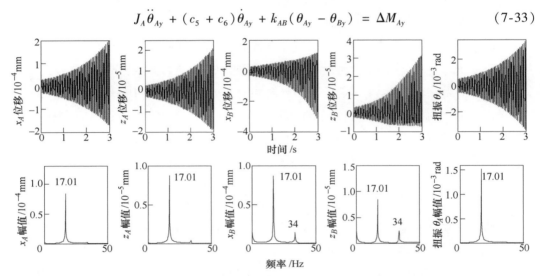

图 7-26 轧制变形区摩擦自激振动时传动系统的动态响应

由图 7-26 可知轧机传动系统中各位置点的位移幅值呈现发散趋势，其优势振动频率为 17.01 Hz，为传动系统固有频率，轧机传动系统发生了扭转自激振动。轧机扭振引起弧形齿接轴的负载力矩产生波动，负载力矩变化引起啮合力、附加力矩和摩擦力矩产生波动（图 7-19），尤其是附加力矩和摩擦力矩波动较大。可见，扭转方向与垂直方向和水平方向相互耦合，扭振引起弧形齿接轴的垂直方向和水平方向发生了受迫振动。而且由于弧形齿接轴结构的非线性，引起了接轴两侧的非对称振动，并伴随着二倍频的振动，增加了系统的复杂性。

另外，从振动方程（式 7-31）中可以看出，绕 z 轴的动态附加力矩和摩擦力矩包括 ΔM_{Az}、ΔM_{Bz}、ΔM_{Af}、ΔM_{Bf}，引起接轴在 $x-y$ 平面转动；绕 x 轴的动态附加力矩包括 ΔM_{Ax}、ΔM_{Bx}，引起接轴在 $y-z$ 平面转动。从图 7-19 中可以看出动态负载力矩波动引起的动态摩擦力矩波动幅值大于动态附加力矩，即绕 z 轴的动态力矩大于绕 x 轴的动态力矩，因此，x 方向的振动位移大于 z 方向的振动位移。x 方向上较大的振动位移，会引起接轴输出端的外齿和内齿套之间产生较大的啮合力和附加力矩。当考虑辊系振动时，内齿套与辊系刚性连接，会引起辊系在 x 方向上发生较大的振动。在现场测试中，轧机发生扭转自激振动时，工作辊在 x 方向的振动强度大于 z 方向的振动强度。

7.4　板带轧机传动系统整体动力学模型[6]

联立考虑弧形齿动特性的轧机传动系统动力学模型、轧机辊系摆动动力学模型以及考虑混合摩擦状态的热轧机轧制变形区动力学模型可建立板带轧机传动系统整体动力学模型。三个子系统之间存在着强烈的耦合作用，如图 7-27 所示。轧机辊系摆动动力学模型能够确定轧机辊系各个位置的动态运动行为，从而作用于轧制变形区和轧机传动系统；轧制变形区动力学模型能够根据轧辊的动态运动确定动态轧制力矩和动态水平力，从而作用于轧机传动系统和辊系摆动系统；轧机传动系统动力学模型能够确定弧形齿接轴产生的动态附加力矩、摩擦力矩和啮合力，从而作用于轧机辊系摆动系统。本节将根据三个子系统之间的耦合关键，建立一套完善的热轧板带轧机传动系统动力学模型，并研究其动态特性。

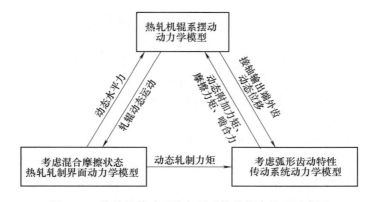

图 7-27　热轧机传动系统各子系统的耦合关系示意图

7.4.1　板带轧机传动系统整体动力学模型建立

热轧板带轧机传动系统整体结构如图 7-28 所示。轧制变形区与轧机辊系和弧形齿接轴通过动态轧制力矩和辊系动态运动建立耦合关系，轧机辊系与传动系统通过工作辊端部与传动系统输出端建立耦合关系，接轴输出端则为工作辊的辊端，即图中 D 位置处为辊系与弧形齿接轴的结合处，进行信息传递。此时，弧形齿传动产生的啮合力和力矩一方面作用于弧形齿接轴上，一方面作用于辊系上。

假设工作辊沿板宽方向扭转角度相同，忽略轧辊的柔性扭转变形；轧制变形区动态轧制力波动较小，忽略其对辊系的影响。根据热轧板带轧机传动系统的整体结构，建立包括辊系、弧形齿接轴和轧制变形区的轧机传动系统整体动力学模型

$$\begin{cases} m_E\ddot{x}_E + c_1\dot{x}_E = P_{Dx} + P_{Hx} \\[4pt] m_E\ddot{z}_E + c_2\dot{z}_E = P_{Dz} + P_{Hz} \\[4pt] J_E\ddot{\theta}_{Ex} + c_3\dot{\theta}_{Ex} = -P_{Dx}l_s + P_{Hx}l_s + \Delta M_{Dz} - \Delta M_{Hz} + \Delta M_{Df} + \Delta M_{Hf} \\[4pt] J_E\ddot{\theta}_{Ez} + c_4\dot{\theta}_{Ez} = -P_{Dz}l_s + P_{Hz}l_s + \Delta M_{Dx} + \Delta M_{Hx} \\[4pt] J_A\ddot{\theta}_D + c_5\dot{\theta}_D + k_{DH}\theta_D = \displaystyle\int_{-b/2}^{b/2}\Delta M(\dot{x}_{wy},\dot{\theta}_D)\,\mathrm{d}y \\[10pt] \qquad -k_{DH}\theta_D = M_H \\[6pt] m_b\ddot{z}_{bc} + k_{bz}z_{bA} + k_{bz}z_{bB} + \displaystyle\int_{-B/2}^{B/2}k_{wbz}(z_{by}-z_{wy})\,\mathrm{d}y + C_1\dot{z}_{bc} = 0 \\[10pt] m_w\ddot{z}_{wc} - m_w\sin\phi\cos\phi\,\ddot{x}_{wc} + \displaystyle\int_{-B/2}^{B/2}k_{wb}\cos\phi\cos\phi\,z_{wy}\,\mathrm{d}y - \int_{-B/2}^{B/2}k_{wb}z_{by}\,\mathrm{d}y \\[10pt] \qquad -\displaystyle\int_{-B/2}^{B/2}k_{wb}\cos\phi\sin\phi\,x_{wy}\,\mathrm{d}y + C_3\dot{z}_{wc} = -P_{Dz} \\[10pt] m_w\ddot{x}_{wc} - m_w\sin\phi\cos\phi\,\ddot{z}_{wc} + k_{wxA}x_{wA} + k_{wxB}x_{wB} + \displaystyle\int_{-B/2}^{B/2}k_{wb}\sin\phi\sin\phi\,x_{wy}\,\mathrm{d}y \\[10pt] \qquad -\displaystyle\int_{-B/2}^{B/2}k_{wb}\cos\phi\sin\phi\,z_{wy}\,\mathrm{d}y + C_5\dot{x}_{wc} = \int_{-b/2}^{b/2}-\Delta f(\dot{x}_{wy},\dot{\theta}_D)\,\mathrm{d}y - P_{Dx} \\[10pt] J_b\ddot{\theta}_{bc} + k_{bz}z_{bA}y_A + k_{bz}z_{bB}y_B + \displaystyle\int_{-B/2}^{B/2}k_{wbz}(z_{by}-z_{wy})y\,\mathrm{d}y + C_2\dot{\theta}_{bc} = 0 \\[10pt] J_w\ddot{\theta}_{wcz} - J_w\sin\phi\cos\phi\,\ddot{\theta}_{wcx} + \displaystyle\int_{-B/2}^{B/2}k_{wb}\cos\phi\cos\phi\,z_{wy}y\,\mathrm{d}y - \int_{-B/2}^{B/2}k_{wb}z_{by}y\,\mathrm{d}y \\[10pt] \qquad -\displaystyle\int_{-B/2}^{B/2}k_{wb}\cos\phi\sin\phi\,x_{wy}y\,\mathrm{d}y + C_4\dot{\theta}_{wcz} = -P_{Dz}y_D + \Delta M_{Dx} \\[10pt] J_w\ddot{\theta}_{wcx} - J_w\sin\phi\cos\phi\,\ddot{\theta}_{wcz} + k_{wxA}x_{wA}y_A + k_{wxB}x_{wB}y_B + \displaystyle\int_{-B/2}^{B/2}k_{wb}\sin\phi\sin\phi\,x_{wy}y\,\mathrm{d}y \\[10pt] \qquad -\displaystyle\int_{-B/2}^{B/2}k_{wb}\cos\phi\sin\phi\,z_{wy}y\,\mathrm{d}y + C_6\dot{\theta}_{wcx} = \int_{-b/2}^{b/2}-\Delta f(\dot{x}_{wy},\dot{\theta}_D)y\,\mathrm{d}y - P_{Dx}y_D + \Delta M_{Dz} + \Delta M_{Df} \end{cases}$$

$$(7\text{-}34)$$

式中 $\Delta M(\dot{x}_{wy},\dot{\theta}_D)$ 和 $\Delta f(\dot{x}_{wy},\dot{\theta}_D)$——轧制变形区单辊摩擦力矩和摩擦力的动态变量，与轧辊水平振动速度和扭转动态速度相关，根据第 1.3 节建立的考虑混合摩擦状态的轧制变形区动态摩擦力模型进行计算；

$\qquad P_{Dx}$、P_{Dz}、ΔM_{Dx}、ΔM_{Dz}、ΔM_{Df}——D 处弧形齿啮合传动引起的动态啮合力 x 轴分量、动态啮合力 z 轴分量、绕 x 轴动态力矩、绕 z 轴动态力矩和动态摩擦力矩，与辊系和接轴在 D 点的相对位移相关；

P_{Hx}、P_{Hz}、ΔM_{Hx}、ΔM_{Hz}、ΔM_{Hf}——H 处弧形齿啮合传动引起的动态啮合力 x 轴分量、动态啮合力 z 轴分量、绕 x 轴动态力矩、绕 z 轴动态力矩和动态摩擦力矩。与接轴在 H 点的位移相关。

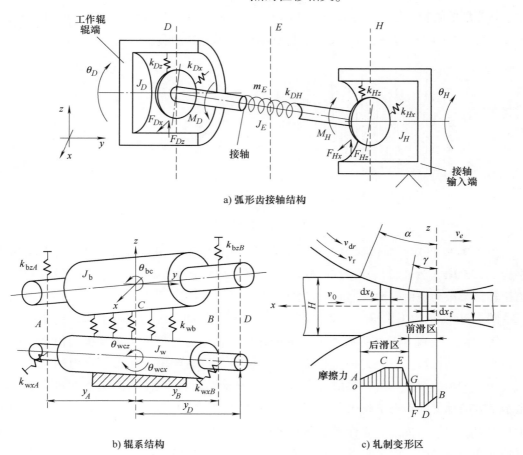

a) 弧形齿接轴结构

b) 辊系结构　　　　　　　　　c) 轧制变形区

图 7-28　热轧板带轧机传动系统整体结构

该轧机传动系统主要结构参数，见表 7-4。

表 7-4　轧机传动系统主要结构参数

轧机结构参数	数值	轧机结构参数	数值
工作辊等效平动质量 m_w/kg	19511	接轴等效平动质量 m_E/kg	5336
工作辊等效转动惯量 J_w/kg·m²	30238	接轴等效转动惯量 J_E/kg·m²	6303
工作辊半径 R_w/mm	410	轧辊等效扭转惯量 J_D/kg·m²	4825
支承辊等效平动质量 m_b/kg	61811	接轴等效抗扭刚度 k_{DH}/(N·m/rad)	5.5×10^7
支承辊等效转动惯量 J_b/kg·m²	105931	D 点和 H 点距 E 点的距离/mm	1883
支承辊半径 R_D/mm	800	D 点水平方向啮合刚度 k_{Dx}	由 P_{Dx} 计算
支承辊辊身长度 B/mm	2260	D 点垂直方向啮合刚度 k_{Dz}	由 P_{Dz} 计算
A 点和 B 点距 C 点的距离/mm	1750	H 点水平方向啮合刚度 k_{Hx}	由 P_{Hx} 计算
D 点距 C 点的距离/mm	2945	H 点垂直方向啮合刚度 k_{Hz}	由 P_{Hz} 计算
弹性压扁刚度 k_{wb}/(N/m)	3.47×10^{10}	支承辊和工作辊偏移距 e/mm	8
支承辊与机架等效刚度 k_{bzl}/(N/m)	1.2×10^{10}	工作辊与机架等效刚度 k_{wx}	1.3×10^9

7.4.2 板带轧机传动系统整体动力学仿真分析

本节以发生自激振动的板坯为例，仿真分析扭转自激振动时传动系统各子系统的动态响应，研究传动系统的动态特性。

该板坯的轧制工艺参数为 $h_0 = 15.13$ mm，$h_1 = 8.0$ mm，$b = 1500$ mm，$v_r = 2.13$ m/s，$\mu_s = 0.24$，$\beta = 0.05$，$P = 2.8 \times 10^7$ N。仿真结果如图 7-29 所示。

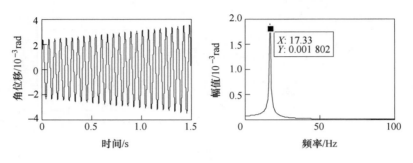

图 7-29　工作辊扭振仿真结果

由图 7-29 可知，在该结构和工艺参数下，轧机发生了扭转自激振动，自激振动频率为 17.25 Hz，为轧机传动系统的扭转固有频率。由于没有对系统施加外界激励载荷，该扭转自激振动是由变形区上的动态摩擦产生扭转负阻尼引起的。

图 7-30 所示为工作辊的平动和转动仿真结果。传动系统的扭振引起轧制变形区轧制力矩变化，轧制力矩（负载力矩）的变化一方面引起轧制变形区摩擦力波动，造成辊系水平平动振动；另一方面引起弧形齿接轴啮合传动产生的动态啮合力和啮合力矩 P_{Dx}、P_{Dz}、M_{Dx}、M_{Dz}、M_{Df}，造成辊系出现水平转动振动和垂直转动振动。另外，由于辊系水平方向承受的动态干扰力包括摩擦力和 P_{Dx}、M_{Dz}、M_{Df}，大于垂直方向承受的动态干扰力 P_{Dz}、M_{Dx}。因此，工作辊水平方向的摆动程度大于垂直方向。同理，在传动系统接轴的摆动振动中，由于水平方向承受的干扰力大于垂直方向，尤其是水平方向上承受的动态摩擦力矩 M_{Df} 对系统稳定性影响很大，因此，传动系统接轴中水平方向摆动程度大于垂直方向，如图 7-31 所示。

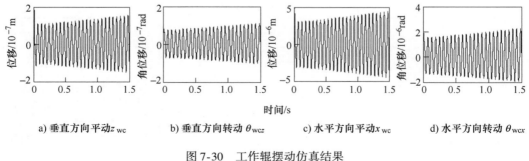

a) 垂直方向平动 z_{wc}　　b) 垂直方向转动 θ_{wcz}　　c) 水平方向平动 x_{wc}　　d) 水平方向转动 θ_{wcx}

图 7-30　工作辊摆动仿真结果

基于建立的板带轧机传动系统整体动力学模型能够更加全面、真实地揭示轧机传动系统各方向的耦合关系。由于系统各个方向运动相互耦合作用，加之振动发生时都伴随着倍频成分，因此，在轧机设计时应该考虑轧机传动系统在各个方向固有振动频率之间不要呈现出倍数关系，避免某个方向倍频成分的振动引起其他方向的共振，加剧轧机振动程度。

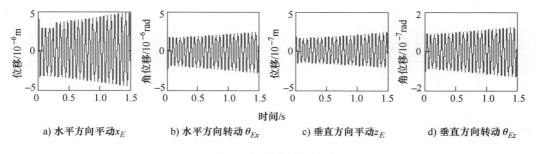

a) 水平方向平动x_E　　b) 水平方向转动θ_{Ex}　　c) 垂直方向平动z_E　　d) 垂直方向转动θ_{Ez}

图 7-31　传动系统接轴摆动仿真结果

　　完善的板带轧机传动系统动力学模型，能够准确地揭示轧机振动能量传递路径和振动机理，指导轧机抑振措施的研究，有效地控制轧机振动，解决轧机异常振动问题。同时，基于该模型体系综合考虑轧机系统动态特性，能够在轧机结构设计和轧制工艺设定时预防轧机系统异常振动地发生。另外，基于该模型体系能够分析和掌握轧机设备某一故障时轧机关键部件的振动时域和频域特征，通过关键部件振动信号监测与分析确保设备准确的故障诊断。可见，板带轧机传动系统动力学的建立有助于从振动预防、振动控制和故障诊断三个方面提高轧制过程的稳定性，具有重要的应用价值。

第8章 板带轧机系统动力学理论应用

8.1 板带轧机稳定运行动力学模型体系概述

板带轧机稳定运行和振动问题一直是备受国内外钢铁行业关注的世界级技术难题，至今没有通用有效的解决措施。轧机运行失稳将降低零件使用寿命、恶化高端板带产品质量、甚至导致生产安全事故，轧机稳定运行技术水平决定了轧机和高端板带钢控制水平，对国民经济发展具有举足轻重的作用。

轧机系统频频发生振动问题，其根本原因是对轧机系统动态特性了解不深入或者忽略，造成生产工艺制定不合理、生产过程中设备使用和维护不当，引起轧机系统的振动问题。因此，要解决板带轧机稳定运行和振动问题，关键在于揭示动态机理的板带轧机动力学模型体系构建。

本书首先在第1章~第4章进行了板带轧机动力学基础模型理论研究。第1章介绍了不同轧制工况下轧制变形区动力学模型，包括考虑轧辊垂直振动的冷轧变形区动力学模型，考虑工作辊垂直、水平和扭转振动的热轧变形区动力学模型以及面向自激振动的热轧混合摩擦状态变形区动力学模型。第2章介绍了板带轧机刚性动力学模型，包括传统一维轧机刚性动力学模型、多维耦合动力学模型和刚性摆动动力学模型。第3章介绍了轧机辊系弯曲动力学模型和动特性分析。第4章介绍了轧制过程中运动带钢动力学模型和动特性分析。

基于第1章~第4章的基础动力学模型，第5章~第7章分别针对板形板厚控制动态机理、基于刚柔耦合特性的轧机系统动态机理以及考虑关键部件动态特性的轧机传动系统动态机理开展了详细的研究，建立了面向板形板厚控制的轧机系统动力学模型体系、板带轧机系统刚柔耦合动力学模型体系和板带轧机传动系统动力学模型体系。面向板形板厚控制的轧机系统动力学模型体系包括轧制过程模型、轧机辊系弯曲变形动力学模型、轧件三维塑性变形和辊系弯曲变形耦合模型（简称为轧件–辊系耦合模型）。该模型体系突破了传统的板形预设定模式，提出板形板厚动态仿真概念，发展了轧制理论。在该模型体系基础上，考虑到轧机系统中辊系沿垂直、水平方向的刚体运动和轧辊沿轴线方向的柔性弯曲变形运动之间的相互耦合关系，建立了板带轧机系统刚柔耦合动力学模型体系，该模型体系主要包括轧机辊系刚性振动耦合动力学模型、轧机辊系刚柔耦合动力学模型和轧制变形区耦合动力学模型。该模型体系丰富了板形板厚动态仿真体系，为解决轧制过程中出现的与轧机系统动力学特性有关的轧制稳定性、带材表面质量缺陷、板形板厚综合动态仿真等问题提供理论依据和仿真平台。针对热轧生产中常见的受迫振动和复杂的自激振动问题，建立了板带轧机传动系统动力学模型体系，该模型体系主要包括弧形齿接轴动力学模型、辊系摆动动力学模型和考虑混合摩擦状态的轧制变形区动力学模型。该模型体系深入揭示了热轧过程中不同形式振动的发生机理，以及振动能量传递路径，从生产过程中设备维护策略、轧制工艺设定方面提出了提高轧机稳定运行的措施。板带轧机动力学稳定运行体系的建立和完善，能够为轧机系统的稳健控制、轧机设备健康状态监测和故障诊断提供理论依据，推动轧制设备的智能化管理。

本章将基于板带轧机稳定运行动力学模型，针对工业生产中出现的振动问题，研究轧机振动机理，并提出相应的抑振措施，解决板带轧机的振动问题，实现动力学模型体系的工业应用。

8.2　轧机振动测试技术

近年来，国内外多条板带连轧生产线都出现振动问题，尤其在轧制高强度和薄规格高端板带产品时更为严重，降低了设备使用寿命和生产率，严重影响轧制生产稳定运行。如何解决板带连轧机组的振动问题，已成为钢铁行业的共性技术难题。本章利用先进的测试设备和测试技术，对轧机设备、轧制工艺参数进行了全面的测试，获得了轧制不同产品时轧机系统的结构振动信号以及轧制力、轧制速度、板带厚度等工艺参数。

8.2.1　振动测试内容

轧机主要结构包括机座和主传动系统。为全面掌握轧机的动态信息，在轧机机座中测试了机架牌坊（垂直方向）、压下液压缸（垂直方向）、上支承辊轴承座（垂直和水平方向）、上工作辊轴承座（垂直和水平方向）、下支承辊轴承座（垂直和水平方向）、下工作辊轴承座（垂直和水平方向）的加速度信号。在轧机主传动系统中测试了主轴扭转应变信号，主轴连接了分速箱和减速箱，其转矩能够反映轧机的总轧制力矩；测试了上、下接轴的扭转应变信号，上、下接轴连接分速箱和工作辊，能够分别反映上、下工作辊的轧制力矩。通过对这些振动参数的测量，有助于研究振动发生时轧机主要结构的时频响应、振动发生过程和变化规律。

另外，实际中并不是所有的板带轧制时轧机都会发生振动，引起轧机振动的往往是薄规格的高强度板坯，说明轧机系统的稳定性与轧件品种、规格、力能参数及轧制工艺参数相关。因此，需要对带钢参数和轧制工艺主要参数进行测量。主要包括入口厚度、出口厚度、轧制力、轧制力矩、入口张力、出口张力、轧件速度、轧件宽度等。这些参数从工厂 PDA 数据中进行提取。

8.2.2　振动测试方法[37]

8.2.2.1　轧机机座测试

由于直接测量振动的位移信号比较困难，可以采用加速度传感器测量机座的垂直和水平方向振动加速度信号。加速度传感器（图 8-1）灵敏度高而且装卸方便，可以通过磁座磁力将传感器布置在轧机机座的各个部件上（图 8-2），十分适合需要频繁换辊的精轧机振动测试。加速度传感器将轧机振动的加速度信号转化为电流信号，并通过电流放大器和采集卡将振动信号传输到计算机中记录和显示。

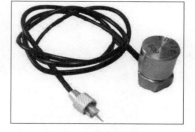

图 8-1　加速度传感器

8.2.2.2　轧机传动系统测试

转矩测量方式有很多种，其中在工程中应用较为广泛的是传统的电阻应变测量方法。由于轧机主轴和上、下接轴在工作中高速运转，为便于安装调试，研制了非接触式转矩测量装置，通过无线数据传输技术，将电阻应变信号传输到数据处理系统中。主要组成包括转矩应变片、无线信号发射器、无线信号接收器和供电电池，如图 8-3 所示。

图 8-2　轧机机座关键测点布置

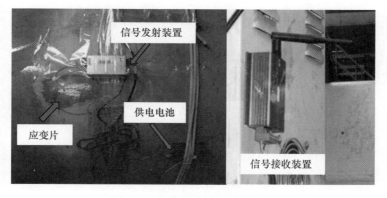

图 8-3　非接触式转矩测量装置

通过研制的非接触式转矩测量装置，对传动系统的主轴和上下接轴的转矩进行实时监测，如图 8-4 所示。

8.2.2.3　振动测试采集仪器与测试系统

轧机振动数据的采集设备为移动数据采集仪，能够采集冲击、噪声、振动、过载、应变、温度、位移、速度、压力等多种信号，适用于恶劣环境下的数据采集记录。该采集仪器包含有配套的计算机接口软件，可对传感器参数、采集参数等进行设置。轧机测试系统如图 8-5 所示。

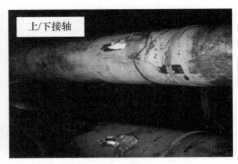

图 8-4　轧机传动系统测点布置

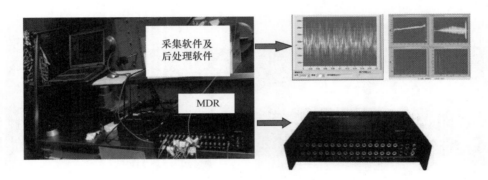

图 8-5　振动测试系统

8.3　1580 热轧机组 F2 轧机振动测试及研究

8.3.1　振动测试数据分析[38]

某厂 1580 热轧机组生产 2 mm 以下规格薄板带时发生强烈振动现象[39-41]。本次测试选择振动较为严重和频繁的 F2 精轧机进行了测试。在致振产品中，1.6 mm 耐候板振动最为强烈。该钢板钢种为 SPA - H，宽度 1150 mm，通过 F2 轧机时的入口厚度 17.38 mm，出口厚度 8.34 mm，绝对压下量 9.04 mm，相对压下量 52.0%。轧制该产品时，F2 稳态轧制过程出口速度为 2.87 m/s。由于工作辊振动最为剧烈且与轧件直接接触，现提取工作辊各方向的振动测试信号，包括时域图和功率谱图（图 8-6）。

8.3.1.1　扭振信号分析

由扭转振动信号可知（图 8-6），上下接轴出现较为明显的振动，振动频率为 20 Hz 及其倍频，其中 20 Hz 频率成分振动幅值最大，与轧机主传动的扭振固有频率都比较接近。倍频成分的产生说明传动系统具有明显的非线性。

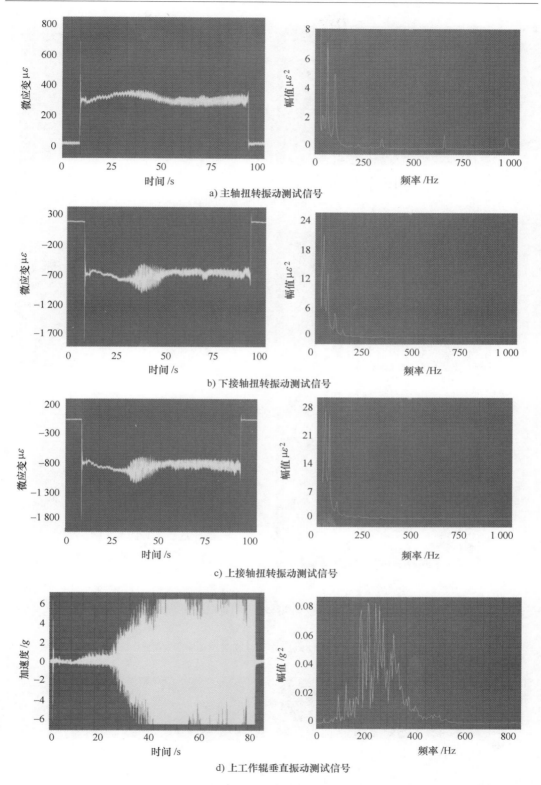

a) 主轴扭转振动测试信号

b) 下接轴扭转振动测试信号

c) 上接轴扭转振动测试信号

d) 上工作辊垂直振动测试信号

图 8-6　轧机振动测试数据时域图和频域图 (一)

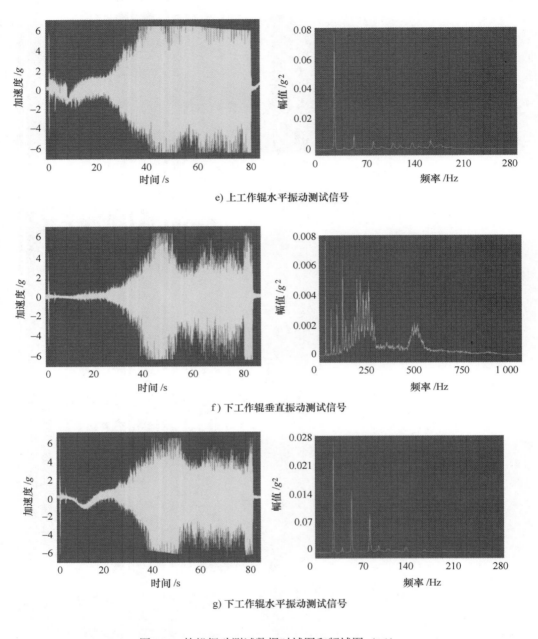

e) 上工作辊水平振动测试信号

f) 下工作辊垂直振动测试信号

g) 下工作辊水平振动测试信号

图 8-6 轧机振动测试数据时域图和频域图 (二)

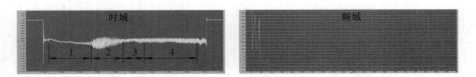

图 8-7 上接轴扭振时域图和频域图

在对所有引起振动的钢板所采集的转矩信号中，振动过程都可以分为以下 4 个典型的阶段：由于第一阶段的信号没有明显的特征性，因此只对其后三个阶段的信号进行分析。如图 8-8 所示，上、下接轴转矩在第二阶段出现了波动，而且周期性明显。上、下接轴的扭转应变信号波动非常接近正弦波动信号，频率约为 18 Hz。虽然上、下接轴的转矩信号呈现正弦波动，而且振动的幅值很大，但现场轧机并未出现严重的振动噪声。在第三阶段，正弦的转矩信号开始出现扰动，轧机振动噪声也开始出现，且噪声较为杂乱，没有明显的规律性。在第四阶段，轧机的振动噪声变得稳定，具有规律性。从信号图上看，转矩信号波动的周期性明显，较之之前的两个阶段，波动频率明显加快，优势频率集中在 10 Hz、40 Hz、80 Hz 这三个频率附近，振幅与"正弦波动"阶段相比有所减小，且基本保持稳定。

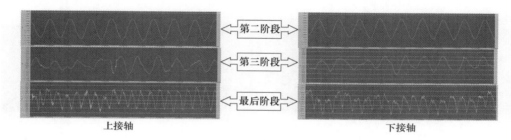

图 8-8　上、下接轴扭振时域图（局部放大）

轧辊的水平振动信号也经历了典型的 4 个阶段，时间上与扭振信号比较吻合。推断"正弦波动"阶段还是一个振动的酝酿阶段，转矩信号的幅值波动非常大，此时轧辊的垂直振动和水平振动还比较杂乱。当处于振动阶段时，转矩振动信号幅值降低，小于"正弦阶段"的信号幅值。而工作辊水平振动信号在振动阶段振动强度不断增加。水平振动的发生加剧了轧机系统的振动。

8.3.1.2　垂直振动、水平振动信号分析

由图 8-6 可知，工作辊垂直和水平方向发生了剧烈的振动，其中水平方向优势频率为 29 Hz、58 Hz、87 Hz，其中 29 Hz 基频振动幅值最大。振动频率成分呈现倍频分布规律，说明水平方向非线性特征比较明显。垂直方向优势频率也表现为 29 Hz 及其倍频成分，但倍频成分较杂乱，主要集中在高频区间（200 ~ 300 Hz）。由第 2.2 节建立的 1580 轧机多维耦合振动模型可知，测试的振动频率 29 Hz 和 58 Hz 与轧机水平方向振动频率（29.95 Hz 和 58.12 Hz）相接近，轧机水平方向发生了剧烈共振。加之垂直方向与水平方向存在较强的耦合关系，引起垂直方向发生了剧烈振动。

8.3.1.3　工作辊振动相位分析

图 8-9 为上支承辊、上工作辊、下工作辊和下支承辊垂振信号对比图。其中下工作辊振动信号采集时，由于现场空间所限，加速度传感器放置方向与其他传感器方向相反。通过 4 个测点时域局部信号对比可以看出，辊系 4 个垂振测点的振动方向是基本相同的。垂直振动相位相同，大小相近，因此轧机辊缝波动较小。

图 8-10 为工作辊与接轴时域信号对比图。可以看出两者相位相同，说明扭振和水平振动存在耦合关系。在第 1.2 节热轧轧制变形区动力学中，可知轧制变形区上水平力和轧制力矩存在函数关系，扭转方向承受的载荷与水平方向承受载荷相耦合，从而使两个方向的振动也相互耦合。

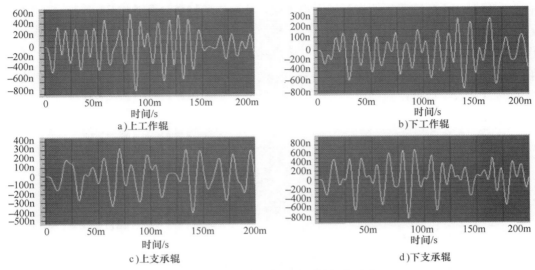

a) 上工作辊　　　　　　　　　　　　　b) 下工作辊

c) 上支承辊　　　　　　　　　　　　　d) 下支承辊

图 8-9　辊系垂直方向振动时域相位对比

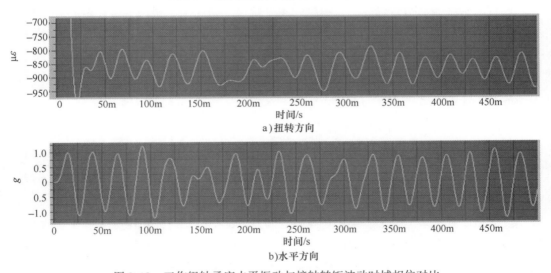

a) 扭转方向

b) 水平方向

图 8-10　工作辊轴承座水平振动与接轴转矩波动时域相位对比

通过以上分析，可以确定轧机系统的水平方向和扭转方向，水平方向和垂直方向存在着较强的耦合关系。两个方向的振动相互耦合，会加速振动能量的传递，有助于放大振动强度，从而引起剧烈的振动。若一个方向的振动得到抑制时，将会阻碍振动能量的传递，从而限制轧机系统振动不断放大。由于水平方向是轧机系统相互耦合的关键环节，加之水平方向固有频率较低，容易与干扰力发生共振，因此，抑制该轧机系统的振动可以从抑制轧机水平方向的振动入手。

8.3.2　基于动力学理论的轧机系统稳定性分析[3]

通过振动测试试验分析,可知轧机系统垂直方向、水平方向和扭转方向都发生了较大的振动。为此,采用第 2.2 节建立的轧机系统多维耦合动力学模型对其进行分析。该模型的动态特性与轧制工艺参数、轧机结构设计参数和轧机装配精度相关。本节选取了几个关键参数,通过对不同参数下轧机系统模型的求解,分析其动态特性,研究各参数对轧机系统振动特性的影响,给出抑制振动的措施。

8.3.2.1　轧制工艺对轧机系统的稳定性影响

1. 轧制速度对轧机系统振动的影响

该振动板坯的出口速度为 2.87 m/s,对 0.5 倍和 1.5 倍轧制速度下的轧机系统进行仿真分析,并分析轧机系统的固有频率和振动幅值等特性,仿真分析结果见表 8-1 和图 8-11。

表 8-1　不同轧制速度下轧机振动固有频率　　　　　　　（单位:Hz）

阶数	1	2	3	4	5	6	7	8	9	10
v	21.45	28.19	29.95	49.77	58.15	111.46	237.32	583.73	666.06	715.38
$0.5v$	21.45	28.19	29.95	49.77	58.15	111.46	237.32	583.73	666.06	715.38
$1.5v$	21.45	28.19	29.95	49.77	58.15	111.46	237.32	583.73	666.06	715.38

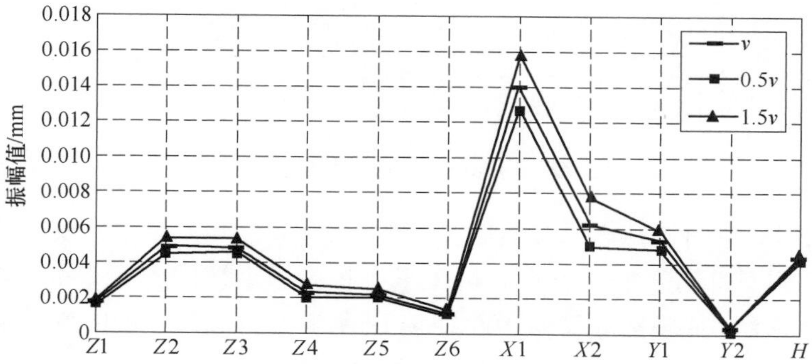

图 8-11　不同轧制速度下的轧机振动幅值

本节所有轧机振动幅值图中,Z1 表示上机架垂直振幅,Z2 表示上支承辊垂直振幅,Z3 表示上工作辊垂直振幅,Z4 表示下工作辊垂直振幅,Z5 表示下支承辊垂直振幅,Z6 表示下机架垂直振幅,X1 表示上工作辊水平振幅,X2 表示下工作辊水平振幅,Y1 表示上工作辊扭振振幅,Y2 表示下工作辊扭振振幅,H 表示辊缝间距幅值。

根据上述数据分析,当改变轧制速度时,轧机振动的各阶固有频率无明显变化。当轧制速度提升时,上辊系垂直振动、上下工作辊水平振动和上工作辊扭转振动振幅略有增加。

参考现场测试数据和轧机系统动力学理论分析,降低轧制速度,可以减少外界扰动激励,使轧机系统能够自己恢复在稳定轧制状态。在升速轧制阶段,轧机扰动激励增多，当轧制速度提高到一定程度时，扰动强度增大到不可忽略的能级，影响轧机系统的稳定性。这些扰动产生的原因很多，例如部件间的装配精度误差与磨损、轧辊轴承的扰动以及旋转件的偏心等，这些扰动都随着轧制速度的增加而导致振动加剧。另外，轧制速度的增加也提高了主轴弧形齿等啮合传动部件的啮合频率，当这些传动部件的啮合频率增大到系统某一阶固有频率的共振范围时，将引起轧机系统的共振。

2. 压下率对轧机振动的影响

该振动板坯的压下率为 51%，对 0.5 倍和 1.5 倍压下率时的轧机系统进行仿真分析，并分析轧机系统的固有频率和振动幅值等特性，仿真分析结果见表 8-2 和图 8-12。

表 8-2　不同压下率时轧机振动的固有频率　（单位：Hz）

阶数	1	2	3	4	5	6	7	8	9	10
ε	21.45	28.19	29.95	49.77	58.15	111.46	237.32	583.73	666.06	715.38
0.5ε	17.75	19.56	26.34	50.76	57.84	110.19	237.30	583.45	665.84	715.17
1.5ε	20.46	42.37	48.62	50.74	61.91	115.41	237.37	584.38	666.56	715.87

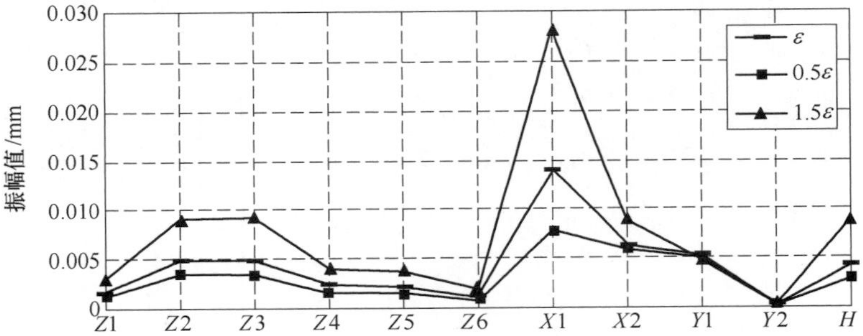

图 8-12　不同压下率时的轧机振动幅值

根据上述数据分析，轧机压下率越大，轧件的出口厚度越薄，轧制力越大，相应的轧机振动固有频率也随之变化。当轧机压下率提高，系统固有频率的高频部分（$f > 100$ Hz）稍有增大，低频部分（$f < 100$ Hz）增加更为明显。轧机压下率提高，轧机机架和辊系扭振幅值增长较小，辊系垂直振动和水平振动幅值明显增大，上工作辊水平振动剧烈。

现对压下率的影响进行详细的仿真分析，计算多个压下率情况下的轧机各部分振幅情况，并计算辊缝波动的幅值。仿真分析曲线如图 8-13 所示。由图可知，当压下率提高时，轧机上工作辊水平振动幅值快速增加，扭振幅值出现波动，与压下率的关系复杂，其他均随压下率的提高缓慢增加。

3. 前后张力对轧机振动的影响

该振动板坯的前张应力为 6.52MPa、后张应力为 7.10MPa，对 0.5 倍和 1.5 倍前后张力时的轧机系统进行仿真分析，并分析轧机系统的固有频率和振动幅值等特性，仿真分析结果见表 8-3 和图 8-14。

表8-3　不同前后张力时轧机振动的固有频率　（单位：Hz）

阶数	1	2	3	4	5	6	7	8	9	10
T	21.45	28.19	29.95	49.77	58.15	111.46	237.32	583.73	666.06	715.38
$0.5T$	21.41	28.19	30.00	49.77	58.31	111.90	237.33	583.86	666.16	715.48
$1.5T$	21.49	28.18	29.90	49.77	57.99	111.02	237.31	583.61	665.96	715.28

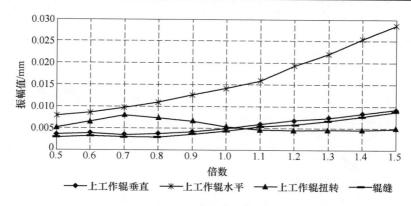

图 8-13　不同压下率对轧机振动的影响

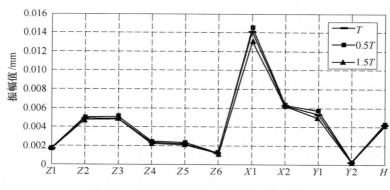

图 8-14　不同前后张力时的轧机振动幅值

由表8-3和图8-14可知，轧机前后张力增大，系统固有频率总体稳定，其中高频部分（$f > 100$ Hz）基本不变，低频部分（$f < 100$ Hz）稍有增加；轧机前后张力增大，上工作辊水平振动和扭转振动幅值略有增加，其他部分振幅基本不变。可见，前后张力对轧机系统稳定性影响较小。这是由于热轧都是微张力轧制，张力波动可以忽略。

8.3.2.2　轧机结构刚度对轧机系统稳定性影响

轧机各部件刚度对轧机系统振动影响不同，其中轧机水平振动刚度、主传动系统刚度和液压压下刚度对工作辊振动影响最大。现对不同轧机水平振动刚度、主传动系统刚度和液压压下刚度下的轧机系统进行仿真分析。

1. 轧机水平刚度对轧机振动的影响

1580热轧F2轧机工作辊水平刚度较低，在轴承座与牌坊间添加薄铜片，可以提高水平刚度，同时可以弥补磨损造成的间隙扩大。对不同水平振动刚度（K_8）、主传动系统刚度（K_{99}）和液压压下刚度（K_2）的轧机系统进行仿真分析，并分析轧机系统的固有频率和振动幅值等特性，仿真分析结果见表 8-4 和图 8-15。

表 8-4　不同轧机水平刚度时的轧机振动固有频率　　　　（单位：Hz）

阶数	1	2	3	4	5	6	7	8	9	10
K_8	21.45	28.19	29.95	49.77	58.15	111.46	237.32	583.73	666.06	715.38
$0.5K_8$	14.86	27.90	28.19	38.10	56.16	111.36	237.32	583.73	666.06	715.38
$1.5K_8$	24.05	28.19	33.16	55.07	64.10	111.59	237.32	583.73	666.06	715.38

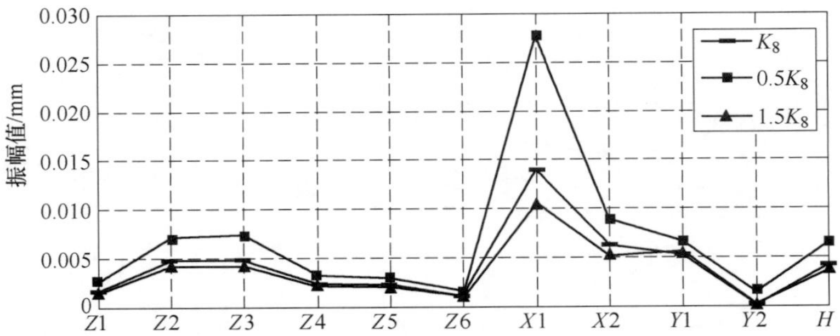

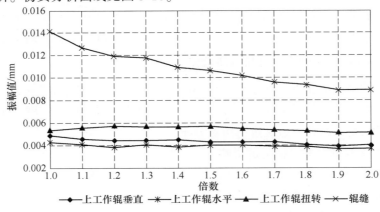

图 8-15　不同轧机水平刚度时的轧机振动幅值

根据上述数据分析，改变轧机水平方向刚度，轧机耦合系统固有频率高频部分（$f > 100\ \mathrm{Hz}$）基本不变，当轧机水平方向刚度降低时，轧机耦合系统固有频率低频部分（$f < 100\ \mathrm{Hz}$）有明显降低；当轧机水平方向刚度降低时，上下辊系垂直方向振动、水平方向振动和扭转振动幅值有明显提升，其中上工作辊水平方向振动幅值加倍。

参考现场测试数据和轧机系统动力学理论分析，由于频繁换辊和制造装配精度的影响，使得轧机水平方向的刚度大幅削弱，扰动因素增多，轧机水平振动幅值过大，轧机系统稳定性被破坏。通过补偿工作辊轴承座衬板与机架间的间隙来增加轧机水平刚度，可以减弱外界扰动因素，提高系统固有频率，避免扭转振动与水平振动的耦合，有效地遏制轧机水平振动的幅值，提高轧机系统的稳定性。

由图 8-15 可见，轧机水平刚度的改变对轧机振动特性影响很大，对此进行更为详细的仿真分析。仿真分析曲线见图 8-16。

图 8-16　不同轧机水平刚度对轧机振动的影响

通过图 8-16 的数据可知，当轧机水平刚度提高时，轧机上工作辊水平振动幅值明显下降，其他均随轧机水平刚度的提高缓慢减小。

2. 主传动系统刚度对轧机振动的影响

1580 热轧 F2 轧机主传动系统刚度为 $5.2 \times 10^7 \text{N} \cdot \text{m/rad}$，对 0.5 倍和 1.5 倍轧机主传动系统刚度时的轧机系统进行仿真分析，并分析轧机系统的固有频率和振动幅值等特性，仿真分析结果见表 8-5 和图 8-17。

表 8-5　不同轧机主传动系统刚度时的轧机振动固有频率　（单位：Hz）

阶数	1	2	3	4	5	6	7	8	9	10
K_{99}	21.45	28.19	29.95	49.77	58.15	111.46	237.32	583.73	666.06	715.38
$0.5K_{99}$	17.71	22.95	27.92	49.78	58.12	111.45	237.32	583.73	666.06	715.38
$1.5K_{99}$	23.12	32.59	32.95	49.76	58.19	111.46	237.32	583.73	666.06	715.38

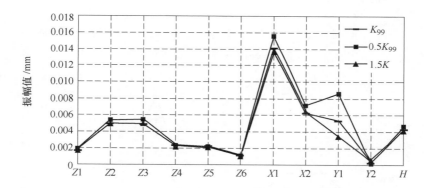

图 8-17　不同轧机主传动系统刚度时的轧机振动幅值

根据上述数据分析，提高轧机主传动系统的刚度，轧机耦合系统的固有频率中大于 50 Hz 的频率均没有变化，而前三阶固有频率有明显提升；当轧机主传动系统的刚度提高时，轧机系统的垂直振动和水平振动幅值均没有明显改变，只有上工作辊的扭转振动幅值降低；当轧机主传动系统的刚度降低时，轧机系统垂直方向振动幅值没有明显改变，上下工作辊的水平振动和上工作辊的扭转振动幅值升高明显。

轧机扭转刚度的改变对轧机扭转振动特性也有一定的影响，对此进行更为详细的仿真分析。仿真分析曲线如图 8-18 所示。

通过图 8-18 的数据可知，当轧机扭转刚度提高时，轧机上工作辊扭转振动振幅明显变化，但趋势复杂，若需要更精确的结论。

3. 轧机液压压下刚度对轧机振动的影响

1580 热轧 F2 轧机液压压下刚度为 $1.24 \times 10^{10} \text{N/m}$，对 1.5 倍和 2.0 倍轧机液压压下刚度时的轧机系统进行仿真分析，并分析轧机系统的固有频率和振动幅值等特性，仿真分析结果见表 8-6 和图 8-19。

表 8-6　不同轧机液压压下刚度时的轧机振动固有频率　　　（单位：Hz）

阶数	1	2	3	4	5	6	7	8	9	10
K_2	21.45	28.19	29.95	49.77	58.15	111.46	237.32	583.73	666.06	715.38
$1.5K_2$	24.29	28.19	30.75	50.86	64.49	111.86	256.48	584.35	666.06	715.38
$2.0K_2$	25.54	28.19	31.51	51.28	72.19	112.50	273.93	584.98	666.06	715.38

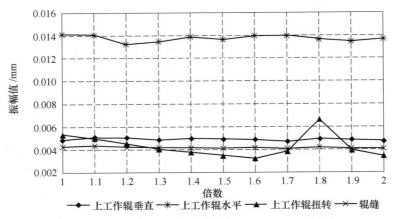

图 8-18　不同轧机主传动系统刚度对轧机振动的影响

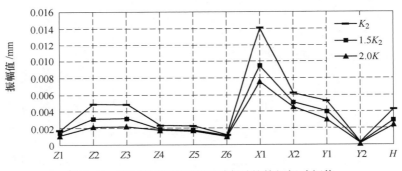

图 8-19　不同轧机液压压下刚度时的轧机振动幅值

　　根据上述数据分析，提高轧机液压压下刚度，系统固有频率总体稳定，其中高频部分（$f > 100$ Hz）基本不变，低频部分（$f < 100$ Hz）稍有增加，其中第五阶固有频率增长明显；提高轧机液压压下刚度，上辊系垂直振动、上下工作辊水平振动和上工作辊扭转振幅明显降低，其他部分振幅也略有降低。

　　参考现场测试数据和轧机系统动力学理论分析，轧制力越大，轧机压下液压缸的工作越不稳定。现场测试中发现压下液压缸振动剧烈，分析认为压下液压缸系统存在不稳定因素，系统本身无法通过控制系统进行有效的自我矫正。压下液压缸在处于不稳定状态时，轧机系统刚度不稳定，加剧外界扰动的影响，更有可能引起系统内部的参数共振，破坏系统稳定性；应在线检测液压系统的工作状态，修正控制系统，增强轧机系统稳定性和抗干扰能力。

　　同样，对轧机液压压下刚度对轧机系统的影响进行更为详细的仿真分析。仿真分析曲线见图 8-20。

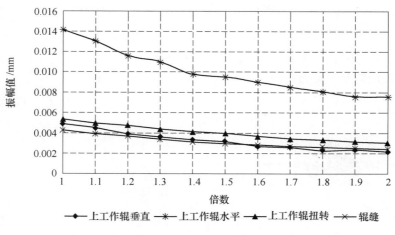

图 8-20　不同轧机液压压下刚度对轧机振动的影响

分析图 8-20 的数据可知，当轧机液压压下刚度提高时，轧机上工作辊水平振动幅值和垂直振动幅值明显下降，其他部分振幅也有所减小。

8.3.3　F2 轧机抑振措施实施效果分析[3]

通过对轧机系统的稳定性分析可知，通过降低轧制速度、降低压下率、提高水平刚度以及提高液压压下刚度，能够降低轧机系统的振动幅值。由于生产过程中板坯轧制工艺参数的调整会影响产品的最终性能，不允许轻易变动。轧机系统液压压下刚度与压下系统结构、液压油性能相关，也无法进行调整[42]。为此，采取调整轧机系统水平刚度措施进行轧机振动的抑制。由于水平刚度与工作辊轴承和机架间的间隙相关，通过增加垫片调整结构间隙进行抑振。

根据现场情况，分别增加了 0.3 mm、0.5 mm、0.7 mm 三个不同厚度规格的垫片，并对其在生产中的作用效果进行了跟踪测试。以轧机水平方向振动为例。

由图 8-21 ~ 图 8-23 可知，加装 0.3 mm 垫片后，轧机振动明显减弱，工作辊水平振动加速度由前期测试的 4g 以上下降到 0.5g 左右；加装 0.5 mm 垫片后，轧机振动减弱，工作辊水平振动加速度由前期测试的 4g 以上下降到 3g 左右，效果不及 0.3 mm 垫片，

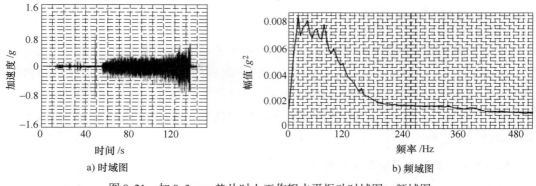

a) 时域图　　　　　　　　　　　　　　b) 频域图

图 8-21　加 0.3 mm 垫片时上工作辊水平振动时域图、频域图

原因是衬板磨损以及含间隙振动的非线性特征；加装 0.7 mm 垫片后，轧机振动有更加明显的减弱，现场已听不到振动噪声，轧制过程较平稳，工作辊水平振动加速度信号的幅值维持在 0.3 ~ 0.5g。可见，加装衬板垫片对抑制某钢厂 1580 热轧 F2 轧机振动有较大作用，垫片加装厚度要随衬板磨损造成的间隙变化进行跟踪调整。

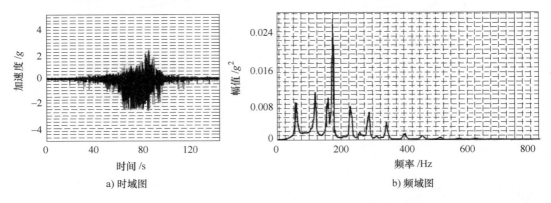

图 8-22　加 0.5 mm 垫片时上工作辊水平振动时域图、频域图

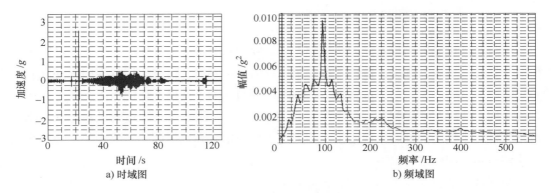

图 8-23　加 0.7 mm 垫片时上工作辊水平振动时域图、频域图

8.4　2160 热轧机组 F2 轧机第一次振动测试及研究[6]

8.4.1　振动测试数据分析

该轧机系统第一种振动形式是由于接轴中弧形齿啮合精度降低[43]，传动过程中产生的冲击干扰力引起的轧机振动。选取某一振动剧烈的钢种进行分析。钢种为 SPHC-FX，宽度 1650 mm，F2 入口厚度 17.63 mm，出口厚度 8.15 mm，相对压下量 53.8%，轧制速度为 2.88 m/s。由于工作辊振动最为剧烈而且与轧件直接接触，现提取了工作辊振动测试信号，包括时域图和功率谱图。

8.4.1.1　工作辊振动测试信号分析

从工作辊的垂直振动和水平振动测试数据中可知，轧机从 10s 左右开始出现振动，并不断增大，直至趋于稳定。上、下工作辊水平振动最剧烈，垂直振动强度次之。工作辊振动优势频率为 55 Hz 及其倍频 110 Hz、165 Hz 和 225 Hz。垂直振动幅值最大的频率为 110 Hz，水平振动幅值最大的频率为 55 Hz。55 Hz 的振动频率与弧形齿啮合冲击频率相接近，而且通过其他振动板坯统计（不同轧制速度），优势频率均与弧形齿啮合冲击频率相接近，见表8-7。因此，可以确定该振动形式的振源为弧形齿周期性的啮合冲击。

表 8-7　振动频率统计

板坯号	1 号板坯	2 号板坯	3 号板坯	4 号板坯
垂直振动/Hz	110	40、80	50、100	40
水平振动/Hz	55	40	50	40
扭振/Hz	15、55	15、40	15、50	15、40
平均轧制速度/(m/s)	2.9	2.18	2.57	2.26
弧形齿啮合频率/Hz	56.8	42.3	50.7	44.5

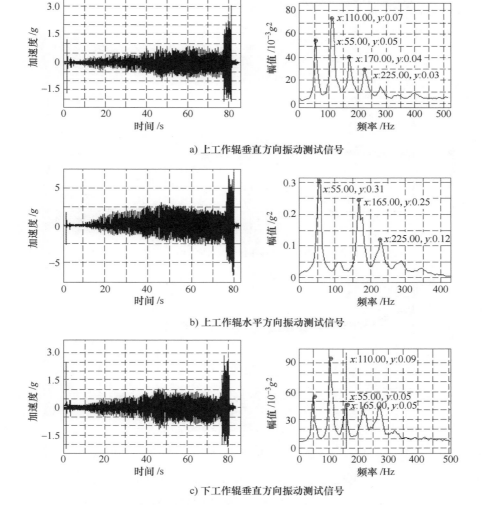

a) 上工作辊垂直方向振动测试信号

b) 上工作辊水平方向振动测试信号

c) 下工作辊垂直方向振动测试信号

图 8-24　轧机振动测试数据时域图和频域图（一）

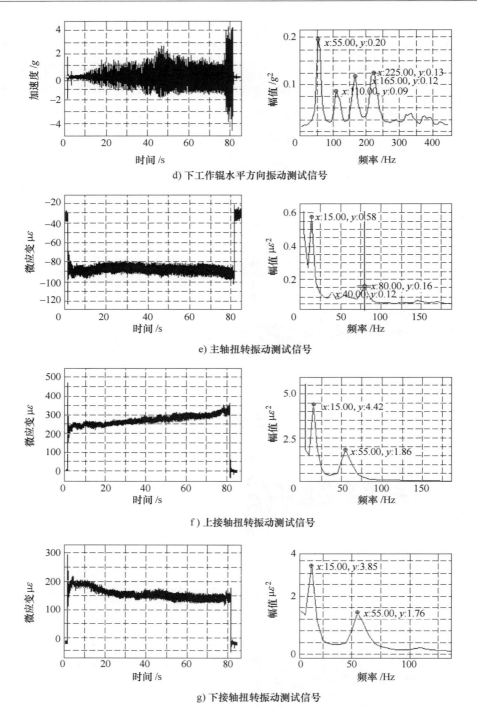

d) 下工作辊水平方向振动测试信号

e) 主轴扭转振动测试信号

f) 上接轴扭转振动测试信号

g) 下接轴扭转振动测试信号

图 8-24　轧机振动测试数据时域图和频域图（二）

　　从主传动系统的扭振测试数据中可知，扭振中频率成分能量最大的为 15 Hz，该频率成分在未振和振动板坯中都存在。图 8-25 为该接轴的咬钢冲击时域图，剧烈冲击激发了传动系统的固有频率振动，根据两个峰值时间间隔可计算固有频率约为 1/0.068 =

14.7 Hz。可见，扭振中的 15 Hz 频率与咬钢冲击频率相接近，为轧机传动系统的固有频率，而且在整个轧制过程中都存在该频率的振动，为潜在的致振因素。弧形齿啮合冲击频率 55 Hz 对上、下接轴的扭振有较大的影响，而对主轴的扭振影响较小，并未体现出来。

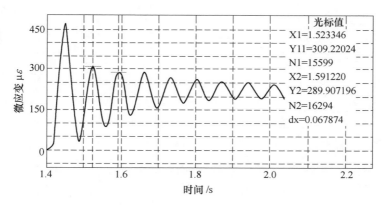

图 8-25　接轴咬钢阶段时域图

8.4.1.2　工作辊振动相位分析

上、下工作辊的振动相位也是轧机振动的重要动态特性，对研究轧机振动机理和建立轧机动力学模型有指导意义。由于现场采集的信号中含有的频率成分很多，除致振频率外还存在其他干扰频率。因此采用小波的分解与重构技术对测试信号进行去噪重构。将工作辊优势频率 55 Hz 和 110 Hz 的振动信号重构，并分别对上、下工作辊的垂直、水平和扭转方向的振动信号进行互相关分析。

两个时间序列的互相关分析能够表示两个时间序列之间的相关程度，通过互相关分析可知各测点振动相位关系。图 8-26a 中，$t = 0$ 时，互相关幅值最大，说明上工作辊和下工作辊垂直方向振动相位相同。轧机上下工作辊在垂直方向同向振动，而且振动幅值相近，这种振动形式与冷轧中常见的三倍频自激振动不同，不会引起轧机辊缝发生明显的波动，总轧制力波动较小，轧制力在轧制过程中处于稳定状态，对轧机系统的稳定性影响较小。图 8-27a 为该板坯的轧制力数据，整个轧制过程轧制力波动幅值相近，没有出现随着工作辊振动轧制力波动幅值剧烈增大的现象。

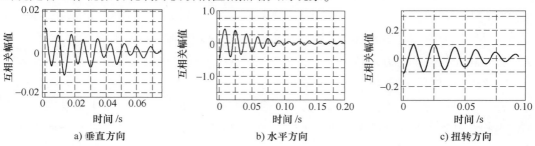

图 8-26　上、下工作辊互相关分析

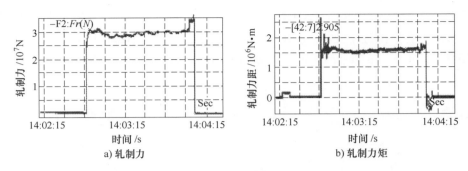

图 8-27　现场实测 PDA 数据

图 8-26b 中，$t = 0$ 时，互相关幅值最小，说明上工作辊与下工作辊水平方向振动相位相反。轧机上、下辊系剧烈的水平振动会引起上、下轧制界面轧制力矩或者摩擦力发生波动，而轧制力矩的波动作为外载荷作用于传动系统中，引起轧机接轴发生扭振。而且由于上、下工作辊水平振动相位相反，其引起的轧机上、下接轴的扭振也呈现反向振动形式，如图 8-26c 所示。由于上、下接轴的扭振相位相反，幅值相近，其对轧机总轧制力矩影响很小。图 8-27b 为该板坯的轧制力矩数据，与主轴扭振波动相似，波动幅值较小。

通过轧机振动测试数据分析可知，轧机振动主要表现为辊系振动，轧机系统的外界激励来自于弧形齿啮合冲击。因此，选取第 2.3 节建立的轧机辊系摆动动力学模型模拟轧机系统的振动形式，并对轧机系统稳定性进行研究，从而提出抑振措施。

8.4.2　基于动力学理论的轧机振动仿真分析

由于接轴弧形齿安装不精确、润滑不合理、长期运行磨损、维护不及时，加之其本身工作时就存在着剧烈的摩擦等，都会引起或加剧弧形齿齿面发生磨损、剥落等损害，从而使其在传动中存在着动态啮合冲击力。根据轧制速度和弧形齿齿数计算弧形齿啮合冲击载荷周期。引入弧形齿周期性啮合冲击载荷，对轧机辊系摆动动态特性进行仿真分析。

图 8-28 和图 8-29 是辊系 C 处的平动和转动仿真结果。从时域图中看出工作辊水平方向振动最为剧烈，其次为垂直方向振动。这是由于水平方向刚度小，振动幅值较大。辊系垂直方向的位移振动频率为 55 Hz 和 110 Hz，由于 110 Hz 的激励力接近于辊系垂直方向转动固有频率（108 Hz），辊系垂直转动发生了共振，110 Hz 振动频率影响较大。而且由于辊系垂直方向转动与平动是相互耦合的，同样也引起辊系平动发生较大的 110 Hz 振动。水平方向位移振动频率主要为 55 Hz，110 Hz 的振动对水平方向影响很小。由于 55 Hz 的激励力接近于水平方向平动固有频率（56.9 Hz），水平平动发生了剧烈的共振，其振动强度大于转动振动强度。而且由于辊系水平方向转动与平动相互耦合，辊系水平方向转动振动也比较剧烈。弧形齿啮合冲击载荷引起轧机辊系结构发生了剧烈的共振。

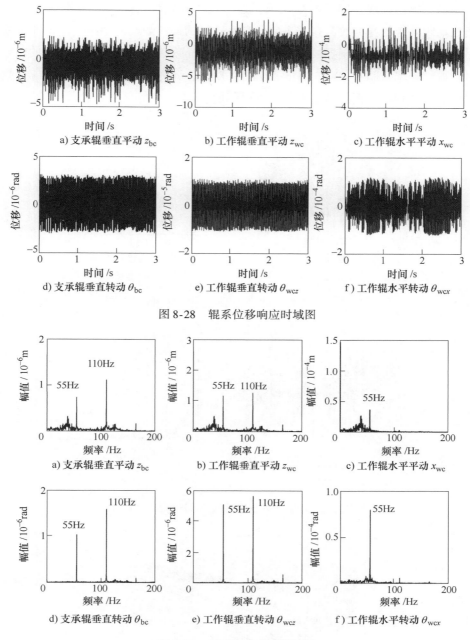

图 8-28　辊系位移响应时域图

图 8-29　辊系位移响应频域图

　　图 8-30 和图 8-31 分别为工作辊 A 处（操作侧）的垂直方向和水平方向的振动响应。可以看出由于接轴弧形齿周期性啮合冲击引起了轧机辊系发生了剧烈振动。与图 8-24 实测的工作辊 A 处的响应曲线对比，其响应的时域和频率分布规律都比较吻合。这也说明了建立的辊系摆动模型是准确有效的。

　　图 8-32 给出了轧辊水平摆动沿辊身方向和时间上的动态响应图。可以看出，由于考虑轧辊的转动，辊身上两端振动幅值要大于中间部分。因此，当轧辊发生剧烈水平振

动时，两端更容易出现振纹等磨损现象，这与现场轧辊辊身振纹分布相吻合。图 8-33 为现场振动时轧辊辊身振纹，振纹主要分布在轧辊的操作侧或传动侧上，中部振纹不明显。另外，现场测量工作辊振纹间距分别为 58.5 mm 和 59.1 mm。根据轧辊的轧制速度范围可知振纹频率区间在 49～58 Hz，与轧辊水平振动频率和接轴的啮合冲击力频率相吻合。因此，轧辊辊身振纹是由水平振动引起的。

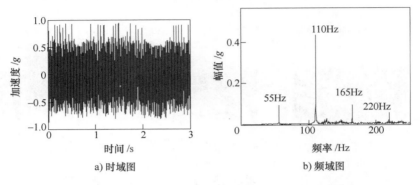

a) 时域图　　　　　　　　b) 频域图

图 8-30　工作辊 A 处垂直振动位移时域图、频域图

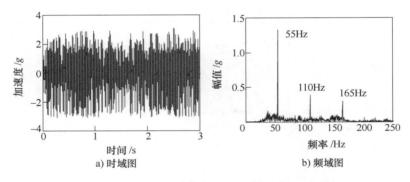

a) 时域图　　　　　　　　b) 频域图

图 8-31　工作辊 A 处水平振动位移时域图、频域图

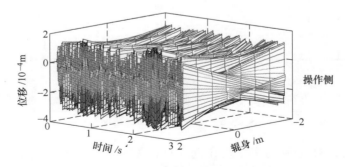

图 8-32　辊系水平方向摆动时域图

通过摆动动力学模型的仿真分析，一方面揭示了轧机振动机理，另一方面也验证了辊系摆动动力学模型的有效性。现基于该模型研究关键结构参数和工艺参数对轧机稳定性影响，从而提出相应的抑振措施。

a) 操作侧　　　　　　　　　　　　　　b) 传动侧

图 8-33　现场轧辊辊身振纹

8. 4. 3　轧机系统稳定性分析及抑振措施研究

研究外界干扰力、轧机结构和轧制速度对轧机辊系稳定性的影响。外界干扰力以弧形齿接轴产生的周期性啮合冲击力为例，该冲击力包括力的幅值和频率两个参数，主要受弧形齿磨损程度和轧制速度的影响。轧机结构以工作辊轴承座与机架间的结构间隙为例。

接轴弧形齿产生的周期性啮合冲击力与弧形齿磨损程度、轧制速度相关。从齿轮动力学可知，弧形齿磨损程度越严重，齿侧间隙越大，其啮合误差越大，啮合冲击力越大；轧制速度越大，其冲击速度越大，从能量守恒角度其产生的冲击力越大。因此，假设弧形齿产生的啮合冲击力与齿轮磨损程度、轧制速度的二次方成正比例关系。取弧形齿冲击力幅值为

$$A_s = A_1 A_2 A_0 \tag{8-1}$$

式中　A_1——齿轮磨损程度对冲击力的影响系数；

　　　A_2——轧制速度对冲击力的影响系数，$A_2 = (v_r/3.0)^2$，3.0 m/s 为基准速度；

　　　A_0——基准值。

8. 4. 3. 1　弧形齿磨损程度对辊系稳定性的影响

以弧形齿磨损程度来表征啮合冲击力幅值大小。在其他轧机结构和轧制工艺参数不变情况下，弧形齿磨损程度越严重，A_1 值越大。图 8-34 为工作辊垂直方向振动速度随 A_1 变化的分岔图。

图 8-34 展示了工作辊 z_{wA} 随 A_1 变化的分岔特性，分岔特性比较简单，总体表现为二倍分岔，说明垂直方向上存在两个优势频率。工作辊操作侧垂直振动位移随着 A_1 的增大而增大。图 8-35 展示了不同 A_1 时垂直系统的相图和庞加莱截面图，其中上列为相图，下列为对应的庞加莱截面图。当 $A_1 = 0.5$ 时和 $A_1 = 4$ 时庞加莱截面图中存在两个点，而且相图中轨线很集中，说明此时垂直系统为周期 2 运动；当 $A_1 = 1$ 时和 $A_1 = 2$ 时庞加莱截面图中的点呈现分散性分布，而且相图中轨线密集、杂乱，说明此时垂直系统

为混沌运动。结合图 8-34 和图 8-35，可以看出当 A_1 较小时，工作辊垂直方向表现为周期 2 运动，如 $A_1 = 0.5$ 时；随着 A_1 的增大垂直系统逐渐进入到混沌运动（$A_1 = 0.66$ 时），随后在 $A_1 = [0.84, 0.89]$ 区间有短暂的周期 2 运动，然后又进入到混沌运动中。在 $A_1 = 1$ 附近垂直系统混沌程度比较高，系统响应杂乱。随着 A_1 的增大垂直系统混沌程度越来越小，直至进入到到稳定的周期 2 运动（如 $A_1 = 4$ 时）。总体来看，随着辊系 A_1 增加，垂直系统经历了"周期 2 - 混沌 - 周期 2 - 混沌 - 周期 2"运动历程。在周期运动中由于振动有规律性，可以通过控制系统进行及时反馈抑制轧机的振动，而在混沌运动中，振动杂乱、敏感，无法通过控制系统进行准确的反馈抑制。因此，要避免轧机系统发生混沌运动。

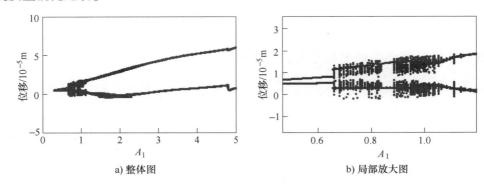

a) 整体图   b) 局部放大图

图 8-34 工作辊 z_{wA} 随 A_1 变化的分岔图

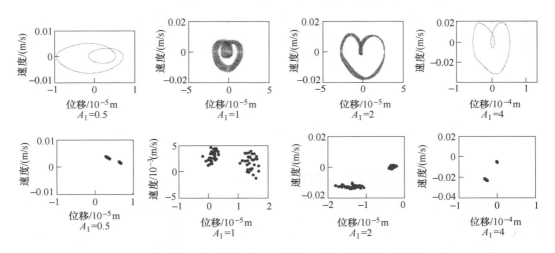

图 8-35 不同 A_1 时工作辊垂直方向的相图和对应的庞加莱截面图

图 8-36 和图 8-37 分别为工作辊操作侧水平方向的分岔图、相图和庞加莱截面图。由于轧机垂直和水平方向是相互耦合的，因此，辊系水平方向的振动特性与垂直方向基本上相同，即周期运动和混沌运动区间相同。不同之处为周期运动形式不一样，垂直方向发生的是周期 2 运动，而水平方向发生的是单周期运动。而且由于水平方向刚度较小，其振动程度大于垂直方向的振动。

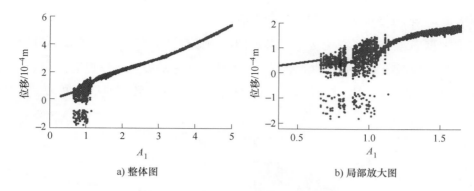

a) 整体图   b) 局部放大图

图 8-36   工作辊 x_{wA} 随 A_1 变化的分岔图

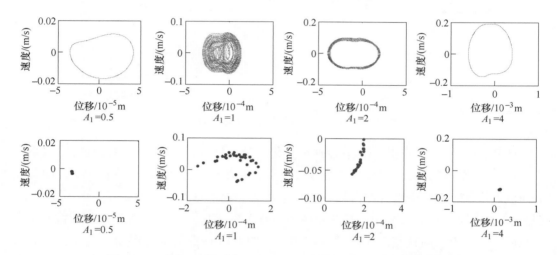

图 8-37   不同 A_1 时工作辊水平方向的相图和对应的庞加莱截面图

通过垂直方向和水平方向的稳定性分析可知，随着弧形齿磨损程度增加，辊系振动程度越大，因此要及时检测弧形齿接轴的磨损程度。2160 机组 F2 轧机第一次振动主要是由于弧形齿磨损严重，造成了剧烈冲击振动。因此，提出了调整或者更换弧形齿接轴的抑振措施。通过该抑振措施的实施，轧机振动问题得到了解决，辊系运行平稳，如图 8-38 所示。

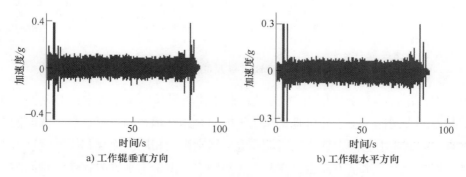

a) 工作辊垂直方向   b) 工作辊水平方向

图 8-38   更换弧形齿接轴后轧机工作辊时域图

8.4.3.2 轧制速度对辊系稳定性的影响

轧制速度 v_r 变化不仅影响接轴弧形齿冲击力幅值，还影响了接轴弧形齿的啮合冲击频率，轧制速度越大，啮合冲击幅值和频率越大。图 8-39 为工作辊垂直方向振动速度随轧制速度变化的分岔图。根据 F2 的实际轧制工艺，选取轧制速度区间为 [1.0 m/s, 4.0 m/s]。

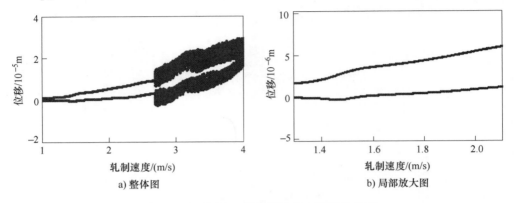

a) 整体图 b) 局部放大图

图 8-39 工作辊 z_{wA} 随轧制速度变化的分岔图

图 8-39 展示了工作辊 z_{wA} 随轧制速度变化的分岔特性，与弧形齿磨损程度对辊系垂直方向的影响一样，总体表现为二倍分岔，说明垂直方向上存在两个优势频率。随着轧制速度的增加，弧形齿啮合冲击幅值和频率越大，辊系垂直方向振动程度也不断加剧。图 8-40 为不同 v_r 时垂直系统的相图和庞加莱截面图。当 $v_r = 1.8$ m/s 时庞加莱截面图中存在两个集中点，而且相图中轨线很集中，说明此时垂直系统为周期 2 运动；当 $v_r = 3.6$ m/s 时庞加莱截面图中的点呈现分散性分布，说明此时垂直系统为混沌运动。结合分岔图、相图和庞加莱图总体来看，随着轧制速度的提高，辊系垂直系统在 $v_r = 2.685$ m/s 时由周期 2 运动过渡到混沌运动。

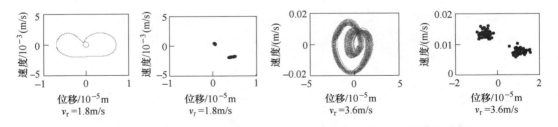

图 8-40 不同轧制速度时工作辊垂直方向的相图和对应的庞加莱截面图

图 8-41 和图 8-42 分别为不同轧制速度时工作辊操作侧水平方向的分岔图、相图和庞加莱截面图。同样，由于轧机垂直和水平方向是相互耦合的，辊系水平方向的振动特性与垂直方向基本上相同，即周期运动和混沌运动区间相同。而且其周期运动形式也相同都是周期 2 运动，水平方向也存在两个优势频率。由于水平方向存在结构间隙，其振动程度大于垂直方向的振动。

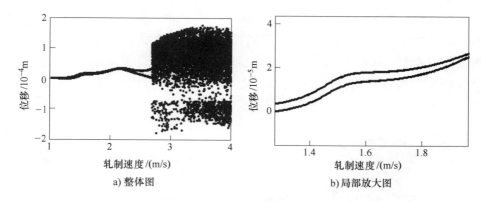

图 8-41　工作辊 x_{wA} 随轧制速度变化的分岔图

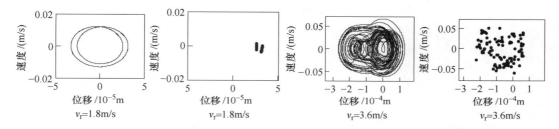

图 8-42　不同轧制速度时工作辊水平方向的相图和对应的庞加莱截面图

通过轧制速度分析可知，轧制速度越高轧机系统稳定性越低。为此提出了适当降低轧制速度的抑振措施来改善轧机的振动程度。现场工作人员也尝试通过降低轧制速度来降低振动程度，具有一定的效果。

8.4.3.3　结构间隙对辊系稳定性的影响

工作辊轴承座与机架间的结构间隙是为了安装方便设计的，是不可避免的，而且随着设备长时间的运行，结构间隙不断的增大。研究不同结构间隙时轧机辊系动态变化情况，根据现场实际结构间隙情况，取结构间隙区间为 [0 mm，0.4 mm]，而其他参数不变。

图 8-43 为工作辊 z_{wA} 随结构间隙变化的分岔特性。图中 $e_0 = 0.1$ mm 为基准值。总体表现为二倍分岔，垂直方向上存在两个优势频率。从图 8-44 的庞加莱截面图和相图看，在 $e/e_0 = 0.2$，$e/e_0 = 0.5$，$e/e_0 = 1.5$，$e/e_0 = 3$ 时，辊系垂直方向振动形式均为混沌运动。在该啮合冲击载荷下，系统始终表现为混沌运动。可见，相比较于外界载荷，结构间隙对系统振动形态影响相对较小。但结构间隙对系统混沌程度有一定的影响，从图 8-43 和图 8-44 中可以看出，在区间 [0.82，2.10] 辊系垂直方向混沌程度比较杂乱。

图 8-45 和图 8-46 展示了工作辊 x_{wA} 随结构间隙变化的分岔图、相图和庞加莱截面图。与垂直方向一样，辊系水平方向也总体表现为混沌运动，而且在区间 [0.82，2.11] 时辊系水平方向混沌程度更加杂乱。相比较于外界载荷，结构间隙对系统振动形

态影响相对较小。现场也曾尝试在工作辊轴承座和机架间增加垫片，减小结构间隙来抑制轧机振动，但其效果并不明显。另外，随着结构间隙的增大，辊系位移代数值越来越小，振动位移最大值向负方向移动，辊系运动区间越来越大。辊系运动区间越大对轧件表面质量产生的影响越大，因此，实际中还是要尽量降低结构间隙大小，及时维护设备。

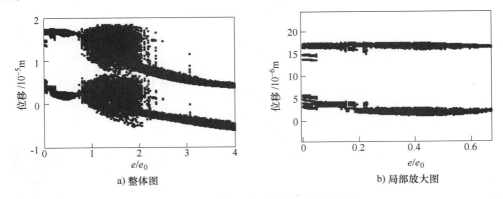

图 8-43 工作辊 z_{wA} 随间隙变化的分岔图

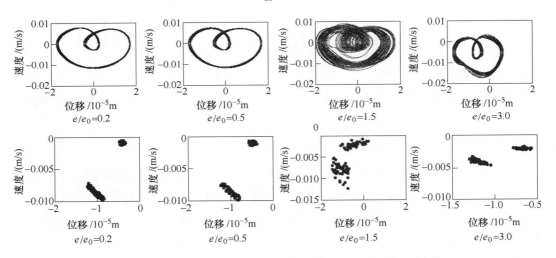

图 8-44 不同结构间隙时工作辊水平方向的相图和对应的庞加莱截面图

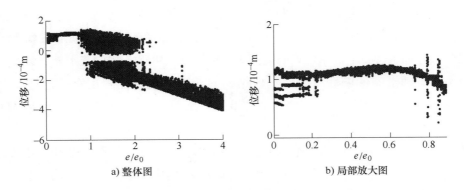

图 8-45 工作辊 x_{wA} 随结构间隙变化的分岔图

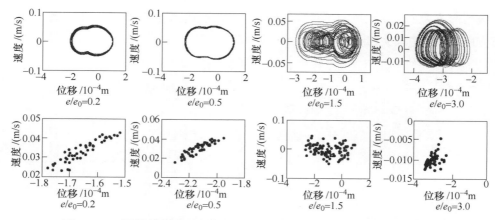

图 8-46　不同结构间隙时工作辊水平方向的相图和对应的庞加莱截面图

通过稳定性分析研究了三种抑振措施，其中更换弧形齿接轴效果最好，从根本上解决了轧机振动问题。降低轧制速度适用于发生剧烈振动时，通过降低轧制速度，来降低轧机的振动程度。减小结构间隙对本类型的振动抑振效果不明显，但实际中还是要避免结构间隙过大。

8.5　2160 热轧机组 F2 轧机第二次振动测试及研究[6]

8.5.1　振动测试数据分析

第二种振动是在解决了弧形齿啮合冲击问题后发生的，为轧机传动系统的扭转自激振动。现选取典型的振动产品进行分析，其钢种为 SPHC – P，成品厚度为 2.0 mm，成品宽度为 1500 mm。F2 道次主要轧制参数有：入口厚度 15.13 mm，出口厚度 8.0 mm，相对压下量 47.1%，平均轧制速度为 2.13 m/s。

8.5.1.1　轧机振动测试信号分析（图 8-47）

与第一种振动形式相比，该板坯在轧机的垂直方向振动很小，与稳定轧制时的波动幅值相近，没有发生明显的振动。相比于垂直方向，辊系水平方向振动强度较大，但相对于第一种振动形式，振动强度比较小。而扭转方向上、下接轴出现了明显的振动，振动强度很大，大于第一种振动形式。主轴的振动强度小于上、下接轴，说明上、下接轴的扭振相位相反或者接近反向，接轴的扭振能够相互抵消，削弱主轴的扭振。在频率上，垂直和水平方向的主要振动频率为 15.5 Hz。由于轧机垂直方向和水平方向结构存在非线性特征，伴随着二倍频、三倍频、四倍频等倍频振动成分，其中三倍频与轧机水平固有频率相接近，该频率振动幅值较大。而在扭转方向上主要振动频率为 15.5 Hz，扭转方向上结构线性度较好，其他倍频成分幅值很小，可以忽略。另外，统计了其他振动板坯，其振动区间为 15～16.5 Hz，振动频率与轧制速度无关，见表 8-8。在上节的振动测试分析中指出 15.5 Hz 的振动频率为轧机传动系统的固有频率，因此，可以确定轧机的振动形式为主传动系统的扭转自激振动。加之轧机系统是多维耦合的，引起轧机的垂直方向和水平方向发生受迫振动。

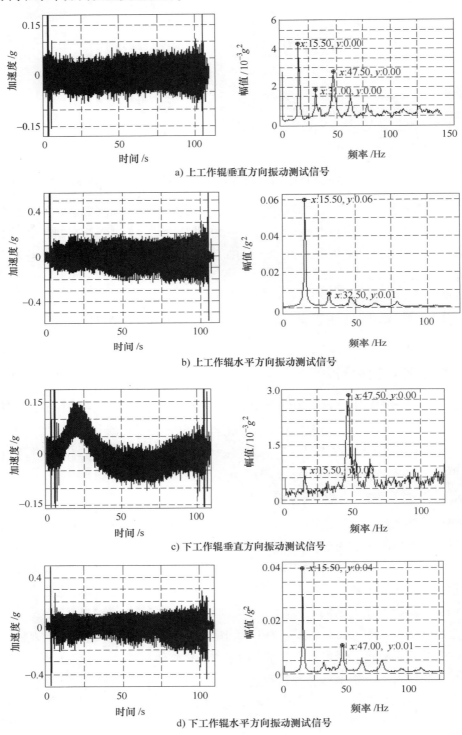

图 8-47　轧机振动测试数据时域图和频域图（一）

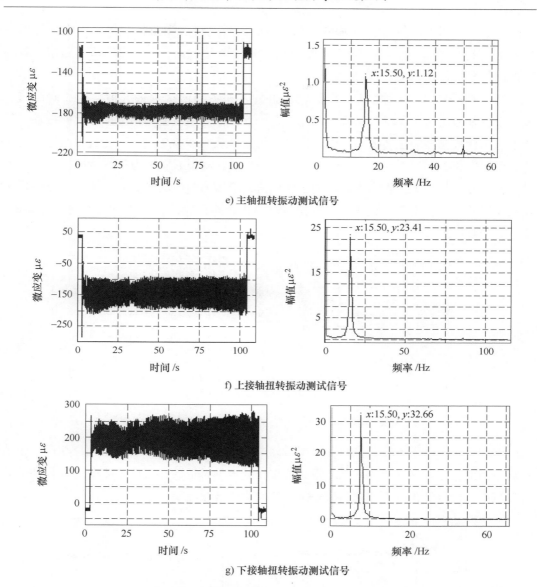

e) 主轴扭转振动测试信号

f) 上接轴扭转振动测试信号

g) 下接轴扭转振动测试信号

图 8-47　轧机振动测试数据时域图和频域图（二）

表 8-8　振动频率统计

钢种	Q345	330CL	SPHC-P
水平振动/Hz	15.5	16.5	15.5
扭振/Hz	15.5	16.5	15.5
平均轧制速度/(m/s)	1.63	2.13	2.10
分速箱啮合频率/Hz	17.1	22.4	22.1
弧形齿啮合频率/Hz	31.7	41.6	41.1

8.5.1.2　轧机振动相位分析

对上、下工作辊的振动相位进行分析，以便研究轧机振动机理和指导轧机动力学模型的建立。采用小波的分解与重构技术对测试信号进行去噪重构。将工作辊优势频率 15.5 Hz 及其二倍频、三倍频振动信号重构，并分别对上、下工作辊的水平和扭转方向的振动信号进行互相关分析。

图 8-48a 中，$t = 0$ 时，上、下接轴扭振的互相关幅值接近最大值，第二次测试时上、下接轴转矩传感器反向布置，因此，上、下接轴的扭转振动相位接近反向振动。轧机上、下接轴剧烈的扭转振动是由于轧机主传动系统的结构与上、下轧制界面轧制力矩或者摩擦力相互作用引起的。接轴转矩剧烈的振动，将引起轧制力矩或者摩擦力发生波动。而摩擦力作为工作辊水平方向的主要载荷，摩擦力的波动又引起轧机水平方向发生振动。因此，上、下工作辊的水平振动相位与扭转相位相同，也表现为反向振动形式，如图 8-48b 所示。

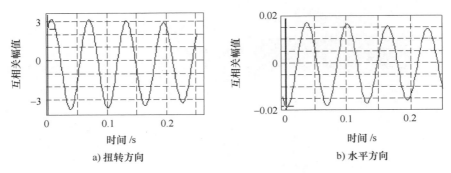

a) 扭转方向　　　　　　　b) 水平方向

图 8-48　上、下工作辊互相关分析图

图 8-49a 为该板坯的总轧制力矩数据，由于轧机上、下系统的振动相位相反，幅值相近，因此，振动对轧机总轧制力矩影响很小，波动幅值较小。图 8-49b 为该板坯的轧制力数据，由于轧机垂直方向运行稳定，轧制力的波动稳定。

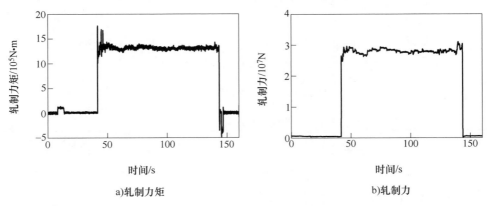

a) 轧制力矩　　　　　　　b) 轧制力

图 8-49　现场实测 PDA 数据

8.5.2　基于动力学理论的轧机扭转自激振动机理研究

轧机的主要振动频率为 15.5 Hz，在振动板坯和未振板坯的主轴和上、下接轴中都存在该频率，而且均为主要的优势频率，能量都很大。15.5 Hz 的激振频率为轧机主传动系统固有频率，与轧制速度无关。因此，轧机振动类型为扭转方向的自激振动，而水平方向振动则为受迫振动。轧机自激振动是由轧机结构和轧制过程相互耦合作用引起的，系统的负阻尼大于正阻尼。对于扭转自激振动则是由轧机主传动系统结构与轧制界面的摩擦力或轧制力矩相互作用引起的。轧制力矩作为轧机传动系统的激励源，随着轧机结构的振动而产生相应的波动，轧制力矩的变化规律与结构振动速度相关，具有反馈特性，能够控制和调节轧机传动系统的结构振动。当调节系统增加的能量大于消耗的能量时，会引起自激振动的产生。另外，自激振动的产生需要有初始振动的激励，初始振动能够产生反馈信号，从而引起系统"起振"。轧制过程中引起这种初始振动的主要为咬钢冲击。咬钢过程中轧辊突然承受载荷，会引起轧机传动系统发生较大的振动，尤其在扭转方向。

　　阻尼表征了动态载荷（摩擦力矩）与动态速度（轧辊扭转动态速度）的关系，本节采用 1.3 节建立的混合摩擦状态的热轧轧制变形区动力学模型来研究变形区摩擦负阻尼的产生机理。为研究不同扭转态速度时摩擦力矩的变化规律，选取一组轧辊扭转动态速度，动态速度区间为 [−0.2 m/s，0.2 m/s]，

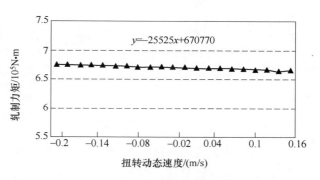

图 8-50　轧制力矩随扭转动态速度变化规律

基于建立的动态摩擦力矩公式计算不同扭转动态速度时轧制界面摩擦力矩，计算结果如图 8-50 所示。

　　由图 8-50 可知，在该轧制工艺下，随着扭转动态速度的增加，摩擦力矩降低，体现为摩擦负阻尼动态特性。当变形区的摩擦负阻尼大于传动系统的结构阻尼（正阻尼）时，轧机传动系统整体将表现为负阻尼特性。此时，当轧辊出现扭转波动时，将激发出变形区的摩擦负阻尼，进而引起轧机扭转系统持续振动。

　　图 8-51 和图 8-52 为未振板坯和振动板坯时域图，通过这两组信号对比能够更直观地理解轧机扭转自激振动过程。板坯在咬钢时产生了巨大的冲击，冲击使轧机的固有特性表现出来，造成轧机发生了振动，其频率约为 15.5 Hz 左右，该频率在轧制过程中始终存在。在未振板坯中由于轧机自身结构的正阻尼大于振动引起的负阻尼，该频率的振动得到了抑制。而在振动板坯中，由于由振动引起的负阻尼较大，超过了轧机结构正阻尼，未能抑制住该频率的振动，从而造成轧机持续振动。

8.5.3　轧制变形区稳定性分析及抑振措施

　　轧制变形区的摩擦阻尼特性与轧制工艺相关，现以上节分析的轧件工艺参数为基准参数，分别研究轧件入口厚度、出口厚度、轧制速度、轧制润滑状态、轧件变形抗力，轧辊半径对轧制变形区稳定性的影响。

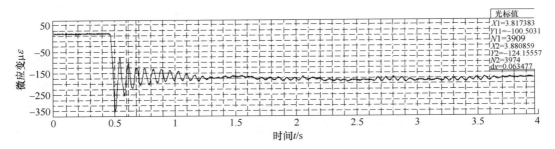

图 8-51　未振板坯接轴咬钢时域信号

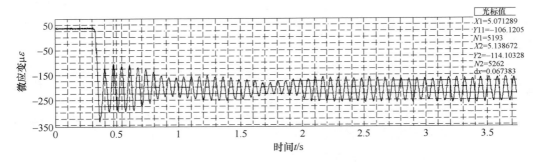

图 8-52　振动板坯接轴咬钢时域信号

为表征轧制变形区稳定性的大小，以轧制界面摩擦力矩随动态速度变化的斜率来量化轧制界面的摩擦阻尼。当斜率为正数时为摩擦正阻尼，斜率为负数时为摩擦负阻尼，而且斜率的绝对值越大，则摩擦阻尼越大。轧制变形区摩擦负阻尼越大，轧制过程稳定性越低。

通过图 8-53 和表 8-9 可知，入口厚度越大、出口厚度越小（入口厚度和出口厚度可以归结为压下量，即压下量越大），轧件变形抗力越大，轧辊半径越大，摩擦因数 μ 越小，系数 β 代数值越小，轧制变形区摩擦负阻尼越大，轧制稳定性越低。而且，这些工艺参数中压下量、摩擦因数 μ 和系数 β 对轧制变形区摩擦负阻尼影响最大，其次是变形抗力，而轧辊半径和轧制速度对轧制变形区摩擦负阻尼的影响最小。

表 8-9　不同轧制工艺时时轧制界面阻尼变化规律表

出口厚度/mm	11	10.5	10	9.5	9	8.5	8	7.5
斜率/(N·s)	−6170	−8190	−9980	−12280	−14895	−17885	−25525	−41940
入口厚度/mm	16.5	16	15.5	15	14.5	14	—	—
斜率/(N·s)	−47150	−42450	−33100	−25525	−18050	−15550	—	—
轧制速度/(m/s)	2.5	2.3	2.1	1.9	1.7	—	—	—
斜率/(N·s)	−25515	−25308	−28600	−25550	−26930	—	—	—
变形抗力/MPa	160	155	150	145	140	135	—	—
斜率/(N·s)	−29235	−27040	−27570	−25525	−20520	−19835	—	—
轧辊半径/mm	420	410	400	390	380	—	—	—
斜率/(N·s)	−27105	−25525	−24990	−24360	−23675	—	—	—
摩擦因数	0.28	0.26	0.24	0.22	0.20	—	—	—
斜率/(N·s)	−16420	−24585	−25520	−31720	−32705	—	—	—
系数 β	−0.03	−0.04	−0.05	−0.06	−0.07	−0.08	—	—
斜率/(N·s)	−20800	−23150	−25525	−34125	−36715	−44880	—	—

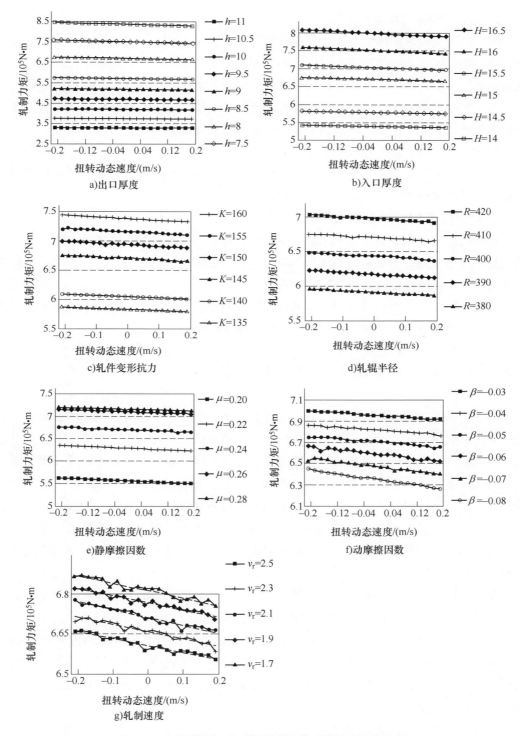

图 8-53　不同轧制工艺时轧制力矩随动态转速变化规律

根据分析结果，提出了以下几个抑振措施：

1. 提高轧制变形区摩擦因数

决定轧制变形区摩擦因数的主要参数有润滑工艺（润滑液流量和浓度），轧辊表面粗糙度。实际中，当新辊更换上时，轧辊表面有一定的粗糙度，轧制过程比较稳定，在轧制计划单后期时，由于轧辊表面高温磨损，轧辊表面粗糙度降低，摩擦因数降低，容易引起轧机振动的发生。因此，建议在轧制计划单后期，通过调整润滑液流量和浓度来补偿由于轧辊表面磨损引起的轧制变形区摩擦因数的降低。

2. 适当降低 F2 道次的压下量

通过轧制规程优化，将 F2 道次的轧制负荷适当的调整到其他道次，尤其是下游几个道次，从而降低 F2 道次的压下量，提高轧制过程的稳定性。

3. 适当降低 F2 道次轧制速度

虽然轧制速度对轧制变形区摩擦负阻尼影响规律小，但轧制速度增大会加剧由轧机结构装配误差和设备磨损引起的外界激励力，会增加轧机系统的不稳定性。为降低外界干扰力，可对轧制速度较高板坯适当的降速。

总的来说，为避免扭转自激振动的发生，轧制规程设计时要合理的考虑压下量、润滑工艺以及轧制速度，从根本上提高轧机扭转系统的稳定性。

8.6 板带轧机系统稳定运行技术展望

高速、重载、高可靠性的高度自动化轧制设备，突显出了动力学问题的重要性，轧机稳定运行技术越来越受到钢铁企业的关注。我国钢铁工业轧制设备在大中型企业已达到国际先进水平，部分装备属于世界领先水平，但保障设备稳定运行的管理技术与国外还是有很大差距。由于轧机设备管理和维修不及时，设备经常处于"带病工作"状态，发生故障后无法及时的诊断，致使长时间的停机检测和维修，造成巨大的经济损失。轧制设备稳定运行技术的落后，限制了先进设备的生产能力，制约了板带产品质量和产量的提升。因此，轧机系统稳定运行技术的研究是目前以及将来钢铁工业所要面临的重要课题。

轧机系统稳定运行技术要能够实现轧机关键部件健康状态的在线监测和评估，故障的及时诊断和维修，保证设备长期稳定运行。其主要涉及的技术有轧机系统数字化建模技术、轧机系统关键零部件运行状态信息获取技术以及运行状态评估与故障诊断技术等。本书已详细地介绍了板带轧机系统稳定运行的动力学模型体系的搭建技术，完善了轧机系统动力学模型，将物理实体设备进行了数字化。今后，轧机系统稳定运行技术的研究将从以下几个方向开展。

1. 轧机系统数字化建模技术

轧机系统数字化建模包括设备的静力学模型、动力学模型和寿命（疲劳或断裂等失效）评估模型。轧机系统不同故障类型和故障严重程度引起的轧机设备动态响应特征不同，需要根据轧机动态行为建立轧机系统的动力学模型，研究设备非稳态运行时的动态特性，以便指导设备的健康评估和故障诊断。轧机系统关键零部件的劣化和失效，是由其工作时承受的载荷状态决定的。针对寿命短、易失效、危害大的关键部件，建立其静态和动态载荷分布模型，根据其真实的载荷分布模型建立寿命评估模型，研究其劣化和失效机理，揭示轧机设备故障演化机理，通过设备结构优化或工艺优化来提高设备的使用寿命。完善的轧机系统数字化模型能够实现设备健康状态评估、故障演化机理和诊断、设备劣化机理揭示以及设备寿命预测与优化，是保障轧机稳定运行的基础性研究工作。

2. 轧机系统关键零部件运行状态信息获取技术

目前钢铁企业针对轧机系统关键零部件的运行状态信息获取手段存在不足，监测对象不全面、传感器测点布置简单、采样频率低、监测信号信噪比低，现有的监测手段只能达到一个粗略的预警效果，采集不到更多、更全面的设备运行状态信息，无法达到精细的设备状态监测和评估。全面、准确、高效地获取轧机设备运行状态，是保证设备稳定运行的前提。因此，轧机系统关键零部件运行状态信息获取技术也将是今后重要研究方向。主要包括面向轧机的传感器设计技术、传感器测点优化技术、间接监测技术等。

传感器设计技术要针对关键零部件结构尺寸、工作环境和受载状态开发新型传感器，如适用于轧机轴承监测的微型计算机电传感器，将传感器嵌入到轧机轴承内部或者附近，实现轴承早期故障微弱信号监测与跟踪。传感器测点优化技术是针对测点布置的盲目性问题。传感器布置在不同位置（测点）信号衰减程度不同，为提高监测信号的信噪比，需要通过能量法研究信号传递能量较大的位置，通过对传感器安装位置的优化提高轴承或者齿轮等关键零部件故障信号监测的有效性。间接监测技术是针对生产现场不便安装传感器但又关键的零部件，研究间接测量技术来获取零部件的运行数据。如，基于动力学模型构建扩张状态观测器，根据可监测的数据重构出不可监测的数据；基于物理仿真技术对监测的部件运行状态进行仿真分析，通过数值运算手段模拟部件的运行状态，实现关键部件运行状态的在线监测。通过这三个方面技术研究丰富轧机系统关键零部件运行状态信息的获取手段，为轧机稳定运行提供全面的数据来源。

3. 轧机系统运行状态评估与故障诊断技术

轧机系统运行状态评估与故障诊断技术是轧机稳定运行技术的实施环节，利用已有的数据或知识准确、快速地对设备关键部件健康状态评估和故障位置诊断。目前轧机系统设备运行状态评估和诊断技术比较落后、智能化程度低，结果的准确性依赖于现场技术人员专业知识的积累，差异性较大，可靠性较低。为降低人为因素对诊断结果的干扰，提高诊断系统的可靠性和可移植性，今后轧机系统的故障诊断技术必将朝着智能化方向发展。利用长期积累的故障诊断方面工业大数据和先进的智能诊断技术来提升轧机系统运行状态评估和故障诊断的智能化水平，提高诊断结果的稳定性。另外，随着互联网＋和云计算技术成功地在工业生产中应用，借助互联网＋和云服务技术，研究轧机系统远程故障诊断技术，依托于专业技术人员进行设备管理，提升轧机系统设备管理的智能化和专业化水平。

参 考 文 献

[1] 孙建亮，彭艳，刘宏民，等．基于测厚仪监控的厚控系统动态建模及其鲁棒 H_∞ 控制器设计 ［J］．机械工程学报，2009，45(6)：160-170.

[2] Wanheim T, Bay N. A model for friction in metal forming processes ［J］. Journal of Engineering Materials and Technology, 1978, 27(1)：189-194.

[3] 王瑞鹏．热轧过程中轧机耦合振动机理研究 ［D］．秦皇岛：燕山大学，2012.

[4] 曹鸿德．塑性变形力学基础与轧制原理 ［M］．北京：机械工业出版社，1981.

[5] 邹家祥，徐乐江．冷连轧机系统振动控制 ［M］．北京：冶金工业出版社，1998.

[6] 张明．热轧板带轧机系统动力学建模及动特性研究 ［D］．秦皇岛：燕山大学，2017.

[7] 张明，彭艳，孙建亮，等．考虑上/下工作辊非对称运动的热轧机水平振动研究 ［J］．中南大学学报：自然科学版，2017，48(12)：3239-3247.

[8] 张明，彭艳，孙建亮，等．2160mm 热连轧机组 F2 精轧机振动机理及测试 ［J］．钢铁，2016，51(12)：103-111.

[9] 杨其俊，连家创．四辊轧机横向振动固有频率计算的改进 ［J］．燕山大学学报，1994(3)：198-203.

[10] 苏旭涛．基于连续体模型的轧机主传动系统扭振研究 ［D］．秦皇岛：燕山大学，2011.

[11] 王瑞鹏，彭艳，张阳，等．轧机耦合振动机理研究 ［J］．机械工程学报，2013，49(12)：66-71.

[12] 马华．1580PC 轧机 F2 机座主传动系统扭振研究和动态强度校核 ［D］．秦皇岛：燕山大学，2006.

[13] PENG Yan, ZHANG Ming, SUN Jianliang, et al. Experimental and numerical investigation on the roll system swing vibration characteristics of a hot rolling mill ［J］. ISIJ International, 2017, 57(9)：1567-1576.

[14] 彭艳，孙建亮，刘宏民．基于板形板厚控制的轧机系统动态建模及仿真研究进展 ［J］．燕山大学学报，2010，34(1)：6-12.

[15] 孙建亮．面向板形板厚控制的轧机系统动态建模及仿真研究 ［D］．秦皇岛：燕山大学，2010.

[16] 孙建亮，彭艳，刘宏民，等．四辊轧机辊系的横向自由振动 ［J］．中南大学学报：自然科学版，2009，40(2)：429-435.

[17] 邵博．板带轧机辊系横向振动研究与仿真 ［D］．秦皇岛：燕山大学，2011.

[18] 马小英．板带轧机辊系横向动力学研究 ［D］．秦皇岛：燕山大学，2010.

[19] 王玉良．基于辊系动力学的板带轧机动态轧制过程模型及仿真研究 ［D］．秦皇岛：燕山大学，2012.

[20] SUN Jianliang, PENG Yan, LIU Hongmin, et al. Forced transverse vibration of rolls for four high mill

[J]. Journal of Central South University of Technology, 2009, 16(6): 954-960.

[21] 黄建亮, 陈树辉. 轴向运动体系横向非线性振动的联合共振 [J]. 振动工程学报, 2005, 18(1): 19-22.

[22] 殷振坤, 陈树辉. 轴向运动薄板非线性振动及其稳定性研究 [J]. 动力学与控制学报, 2007, 5(4): 314-319.

[23] SUN Jianliang, PENG Yan, LIU Hongmin, et al. Vertical vibration of moving strip in rolling process based on beam theory [J]. Chinese Journal of Mechanical Engineering, 2009, 22(5): 680-687.

[24] SUN Jianliang, PENG Yan, LIU Hongmin. Non-linear vibration and stability of moving strip with time-dependent tension in rolling process [J]. Journal of Iron and Steel Research, International, 2010, 17(6): 11-15 + 20.

[25] SUN Jianliang, PENG Yan, LIU Hongmin. et al.. Vibration of moving strip with distributed stress in rolling process [J]. Journal of Iron and Steel Research, International, 2010, 17(4): 24-30.

[26] 彭艳. 基于条元法的 HC 冷轧机板形预设定控制理论研究及工业应用 [D]. 秦皇岛: 燕山大学, 2000.

[27] SUN Jianliang, PENG Yan, LIU Hongmin. Coupled dynamic modeling of rolls model and metal model for four high mills based on strip crown control [J]. Chinese Journal of Mechanical Engineering, 2013, 26(1): 144-150.

[28] 牛山. 基于提升六辊板带冷轧机板形控制性能的辊系参数匹配研究 [D]. 秦皇岛: 燕山大学, 2017.

[29] SUN Jianliang, PENG Yan, LIU Hongmin. Dynamic characteristics of cold rolling mill and strip based on flatness and thickness control in rolling process [J]. Journal of Central South University of Technology, 2014, 21(2): 567-576.

[30] 张阳. 基于辊系刚柔耦合特性的板带轧机系统动力学建模研究 [D]. 秦皇岛: 燕山大学, 2016.

[31] 张阳, 彭艳, 孙建亮, 等. 板带轧机刚体柔体耦合振动系统的建模研究 [J]. 机械强度, 2016, 38(3): 429-434.

[32] PENG Yan, ZHANG Yang, SUN Jianliang, et al. Tandem strip mill's multi-parameter coupling dynamic modeling based on the thickness control [J]. Chinese Journal of Mechanical Engineering, 2015, 28(2): 353-362.

[33] ZHANG Yang, PENG Yan, SUN Jianliang, et al. Roll system and stock's multi-parameter coupling dynamic modeling based on the shape control of steel strip [J]. Chinese Journal of Mechanical Engineering, 2017, 30(3): 614-624

[34] 王建佳. 考虑弧型齿特性的轧机主传动系统研究 [D]. 秦皇岛: 燕山大学, 2016.

[35] Alfares M A, Falah A H, Elkholy A H. Clearance distribution of misaligned gear coupling teeth considering crowning and geometry variations [J]. Mechanism & Machine Theory, 2006, 41(10): 1258-1272.

[36] 孙建亮, 张明, 彭艳. 六辊轧机扭振动态建模及与板带钢质量关系研究 [J]. 工程力学, 2014, 31(4): 239-244.

[37] 刘宣亮. 基于数据驱动的轧机振动预测研究 [D]. 秦皇岛: 燕山大学, 2016.

[38] 高亚南，彭艳，孙建亮，等．1580 热连轧机 F2 精轧机振动综合测试与分析 [J]. 钢铁，2013，48(1)：52-58.

[39] 孙建亮，彭艳，高亚南，等．热连轧机水平振动仿真与实验研究 [J]. 中南大学学报：自然科学版，2015，46(12)：4497-4503.

[40] 李琰赟．热轧过程水平振动机理及实验研究 [D]. 秦皇岛：燕山大学，2013.

[41] 孙建亮，刘宏民，李琰赟，等．热连轧机水平振动及其与轧制参数影响关系 [J]. 钢铁，2015，50(1)：43-49.

[42] 孙建亮，彭艳，刘宏民．四辊轧机电液 IGC 系统鲁棒 H_∞ 控制器设计 [J]. 系统仿真学报，2007，(23)：5451-5454 + 5600.

[43] 彭艳，张明，孙建亮，等．2160 热连轧机 F2 精轧机振动综合测试与分析 [J]. 冶金设备，2013，(6)：29-33 + 41.